土木工程创新创业
理论与实践

陈燕菲　杨华山　著

机械工业出版社

《高等学校土木工程本科指导性专业规范》明确土木工程专业的教学内容分为专业知识体系、专业实践体系和大学生创新训练三部分，本书以该规范为基点，从土木工程创新创业基础、创新创业教育理论建构、课程创新、学科竞赛、创新实践五个维度设计了知识框架；以创意思考与实践、土木工程材料、房屋建筑学三门课程为范例，提出了通识课程、专业基础课程、专业课程的创新教学理论与专创融合的教学实施方案，旨在破解专创融合的教学难题，引导大学生在掌握专业知识与技能的同时，了解创新创业基本理论，熟悉创新方法与工具，通过创新实践训练培养其创新精神、创新意识与实践创新能力，使其养成创造性思维、初步科研思维，具备职业可持续发展潜能。

本书可作为高等教育土木工程专业创新创业教育的教材，也可作为工程管理、工程造价、建筑学、城市规划和风景园林等土建类专业素质拓展的教材，还可作为土建类教师教学能力提升的工具型参考书、工科大学生创新创业能力塑造的业余读本。

图书在版编目（CIP）数据

土木工程创新创业理论与实践/陈燕菲，杨华山著 . —北京：机械工业出版社，2022.3（2024.8 重印）
ISBN 978 - 7 - 111 - 70021 - 0

Ⅰ.①土… Ⅱ.①陈… ②杨… Ⅲ.①土木工程–专业–创造教育–高等学校–教材 Ⅳ.①TU

中国版本图书馆 CIP 数据核字（2022）第 012517 号

机械工业出版社（北京市百万庄大街 22 号 邮政编码 100037）
策划编辑：马军平　　　　　责任编辑：马军平
责任校对：肖　琳　张　薇　封面设计：张　静
责任印制：郜　敏
北京富资园科技发展有限公司印刷
2024 年 8 月第 1 版第 3 次印刷
184mm×260mm · 13.5 印张 · 332 千字
标准书号：ISBN 978 - 7 - 111 - 70021 - 0
定价：49.00 元

电话服务	网络服务
客服电话：010-88361066	机 工 官 网：www.cmpbook.com
010-88379833	机 工 官 博：weibo.com/cmp1952
010-68326294	金 书 网：www.golden-book.com
封底无防伪标均为盗版	机工教育服务网：www.cmpedu.com

前 言

　　当前，全球新一轮科技革命和产业变革方兴未艾，科技创新加速推进，互联网、物联网、大数据和人工智能正在深刻地改变着我们的生活和生产方式及社会组织形态，同时也在改变着我国的工业体系。德国提出了工业4.0，美国提出了工业互联网，我国也制定了《中国制造2025》，力求通过新型工业化，让数字经济和实体经济结合，进一步提升我国的综合实力。新经济的发展以新技术革命为引领，以信息化和工业化深度融合为突破，以体制机制创新为标志，以人力资本的高效投入来减少对物质要素的依赖，推动新一轮生产方式变革和经济结构变迁。在新的经济体系下，为了提升硬实力及国际竞争力，"创新驱动、科教兴国、人才强国"已成为助推我国经济发展的"引擎"。

　　建筑业是国民经济的支柱产业，智能建造、装配式建筑、工程总承包、建筑信息化模型等新技术、新模式加快了对传统建筑行业的渗透，新型建筑工业化的推进、智能建造与建筑工业化协同发展快速助推土木建筑业转型升级。我国的土木工程教育面临诸多挑战，如传统专业人才培养模式如何创新，如何培养支撑产业转型升级卓越工程师后备人才，新工科建设如何引领教学内容和课程体系改革，创新创业教育与专业人才培养如何融合等。这些都是当前土木工程教育亟待深入思考和解决的问题。行业创新驱动的实质是人才驱动，本书旨在引导大学生在校期间掌握专业知识技术与技能的同时，了解创新创业基本理论，熟悉创新方法与工具，通过创新实践训练培养大学生的创新精神、创新意识和实践创新能力，使其养成创造性思维、初步科研思维，具备职业可持续发展潜能。

　　基于《高等学校土木工程本科指导性专业规范》明确地将土木工程专业的教学内容分为专业知识体系、专业实践体系和大学生创新训练三部分，作者以该规范为基点，从土木工程创新创业基础、创新创业教育理论建构、课程创新、学科竞赛、创新实践五个维度设计了知识框架；基于土木工程综合性、实践性和社会性特质，基于建设工程项目历经决策阶段、设计准备阶段、设计阶段、建设准备阶段、施工阶段与收尾阶段全寿命周期特质，基于宽口径土木工程就业领域涵盖勘察设计、设计施工一体化、土木工程施工、工程预算造价、工程监理、项目管理、土木工程材料和房地产开发等多分支领域，作者探索性地提出了实施土木工程创新人才培养的"工程素养与实践创新能力耦合发展教学模式、工程项目辅助主线教学模式、'2+X'毕业设计模式、教师科研与学生创新实践互动模式、以学生为中心的政产学研协同育人模式"。

　　本书内容主要分以下五方面：一是从土木工程人才培养方案、课程教学大纲、实践体系教学大纲等指导性教学文件的制定、教学内容和课程体系的优化、教学模式创新、实施条件建设等方面建构土木工程创新教育理论；二是将创新思维、创新方法与工具植入通识课程和专业课程教学，以创意思考与实践、土木工程材料、房屋建筑学三门课程为范例，提出了通识课程、专业基础课程、专业课程创新教学理念，阐述了专创融合课程的教学改革实施方案；三是土木工程理论与创新实践密切结合工程实践并紧跟学科前沿，将科研成果嵌入课堂教学和课外实践，以土木工程材料教学为范例，理论教学结合课程实验、典型工程案例、大学生科研基金项目、学科竞赛，介绍了学生为中心的课前预习、课中导入、课后素质拓展的互动教学模式，阐述了打通课堂教学、课程实验、学生科研项目、学科竞赛等第一课堂、第二课堂的方法与路径；四是介绍了土木工程专业文化素质类竞赛、学科综合类竞赛、学科知识类竞赛，重点分析了国内高等教育界规格高、影响力大与覆盖面广的中国国际"互联网＋"大学生创新创业大赛、全国大学生节能减排社会实践与科技竞赛、力学竞赛、结构设计竞赛的竞赛内容、竞赛赛制、评审规则和奖项设置；五是分析了土木工程专业职业能力与职业证书体系，阐述了学生科研基金体系的内容，科研项目的申请与研究，科技论文的撰写，知识产权的种类与特点，发明专利、实用新型专利与外观设计专利的申请等创新实践的训练与成果表达。

本书由贵州师范大学陈燕菲教授主笔，杨华山博士撰写了第三章中第三节，第四节中创意思考与实践、土木工程材料课程教学范例，内容引用了作者主持完成的国家级、省级大学生创新创业训练计划，国家自然科学基金，省级工业支撑计划，贵州省教学内容与课程体系改革重点项目，土木工程专业综合改革、土木工程卓越工程师人才培养计划等教学质量工程项目，贵州省建设行业人才研究专项等课题的部分研究成果；引用了作者荣获的全国土木工程课件竞赛一等奖、省级教学成果奖的部分内容。本书得到"贵州省土木工程专业综合改革"基金的资助。

由于作者水平有限，书中不足之处，敬请读者赐教。

陈燕菲

目　录

第一章
土木工程创新创业基础

当前，全球新一轮科技革命和产业变革方兴未艾，科技创新加速推进，新产业、新业态、新模式蓬勃发展，"大众创业、万众创新"已成为助推中国经济发展的"双引擎"。中国建筑业已进入了存量竞争的新常态，智能建造（Intelligent Building，简称 IB）、建筑信息化模型（Building Information Modeling，简称 BIM）、工程总承包（Engineering Procurement Construction，简称 EPC）、建造–运营–移交（Build – Operate – Transfer，简称 BOT）、项目管理承包（Project Management Consultant，简称 PMC）、设计–招标–建造（Design – Bid – Build，简称 DBB）、设计建造（Design And Build，简称 DB）、施工管理承包（Construction Management Approach，简称 CM）等新技术新模式加快了对传统建筑行业的渗透，新型工业化带动建筑业全面转型升级，创新驱动的实质是人才驱动，大学生在校期间应掌握所学专业知识与技能，同时了解创新创业基本理论，熟悉创新方法与工具，通过创新实践养成创造性思维与初步科研思维，使自己具备职业可持续发展潜力的知识与能力结构，努力把自己历练成适应时代行业发展的创新型人才。

第一节　创新意识与思维

创新是推动经济增长、社会进步和人类全面发展的根本动力，是一种高级的思维劳动和创造，创新意识是形成创新思维和创造力的前提。

一、创新意识

创新意识是指人们根据社会和个体生活的发展需求，产生创造新事物的观念和动机，并在创造活动中表现出的意向、愿望和设想。它是人类意识活动中的一种积极的、富有成果性的表现形式。

（一）创新意识的内涵

创新意识的内涵包括创造动机、创造兴趣、创造情感和创造意志（见表 1-1）。

表 1-1　创新意识的内涵

内容	描　述
创造动机	是创造活动的动力因素，推动和激励人们进行并维持创造性活动
创造兴趣	是促使人们积极追求新奇事物的一种心理倾向，它能促进创造活动的成功
创造情感	是引起、推进乃至完成创造的心理因素，创造情感是创新活动的情感驱动力
创造意志	是在创造中克服困难、冲破阻碍的心理因素，具有目的性、自制性和顽强性

（二）创新意识的类型

创新意识以思想活跃、不因循守旧、具有批判性和创造性、敢于独树一帜为主要表现。人们只有在强烈的创新意识的推动下，投入激情和时间，才能取得预期的成果。创新意识分为求新求异意识、求真务实意识、求变意识、问题意识和综合创新意识五种类型（见表1-2）。

表1-2　创新意识的类型

内容	描　述
求新求异意识	创新意识具有新颖性和差异性的基本特征，敢于别出心裁、追求新颖奇特是创新活动的前提和内在动力。求新求异意识要求人们敢于突破常规，换个角度思考问题，遇到问题时，即便已有了解决方案，也可以尝试换个视角进行思考。但在工作和生活中，具有求新求异意识需要排除阻力、克服压力，所以人们很多时候会选择从众
求真务实意识	创新的过程基于求真务实，创新应当脚踏实地且尊重客观规律。"求真"就是"求是"，即依据解放思想、实事求是、与时俱进的思想路线，去不断地认识事物的本质，把握事物的规律；"务实"则是要在这种规律性认识的指导下去实践。创新意识不应当一味地偏激，不能认为与众不同或标新立异是创新
求变意识	创新意识是一种变革、革新意识，它追求突破已有的思想、事物与方法等格局，创造性活动源于创新意识。创造性活动就是不断发现错误、消除错误、接近正确的过程，也是不断破旧立新、推陈出新的过程，创造性活动是不断变革的过程
问题意识	强烈的问题意识表现为善于发现问题并提出问题。爱因斯坦曾说过，提出问题比解决问题更重要。有了新问题，就必须加以解决。用现有的途径和方法得不到圆满答案，这促使人们采用新的方法和工具。因此，解决问题的过程就是创新的过程
综合创新意识	综合创新意识是将研究对象的各个方面、各个部分和各种因素联系起来加以考虑，从整体上把握事物的本质和规律，是运用综合法则的创新功能去寻求新的创造。综合不是将对象的各个关联要素简单叠加，而是按其内在联系合理组合起来优化，使综合后的整体作用带来创造性的新发现

（三）创新意识的特征

创新意识是决定一个国家创新能力最直接的精神力量。科学的本质就是创新，科学技术的每一次进步都是通过创新实现的，了解创新意识的特征（见表1-3），有助于挖掘创新潜能。

表1-3　创新意识的特征

内容	描　述
新颖性	创新意识可以满足新的社会需求，或是用新的方式更好地满足原来的社会需求。即创新意识就是求新意识
历史性	创新意识以提高人们物质生活和精神生活水平为出发点，很大程度上会受社会历史条件的制约
差异性	创新意识与个体自身的文化素养、社会地位、职业兴趣及环境氛围等因素有直接关联，这些因素因人而异，对创新意识的产生有重大影响

二、创新思维

创新思维是以人们在一定知识、经验和智力基础上，以新颖独创的方法来解决问题的思维。创新的源头是创新思维，人类的每一次创新实践活动都源于创新思维，人类创新实践所取得的一切创新成果都是创新思维的外化。创新思维是人类思维的高级形式，是人类意识的突出表现，是实现创新的内在机制和深层动力。

（一）创新思维的内涵

创新思维是在创新动机和外在启示的激发下，充分利用人脑意识和潜意识活动能力，借助直觉、灵感、想象与联想等具体的思维方式，以渐进式或可突发式的形式，对已有的知识经验进行不同方向、不同程序的再组合、再创造，从而获得新颖、独特、有价值的新观念、新知识、新方法、新产品等创造性成果的思维。创新思维突破理论权威及现成的规律、方法和思维定式的束缚，不照搬书本知识和经验，依据实际情况，以超常规甚至反常规的方法与视角去思考问题，率先提出与众不同的解决方案，并通过实践产出新颖的、独到的、有价值的思维成果。创新思维的本质在于将创新意识的感性愿望提升到理性的探索上。创新思维与常规性思维的区别主要有两点：一是从思维过程来看，是否有现成的规律、方法路径可以遵循；二是从思维结果来看，是否是前所未有的。相对于以固定、惰性的思路为特征的常规性思维来说，创新思维是一种高度灵活、新颖独特的思维方式。

（二）创新思维的类型

创新思维也称创造性思维，是产生新创意、新概念与新思想的思维，是创新活动的引擎。创新思维提倡多角度、全方位思考问题。不同于理性思维，创新思维突破常规和超越现实的可能性，常用的创新思维有发散思维、逆向思维、联想思维、收敛思维、正向思维、纵向思维、横向思维、形象思维、直觉思维与灵感思维等类型。

1. 发散思维

发散思维又称扩散性思维、辐射性思维，是对于同一问题，从多种角度、方向去设想、探求答案，从而提供新结构、新构造、新思路或新发现的思维方法。发散思维的思维活动不受任何限制，既可以提出大量可供选择的方法、方案或建议，也可以提出一些别出心裁、出乎意料的见解，使看似无法解决的问题迎刃而解。发散思维具有流畅性、变通性和独特性的特征。

流畅性指思维畅通少阻、反应迅速，能在短时间内表达较多的概念，是发散思维量的指标，反映的是其速度和数量特征。流畅性属于发散思维的低层次。变通性指克服人脑中固有的思维框架，按照新的方向来思考问题，通过借助横向类比、跨域转化、触类旁通等方式，从而表现出多样性和多面性。变通性属于发散思维的中层次。独特性指用与众不同的新观点、新认识反映客观事物，对事物表现出异于寻常的独特见解，表现为发散的"新异、奇特和独到"，按之前没有的新角度认识事物，提出超乎寻常的新想法，力求对同一问题探求不同的甚至是奇异的答案，力争获得创造性成果。这种思维方法不受已有知识的束缚，不受已有经验的影响，从多维度甚至是非常规的视角去思考问题。独特性代表了发散思维的本质，属于发散思维的高层次。

2. 逆向思维

逆向思维是运用事物的可逆性，从常规思维相反的方向或对立面去思考和解决问题的一种思维方式，也叫反向思维、反转思维。逆向思维改变了常规思维方向，改变了人们认识和解决问题的常规思维方式。逆向思维从反方向来认识事物、思考问题，从反方向进行推断，寻找常规的岔道，并沿着岔道继续思考，运用逻辑推理去寻求新的方法和方案，有利于突破传统思维定式的樊篱，是创造性地发现问题、分析问题和解决问题的重要方式，能够获得常规思维不能取得的成效。逆向思维的突出表现是敢于打破常规，反其道而行之，通常能够跳出特定的思维定式，产生出奇制胜的效果。逆向思维并不是鼓励人们违背客观规律地思考，不切实际地胡思乱想和标新立异，而是在尊重客观规律的基础上寻求突破，找到切实可行的解决方案。与正向思维相反，逆向思维在思考问题时，为了实现创造过程中设定的目标，跳出常规，改变思考对象的空间排列顺序，从反方向寻找解决办法。逆向思维与正向思维相互补充，相互转化，逆向性思维在各种领域实践活动中都有适用性。

3. 联想思维

联想思维是在人脑记忆表象系统中，由于某种诱因导致不同表象之间发生联系的一种没有固定思维方向的自由思维活动。主要思维形式包括幻想、空想、玄想。联想思维具有连续性、形象性与概括性三个特征。连续性是由此及彼、连绵不断，联想可以是遵循逻辑的，也可以是天马行空的；形象性是具体化的思维，可以是一幅幅生动、鲜明的画面；概括性可以快速地把联想结果呈现出来，是一种把握整体的思维活动。联想思维包括相似联想、相关联想、对比联想、接近联想、因果联想。一个人的联想能力是建立在知觉和记忆的基础上的，不仅需要对事物具有深入理解和分析的能力，更需要有敏锐的观察能力、对事物形态和内涵的记忆能力及发散思维能力，联想是创意的起点。建筑设计师可以借助联想思维获得灵感，进行建筑作品创作。

联想思维在建筑设计创作中的应用——凯里公路枢纽管理信息指挥中心

（1）背景与条件　凯里市是黔东南苗族侗族自治州首府，具有悠久的民族文化历史和丰富的民族风情，以侗族和苗族为主，是贵州省具有代表性的少数民族聚集地，是一座具有山地特点和民族特色的区域性东部旅游服务中心城市。在漫长的历史进程中，由于特定的历史、自然环境、风土人情、民族性格特征等，侗族的建筑体现出强烈的地域特征和独特的地域文化色彩。气势恢宏的鼓楼（见图1-1）密檐叠塔、稳重坚实；运用对比、对称、起伏等构图手法设计的风雨桥、（见图1-2）楼廊毗连、重瓴联阁这种建筑蕴含着浑厚的文化气息，而且表现语言十分成熟，体现了一个民族的文化特质，是中国传统建筑文化的瑰宝，也是世界建筑的艺术珍品。设计师通过"意、形"结合功能、材料的联想找到表达设计创意的元素与符号。

图1-1　鼓楼

图1-2　风雨桥

（2）设计表现　凯里市枢纽信息中心（见图1-3和图1-4）、凯里市体育场（见图1-5）、凯里市体育馆（见图1-6）在进行建筑设计时充分挖掘建筑的地域文化特征，从造型到立面、屋顶到墙面门窗，将民族语言语汇有机地渗透到建筑整体与细部构件中，将侗族风雨桥、鼓楼等建筑元素植入现代化钢筋混凝土肌体，用当地的建筑语言贯穿整体，继承、弘扬民族传统建筑文化，秉承区域性旅游服务城市文脉，将民族建筑元素与现代交通建筑融合，使得地域建筑文化在城市现代化建筑中得以延续与生长。

图 1-3　凯里市枢纽信息中心透视图

图 1-4　凯里市枢纽信息中心立面图

图 1-5　凯里市体育场

图 1-6　凯里市体育馆

（三）创新思维的特征

创新思维是开展创新活动的基础，是思维的高级形态，它具有独创性、求异性、批判性、综合性与实践性特征（见表1-4）。

表 1-4　创新思维的特征

内容	描　述
独创性	指思维不受传统习惯和先例的禁锢，在思路的探索、思维的方式方法和思维的结论等方面都能独具卓识，提出新的见解，获得新的发现，实现新的突破，具有开拓性、延展性和突变性。独创性是创新思维的本质特征
求异性	指对于司空见惯的现象和已有的权威结论采用多种方法进行思考，思维标新立异，在学习过程中，不信奉知识领域中长期以来形成的思想、方法、思维模式，特别是在解题上谋求一题多解
批判性	指不拘泥于常规，不轻信权威，拒绝盲目从众，对司空见惯的现象或者权威性理论持一种怀疑的、分析的、批判的态度。分析解决问题时头脑清醒与理性，独立思考，勇于质疑批判，去伪存真。批判性是创新思维永不僵化、活力长存的根本保障
综合性	是逻辑思维与非逻辑思维、正向思维与逆向思维、求异思维与求同思维、发散思维与收敛思维等形式的综合运用。运用中调节局部与整体、直接与间接的关系，在诸多信息中进行概括、整理，把抽象内容具体化，繁杂内容简单化，提炼出策略和理论经验
实践性	人类思维能力产生于实践，人类的思维能力随实践的发展而提高。创新思维贵在实践，实践是创新思维的基础，是创新思维的发展和动力，是创新思维的目的和归属。创新思维能动地指导创新实践，而创新实践是检验创新思维的重要标准

（四）突破思维定式

思维定式也称惯性思维，是人们在过去获得的经验和知识的基础上所形成的感性认识，随着时间的推移，这些感性认识逐渐沉淀为一种特定的认知模式。长期的思维活动中，每个人都形成了自己惯用的思维模式，当面临某个事物或现实问题时，便会不假思索地将其纳入已经习惯的思想框架进行思考和处理。思维定式能够应用已掌握的方法迅速解决问题，但囿于经验，就容易画地为牢。习惯会使人们不深入思考就跟着感觉走，更容易使人循规蹈矩，故步自封，有时则会成为束缚创造性思维的枷锁。思想决定行动，思路决定出路，创新思维是创新的基础，若思维已成定式，必然会严重阻碍创新。大学生只有持续不断地学习新知识、新方法，勤于观察思考、勇于实践尝试，做好知识和能力的储备，才能大胆突破思维定式的障碍。思维定式常见的四种类型见表1-5。

表1-5 思维定式常见的类型

类型	描 述
从众型思维定式	指人们在思维活动过程中，没有或不敢坚持自己的主见，总是顺从多数人意志，是一种普遍存在的心理现象。破除从众型思维定式，需要在思维过程中不盲目跟随，具备心理抗压能力，在科学研究和发明过程中，要有独立的思维意识
经验型思维定式	指人们在实践中获得的主观体验和感受，是对个别事物的表象或外部联系的感性认识，是处理问题时按照以往的经验去完成的一种思维习惯。照搬经验会忽略经验的相对性和片面性，制约创造性思维的发挥，实践活动中需区分经验与经验型思维定式
书本型思维定式	指人们认为书本知识绝对正确或是严格按照书本知识指导实践，没有任何怀疑和违背。知识经济时代书本知识存在滞后于行业学科发展的状况，书本型思维定式会束缚创造性思维
权威型思维定式	指人们以权威作为判定事物是非的唯一标准的思维习惯。权威型思维定式是思维惰性的表现，是对权威的迷信、盲目崇拜与夸大，属于权威的泛化

第二节 创新方法与能力

自主创新，方法先行。创新方法是自主创新的根本，谁掌握了先进的创新方法，谁就具有了最坚实的创新能力，谁就掌握了科学技术发展的主导权。科学方法的创新是推动科技进步，提高社会生产力的重要源泉。创新方法是创新能力建设的基础。

一、创新方法

创新方法是人们在创造发明科学研究或创造性地解决问题的实践活动中，所采用的科学思维、科学方法和科学工具的总称。创新方法是以创新思维规律为基础，提炼而得到的关于创新的一些基本原理、技巧和方法；是为人们提供用于解决问题的科学有效步骤、技巧、途径和科学工具。在创新过程中，生搬硬套某一种创新方法并非良策，在面对不同对象时，创新者应根据自身的特点灵活选用创新方法，或综合应用各种技法和手段进行探索和创新。创新方法的研究始于20世纪初期，研究主要集中在思维创新和技术创新领域。本节仅介绍与工程创新关联度较高的发明问题解决理论法（简称TRIZ法）、奥斯本检核表法、七问分析法（简称5W2H法）。

（一）发明问题解决理论法

TRIZ是俄文"发明问题解决理论"的词头缩写，是苏联科学家根里奇·阿奇舒勒总结创立的。1946年，在苏联专利局工作的根里奇·阿奇舒勒对不同工程领域中的大量发明专利文献进行整理、归纳和研究，发现了其中有1500对技术矛盾可以通过运用基本原理而更容易地解决，并通过分析世界各国近250万份高水平的发明专利，总结出了技术创新和发展的演化规律，在此基础上形成了发明问题解决理论。TRIZ法是一种系统化的发明问题解决理论，用来帮助技术发明者通过有系统、有规则的方法来解决发明过程中可能碰到的各种问题，是目前世界上较先进、实用的发明创新方法之一。

1. TRIZ 理论基本思想

TRIZ 理论的基本思想是"大部分发明创造所包含的基本问题和矛盾是相同的，只是各自所属的技术领域不同而已"。因此，我们可以依据技术系统进化理论，不断解决矛盾冲突，避免传统创新过程的试错法带来的盲目性和局限性，从而提高发明的成功率，缩短发明的周期。TRIZ 理论是一套技术创新理论与方法，也是解决各类工程技术问题的工具。TRIZ 理论认为，技术系统一直在不断地更新和发展。从表面上看，TRIZ 理论能解决发明过程中出现的实际问题，使系统和元件能不断地改进，实际上，TRIZ 理论也是通过解决这些问题来实现创新的。TRIZ 理论基本思想可以从解决问题与发明问题两个方面理解（见表1-6）。

运用创新思维和 TRIZ 创新方法，能够帮助我们突破思维定式，从不同角度分析问题，进行理性的逻辑思维，揭示问题的本质，确定问题的进一步探索方向，能根据技术进化规律，预测未来发展趋势，最终有效帮助我们解决困难问题，帮助我们摆脱试错法的困境。我国走自主创新道路可以借鉴 TRIZ 法等国际先进技术创新方法，并与我国需求进行融合，从而提高创新的效率。

表 1-6　TRIZ 理论基本思想

类型	描　述
解决问题	主要指对发明过程中遇到的实际问题进行有效解决。具体过程：首先经过抽象化处理，将一般问题转换为 TRIZ 理论所能识别的标准问题，然后运用 TRIZ 理论得到标准解，进而通过具体化分析来确定问题的特解。这是一个向理想解逐步靠近的过程
发明问题	主要指发明注重实际问题的解决并实现创新。TRIZ 理论成功地揭示了创造发明的内在规律和原理，厘清和强调了系统中存在的矛盾，其目标是解决矛盾并获得最终的理想解。TRIZ 理论是基于技术的发展演化规律来研究整个设计与开发过程的，不是随机行为。大量的实践证明，运用 TRIZ 理论可加快创造发明的进程，促进高质量创新产品的产出

2. TRIZ 理论体系

TRIZ 理论包含系统的、科学的、可操作的创造性思维方法和发明问题的分析方法，主要有技术系统进化法则、技术矛盾创新原理、物理矛盾分离方法、科学效应库、发明问题求解算法（ARIZ）等。发明问题求解过程是对问题不断地描述、并进行程式化的过程。经过这一过程，初始问题最根本的冲突被清楚地暴露出来，根据发明问题求解算法可以明晰能否求解，如果已有的知识能用于该问题的解决则有解，如果已有的知识不能解决该问题则无解，且需等待自然科学或技术的进一步发展才能解决，TRIZ 理论体系结构如图1-7 所示。

（1）理论基础　TRIZ 理论是建立在技术系统的进化论的基础上的，该理论研究了工程技术系统进化的基本规律。技术进化 S 曲线（见图1-8）表明技术产品存在着发明、改进、成熟的演化规律。理解基本规律有助于对技术的发展轨迹形成总体概念，正确判断其发展前景，从而能动地进行创新设计。

（2）技术矛盾及其创新原理　技术矛盾指系统中两个及两个以上参数之间的冲突造成的矛盾，该系统在其中一个参数得到改善的同时，其他参数会受到不利影响。例如，书包体

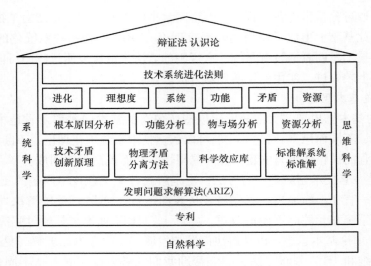

图 1-7　TRIZ 理论体系结构

积越大容量就越大，当其装满书之后就会因太重而给学生身体造成不利影响，但若书包体积太小，则容量不足，无法满足学生的需求。因此，质量和容量两个参数之间的矛盾就是一组技术矛盾。技术矛盾实际上就是技术参数之间的冲突，为了解决冲突，根里奇·阿奇舒勒研究总结出了 39 个通用技术参数（见表 1-7）。借助这些参数，创新者可以将造成矛盾双方的性能用 39 个通用技术参数来表示，从而将遇到的问题转换为标准的 TRIZ 问题，通过 TRIZ 理论中的发明原理得出最终的解决方案。

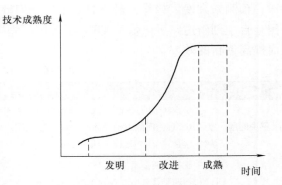

图 1-8　技术进化 S 曲线

表 1-7　39 个通用技术参数

序号	名称	序号	名称	序号	名称	序号	名称
1	运动物体的质量	11	应力或压力	21	功率	31	物体产生的有害因素
2	静止物体的质量	12	形状	22	能量损失	32	可制造性
3	运动物体的长度	13	结构的稳定性	23	物质损失	33	可操作性
4	静止物体的长度	14	强度	24	信息损失	34	可维修性
5	运动物体的面积	15	运动物体作用时间	25	时间损失	35	适应性及多用性
6	静止物体的面积	16	静止物体作用时间	26	物质或事物的数量	36	装置的复杂性
7	运动物体的体积	17	温度	27	可靠性	37	监控与测试的困难程度
8	静止物体的体积	18	光照度	28	测试精度	38	自动化程度
9	速度	19	运动物体的能量	29	制造精度	39	生产率
10	力	20	静止物体的能量	30	外界作用在物体上的有害因素		

将技术矛盾转化为标准的 TRIZ 问题后，如何来解决这些矛盾呢？根里奇·阿奇舒勒在对全世界的专利进行分析研究的基础上提出了 TRIZ 理论中非常重要且具有普遍用途的 40 个发明原理（见表 1-8）。

表 1-8　40 个发明原理

序号	名称	序号	名称	序号	名称	序号	名称
1	分割	11	预先应急措施	21	紧急行动	31	多孔材料
2	抽取	12	等势性	22	变害为利	32	改变颜色
3	局部质量	13	逆向思维	23	反馈	33	同质性
4	非对称	14	曲面化	24	中介物	34	抛弃与修复
5	合并	15	动态化	25	自服务	35	参数变化
6	多用性	16	不足或超额行动	26	复制	36	相变
7	套装	17	维数变化	27	廉价替代品	37	热膨胀
8	质量补偿	18	振动	28	机械系统的替代	38	加速强氧化
9	增加反作用	19	周期性动作	29	气动与液压结构	39	惰性环境
10	预操作	20	有效运动的连续性	30	柔性壳体或薄膜	40	复合材料

（3）解决技术矛盾　在学习了 39 个通用技术参数、40 个发明原理后，可以按照图 1-9 所示的 TRIZ 理论的解题思想来解决技术矛盾。首先，将拟解决的问题转化为 TRIZ 标准问题，然后应用 TRIZ 工具寻找可能的 TRIZ 通用解，最后结合专业知识求解并获得最终方案。使用 TRIZ 理论解决技术矛盾时，步骤如图 1-10 所示。

图 1-9　TRIZ 理论的解题思想

（4）发明专利级别　发明创造的独特之处就在于解决矛盾，发明专利解决了现有技术系统中存在的问题。TRIZ 提出了一种评价专利创新性的标准，将专利分为五个级别（见表 1-9），利用标准可以从众多的专利中将那些具有价值的专利找出来。

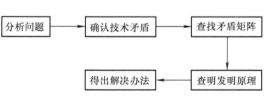

图 1-10　TRIZ 理论解决技术矛盾步骤

表 1-9　发明专利级别

发明级别	创新程度	知识来源
第一级	常规设计，对系统中个别零件进行简单改进	利用本行业中本专业的知识
第二级	小发明，对系统的局部进行改进	利用本行业中不同专业的知识
第三级	中级发明，对系统进行本质性改进，大大提升了系统性能	利用其他行业中本专业的知识
第四级	大发明，系统被完全改变，全面升级了现有技术系统	利用其他科学领域中的知识
第五级	重大发明，催生了全新的技术系统，推动了全球的科技进步	所用知识不在已知的科学范围内，是通过发现新的科学现象或新物质来建立全新的技术系统

（二）奥斯本检核表法

奥斯本检核表法是由美国"创造学之父"亚历克斯·奥斯本发明的，主要用于新产品的研制开发。奥斯本检核表法是根据需要解决的问题或者创造发明的对象列出一系列提纲式提问，并形成检核表，然后对这些提问进行逐个的讨论分析，对每项检核方向逐一检查，引导主体在创造过程中对问题进行思考，以便启迪思路、开拓思维想象的空间、促进人们产生新设想与新方案的方法。该方法是一种典型的设问型创新方法，具有较强的启发性，可以帮助人们从多角度、多侧面、多渠道观察和研究问题，将创新思路科学化和系统化，克服了漫无边际、没有目的的乱想，节约了创新时间。

1. 内容

奥斯本检核表法从九个方面进行检核（见表 1-10），人们利用这种方法产生了很多优秀的创意，形成了大量的发明创造。

表 1-10　奥斯本检核表

检核项目	提问内容描述	新设想概述
能否他用	现有产品有无其他用途或扩大用途？保持不变能否扩展用途？稍加改变有无其他用途？能否引入其他创造性设想	
能否借用	能否模仿其他产品？能否从其他领域、产品、方案中引入新的思路、元素、材料、原理、工艺与造型	
能否改变	能否对现有产品进行简单改变？如改变形状、造型、制造方法、材料组分、材料配合比、颜色、式样，改变后效果如何	
能否扩大	现有事物能否扩大使用范围？能否增加使用功能？能否添加零部件以及拆分某些部分？能否增加产品特性或延长使用寿命	
能否缩小	现有产品能否密集、压缩、浓缩、聚束？能否微型化？能否缩短、变窄、去掉、分割、减轻	
能否代用	能否找到可以部分或全部代替现有产品及其组成部分功能的产品或零部件？如可以替代的原材料、功能、生产工艺、产品配方或动力源等	
能否调整	设计方案时考虑能否变换？有无互换的成分？能否变换模式？能否变换布置、顺序？能否变换操作工序？能否变换因果关系？能否变换速度或频率？能否变换工作规范	
能否颠倒	倒过来会怎样？上下、左右、里外、正反是否可以调换？能否用否定代替肯定	
能否组合	能否进行原理组合、材料组合、功能组合、形状组合与部件组合？能否混合、合成、配合、协调、配套？能否把物体、目的、特性或观念组合	

2. 应用

奥斯本检核表法能够启发创新者提出问题和思考问题，使其思路沿着正向、侧向、逆向发散开来，其应用流程如图 1-11 所示。应用时要尽可能地发挥自己的想象力和联想力，产生更多的创造性设想；要进行多次检核，只有经过反复检核后，才能更准确地选择出需要创新的内容。进行检核思考时，创

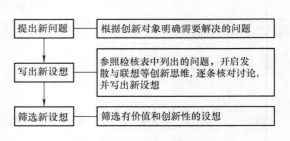

图 1-11　奥斯本检核表法应用流程

新时可以将某一大类问题作为一种单独的创新方法来运用。使用时可以由一人检核，也可以由小组多人共同检核，共同检核、互相激励同时也是进行头脑风暴。应用的过程是一种强制

性思考过程，提问本身就是在进行创新设想，有利于突破人们不愿提问的心理障碍。

奥斯本检核表法实际应用较多，以其在本书编者研制的"一种建筑垃圾自保温小型空心砌块（专利号 ZL201410774981.5）"国家发明专利中的应用为例，对使用奥斯本检核表讨论研究内容（见表1-11）进行讲解。

表1-11　建筑垃圾自保温小型空心砌块讨论研究内容

检核项目	提问内容描述
能否他用	其他用途：梁板柱体系室外围护填充外墙、内隔墙；其他需矩形砌块及保温效果装载的物体，如养护花盆
能否借用	增加功能：墙体增加装饰面层，减少施工现场湿作业，改进运用在装配式建筑建造中，空心砌块易于组装搭建
能否改变	改变：减小建筑垃圾自保温小型空心砌块的重度，加大使用范围，可以改变外形，如三棱锥形，在堆砌中增加建筑结构稳定性，或圆柱状等，可满足不同建筑外形的美观需求
能否扩大	试验扩大：进行单块砌块抗压强度试验、组合墙体抗压强度试验，可以扩大砌块内部空心体积，对外表面研制新的、有效的防水、防火材料，增大砌块利用率
能否缩小	尺寸与质量：390mm×190mm×190mm 规格可根据柱网尺寸及需要调整，可以通过提高密度减轻砌块质量
能否代替	代替：加气混凝土砌块可代替正常砌块组砌墙体；改变排列方式，空出建筑所需空隙即可达到空心砌块效果，且具有些保温能力但不显著
能否调整	改变样式：可以在砌块上设计统一的咬合结构，可使建筑更坚固和美观；设计砌块排列图标准图集做到设计标准化，施工时可提高工作效率
能否颠倒	反过来想：可以让粉煤灰、磷石膏等工业废渣辅助掺加原料作为砌块生产的主要材料；建筑垃圾破碎后粗、细骨料作为辅助掺加材料
能否组合	与其他材料组合：分析砌体结构砌块和钢筋混凝土构造柱组合构造；在咬合结构的凸口和凹口上的构造连接，可运用软件模拟设计连接节点构造

（1）专利提出背景　"一种建筑垃圾自保温小型空心砌块"国家发明专利源于贵阳市工业攻关项目"轻质高强建筑垃圾小型空心砌块研究"。建筑垃圾小型空心砌块吃渣利废，是建筑空间非承重墙、框架填充墙的主导新型墙材之一。该课题以贵州丰富工业废渣为辅助掺加原料，研制轻质高强建筑垃圾小型空心砌块，开发的制品可降低砌块的干缩收缩值，减小自重，研究成果可从根本上解决制约再生骨料砌块生产应用中质量不稳定的瓶颈问题，满足建筑节能墙体材料结构体系轻质、高强、承重、保温隔热的多功能需求。研究的主要内容：一是建筑垃圾再生骨料物理力学性能的分析检测；二是达到《再生骨料应用技术规程》（JGJ/T 240—2011）要求的粗细骨料制备技术指标；三是辅助原料与外加剂的确定和多组分新型活性胶结料的配制；四是工艺参数的确定；五是 MU10 砌块配合比设计和制品成型，制品中试与产业化。

（2）专利摘要　该专利发明了一种利用建筑垃圾、粉煤灰、磷石膏生产的复合自保温砌块，这种砌块是利用建筑垃圾中的废弃混凝土、废弃砂浆和废弃砖石破碎后得到的建筑垃圾再生骨料，掺加胶凝材料（水泥、粉煤灰），利用粉煤灰、磷石膏、石灰、水和过氧化氢、稳泡剂制备得到的无机填充保温材料，并将得到的无机保温材料填充于双排孔小型空心砌块中，从而得到一种利用建筑垃圾、粉煤灰、磷石膏生产的 390mm×190mm×190mm 的复合自保温双排孔小型空心砌块。

（三）七问分析法

七问分析法是一种调查研究和思考问题的方法。二战中美国陆军兵器修理部用英语中的7个疑问词来进行设问，这7个方面的英文第一个字母正好是5个W和2个H，5W2H法因此得名。该方法以提问的形式让思考者展开分析、研究对象，让思考者熟悉系统提问技巧，协助思考者发掘问题的真正根源，从而厘清思路。从这7个方面入手回答问题能快速打开思路，5W2H分析法使得思考的内容深化、科学化，可广泛用于技术活动和企业管理。学者们设计了专门用于产品开发和革新的5W2H聚焦法，5W2H聚焦法内容见表1-12，该方法可以有效地帮助人们厘清创新创业活动过程的思路，并大大提高工作效率。提出一个好的问题，就意味着问题解决了一半，提出疑问对于发现问题和解决问题是极其重要的。创造力高的人，都具有善于提问题的能力。

表 1-12　5W2H 聚焦法内容

内容	描述	产品革新
Why	为什么？为什么要这么做？理由何在？原因是什么	为什么开发此产品？为什么需要革新
What	是什么？目的是什么？做什么工作	开发什么产品？革新的对象是什么
Where	何处？在哪里做？从哪里入手	用于何处？起什么作用？从哪里入手
When	何时？什么时间完成？什么时机最适宜	何时使用？什么时间完成
Who	谁？由谁来承担？谁来完成？谁负责	谁来使用？谁来承担革新任务
How	怎么做？如何提高效率？如何实施？方法怎么样	竞争形势如何？生产能力怎样？怎样实施
How much	多少？做到什么程度？数量如何？质量水平如何？费用产出如何	成本多少？市场规模多大？盈利程度如何？达到怎样的水平

二、创新能力

创新能力是运用知识和理论，在科学、艺术、技术和各种实践活动领域中不断提供具有经济价值、社会价值、生态价值的新思想、新理论、新方法和新发明的能力。创新能力作为一个系统的、综合的概念，是各种基本能力的组合，这种组合因不同领域的创新活动而不同。创新能力是民族进步的灵魂、经济竞争的核心。创新能力一般由学习能力、发现问题能力、流畅思维能力、变通能力、解决问题能力、独立创新能力等构成。

（一）学习能力

学习能力指获取、掌握知识、方法和经验的能力，包括阅读、写作、理解、表达、记忆、搜集资料、使用工具、对话和讨论等能力。学习能力还包括态度和习惯。个人具有学习能力，组织也具有学习能力，人们把学习型组织理解为通过大量的个人学习特别是团队学习，形成的一种能够认识环境、适应环境、进而能够作用于环境的有效组织。知识经济时代，一个人或一个组织的竞争力往往取决于个人或组织的学习能力，因此无论对于个人还是对于组织而言，其竞争优势就是有能力比你的竞争对手学习得更多、更快。管理大师德鲁克曾说过，真正持久的优势就是怎样去学习，就是怎样使得自己的企业能够学习得比对手更快。

（二）发现问题能力

发现问题能力指发现隐藏在习以为常现象背后问题的能力。发现问题能力是思考力的第一层次，表现为意识到存在于周围环境中的矛盾、冲突、需求，意识到某种现象的隐蔽未解之处，意识到寻常现象中的不寻常之处。发现问题能力的前提是好奇心和怀疑，好奇心会促使人们对外界信息更敏感，发现问题并追根溯源，提出一连串问题；怀疑就是对权威的理论、既有的学说和传统的观念等持怀疑和批判的态度，而不只是简单接受和信奉。发现问题在创新活动中通常是由认知风格和工作风格来体现的。认知风格指个人所具有的、在打破心理定式和理解复杂问题过程中表现出来的气度、能力和心理特点；工作风格指长时间集中努力和聚焦问题的工作态度与工作能力。著名哲学家黑格尔曾说过，熟知非真知。发现问题可以说是一种创新，学习和工作中要具备从众多的信息源和碎片中，发现并提取所需要的有价值的信息。发现问题比解决问题更重要。

（三）流畅思维能力

流畅思维能力指就某一问题情境能顺利产生多种不同的反应，给出多种解决办法和方案的能力。流畅是以丰富的知识和较强的记忆力为基础的，并能够根据当前情况所得到的印象和所观察到的事物激活知识，调出大脑中储存的信息，并进行创造性思维，从而提出大量新观点。思维流畅对创新有直接作用，因为形成大量设想，就有更大机会产生有创新意义的想法，虽然提出的设想不一定每一个都正确，但是有创见性的设想会迅速在头脑中形成，提出的设想与出现有创见性想法的机会成正比，也会增加出现创见性想法的可能性。

（四）变通能力

变通能力指思维迅速地、轻易地从一类对象转到另一类对象的能力。它能够从某种思想转换到另一种思想，或是多角度地思考问题，能用不同分类或不同方式研究问题，具有变通能力的人，一般都能根据客观情况的变化解决问题，在思维中灵活应变，不囿于条条框框，敢于提出新观点，思想活跃。而缺乏变通能力的人，往往机械呆板，墨守成规，没有创新精神。创新实践表明，凡是在创新上大有作为的人，大都思路开阔，因为创新需要找到不同的应用范畴或许多新的观念，越是能带来重大突破的创新，越是需要借助于其他领域的知识，吸取外来的思想。创新需要多向思维，仅有流畅的能力是不够的，还需变通的能力。要提高变通的能力，就必须克服思维定式，突破固有的思维习惯。

（五）解决问题能力

解决问题能力指人们运用观念、规则、一定的程序方法等对客观问题进行分析并提出解决方案的能力。它是一种执行力，初级的能力表现在能够发现一般的显性问题，能够初步判断，可以简单处理。能力较强者，能在自己熟悉的领域或范围较容易发现隐藏的问题，有一定的发现问题的技巧，具备一定的分析能力，能够根据现象探求解决问题的途径，并找到答案。解决问题的能力，包括提出问题和凝练问题，同时能归纳总结问题发生的规律，针对问题选择和调动已有的经验、知识和方法，设计和实施解决的方案。对于难题，能够创造性地组合已有的方法乃至提出新方法予以解决。

（六）独立创新能力

独立创新能力指不同寻常的思想和新奇的、独特的解决问题的能力，能想出别人想不出来的观念，能看到别人看不到的问题。它也是一种求新、求异的能力，反映了一个人创新能力水平的高低。同时，独立创新能力是人们在创新活动的各个阶段或各个领域都需要具备的最基本的能力要素。无论在技术产品开发上，还是在生产、管理和市场开拓上，甚至在日常学习和生活中，人们都需要运用独立创新能力。如果只是依靠学习、吸收、模仿等重复的方法，而不进行变革、突破，就不可能创新。独立创新能力主要体现在以下两个方面。一是打破常规，追求与众不同。打破常规要求思维具有批判性。批判性思维就是对要解决的问题所依据的条件进行反复推敲,对计划、方法和方案等反复考察,不盲从、不迷信、不拘泥于现成结论,大胆推翻原有结论,提出新思想。具有独立创新能力的人往往与他人不同,独具卓识,能提出创见,做出新的发现,实现新的突破,具有开拓性。二是求新求异的有机结合。求新就是以新的角度看问题,以新的思路、新的方式提出新设想。求异就是要独特,提出的设想与常规的设想有差异。独立创新能力是创新能力最本质、最重要的核心要素。

第三节　创新创业概述

21 世纪国际竞争日益激烈,各发达国家都在实施再工业化,世界进入了创新时代。全球化的核心内容之一就是创新的全球化,包括创新资源配置的全球化、创新技术的全球化、创新活动的全球化和创新服务的全球化。新技术、新产业、新业态快速形成,创新创业在全球各个国家已经成为经济繁荣、社会发展的发动机与助推器。

一、创新认知

创新起源于拉丁语,原有三层含义:一是更新;二是创造新的东西;三是改变。创新在《辞海》中解释为"创者,始造之也""新,初次出现,新鲜"。创新,即做出前所未有的新鲜事情,有改旧更新之意。创新的英文表达为 innovation,其意思是发明(invent)、创造(create)或者是革新(innovate)行为。美籍奥地利经济学家熊彼特在 1912 年率先提出创新理论,熊彼特认为,发明只停留在发现阶段,而创新与应用相联系。任何使现有资源的财富创造潜力发生改变的行为,都可以称为创新。创新是人们为了发展需要,运用已知的信息和条件,针对所研究对象,运用新思维、新发明、新知识和新原理方法产生出某种新颖、有价值成果的活动。创新包括采用一种新产品和新工艺,采用一种新的生产方法,开辟一个新市场,实现一种新的组织等情况。成果通常指新技术、新工艺、新产品,也可以是新概念、新设想、新理论、新制度、新市场等。创新是以现有的思维模式提出有别于常规或常人思路的见解为导向,利用现有的知识和物质,在特定的环境中,本着理想化需要或为满足社会需求而改进或创造新的事物(包括产品、方法、元素、路径、环境),并能获得一定有益效果的行为。

(一)创新的特征

创新是人类特有的认识能力和实践能力,是人类主观能动性的高级表现,是推动科技、经济进步,促进社会发展的重要因素。创新是突破性的实践活动。它不是一般的重复劳动,更不是对原有内容的简单叠加,而必须是突破性的发展、根本性的变革、综合性的创造。创新具有目的性、变革性、新颖性、先进性、价值性等特征(见表 1-13)。

表 1-13　创新的特征

内容	描　　述
目的性	是为解决问题或完成任务而进行的,创新是一种有目的认识世界和改造世界的实践活动
变革性	是对已有事物的改革和革新,是一种深刻的变革,如改变结构、功能、方式与方法等
新颖性	是把新的和再次发现的知识引入到所研究对象系统的过程,革除过时的内容,确立新的内容
先进性	是在一定程度上优于已有的和现存的事物,如结构更合理、功能更齐全、效率进一步提高等
价值性	能够满足人们的某种需要,推动社会进步,具有一定的社会价值、经济价值和学术价值

（二）创新的类型

创新可按多个维度进行分类，按照创新对象可分为知识创新、技术创新和管理创新；按照自主创新的模式可分为原始创新、集成创新和引进消化吸收再创新；按照创新领域可分为科技创新、社会创新和人文创新。

2006 年全国科技大会提出了"自主创新"概念，自主创新是一种内控的创新活动，强调的是一种自我驱动的独立性，以及清晰的自主知识产权。其成果一般体现为新的科学发现及拥有自主知识产权的技术、产品、品牌等。2007 年党的十七大提出了"提高自主创新能力，建设创新型国家"的发展战略。在经济全球化条件下，自主创新不能封闭起来进行，而应广泛开展对外科技合作与交流，完善引进技术的消化吸收和再创新机制，充分利用人类共同的科技成果。

1. 知识创新

知识创新是通过科学研究，发现新现象、揭示新规律、提出新思想、创立新学说、积累新知识、获得新的基础科学和技术科学知识的过程。它包括科学知识创新、技术知识特别是高技术创新和科技知识系统集成创新等。知识创新包括基础研究和应用研究，是技术创新的基础，是新技术和新发明的源泉，是促进科技进步和经济增长的革命性力量。知识创新开拓了人类知识新领域，为人类认识世界、改造世界提供新理论和新方法，为人类文明进步提供不竭动力。在知识创新中，人们通过企业或组织的知识管理，在知识获取、处理、共享的基础上不断追求新的发展，探索新的规律，创立新的学说，并将知识不断地应用到新的领域，在新的领域不断创新，推动企业核心竞争力的不断增强，创造知识附加值，使企业获得经营成功。随着知识经济的发展，知识创新日益为人们关注。知识创新的特征见表 1-14。

表 1-14　知识创新的特征

内容	描　　述
独创性	是新观念、新设想、新方案及新工艺等的采用，是各种相关因素相互整合的结果。它甚至会破坏原有的秩序。知识创新实践通常表现为勇于探索、打破常规
系统性	是可以通过追求新发现，探索新规律及积累新知识实现创造知识附加值的。在实际经济活动中，创新在企业价值链中的各个环节都有可能发生
科学性	是以科学理论为指导，以市场为导向的实践活动。知识创新产出的新知识、提出的新思想，创立的新学说应该是经过实践检验证明的科学真理
前瞻性	目的是追求新发现、探索新规律、创立新学说、创造新方法、积累新知识。知识创新是技术创新的基础，是新技术和新发明的源泉，是促进科技进步和经济增长的革命性力量
风险性	知识创新高收益与高风险并存，它没有现成的方法、程序可以采用，投入和收获未必成正比，风险不可避免

2. 技术创新

技术创新指生产技术的创新，包括开发新技术或将已有的技术进行应用创新。技术创新是将科技新成果转变成一种改进的或新型的产品、技术或工艺。技术创新包括新产品和新工艺，也包括原有产品和工艺的显著技术变化。如改善生产工艺，优化作业过程，从而减少资源消费、能源消耗、人工耗费或者提高作业速度等。重大的技术创新会导致社会经济系统的根本性转变。技术创新是以现有的知识和物质为出发点，在特定的环境中改进或创造新的事物（包括但不限于各种方法、元素、路径、环境等）并能获得一定有益效果的行为。技术创新就是从一种新思想的产生，到研究、发展、试制、生产制造、实现商业化的过程。技术创新的特征见表1-15。技术创新过程通常历经创意创新形成阶段、研究开发阶段、中试阶段、产业化生产阶段与市场营销阶段（见表1-16）。

表1-15　技术创新的特征

内容	描述
原理科学化	科学理论已成为技术创新的持续动力，统计数据显示，现代技术创新成果大部分源于科学理论基础上的原始性创新，科学理论基础支撑研究开发，促进技术创新能力不断发展，并为知识经济奠定了坚实的基础
创造性或先进性	首先表现在所应用的技术是之前没有的新技术，或者是现有技术中使旧技术更加完善、应用效果有明显的提高的某些改进；其次表现在使用者对生产要素重新组合的过程，使用者创造性地把新技术应用于生产经营的实践活动中，实现了技术形态的转化
并行化	由于组织技术和通信技术的高速发展，技术创新过程已在或能在高度重叠和并列的基础上进行，各阶段活动之间紧密地、高频地、双向地信息交流，彻底改变了技术创新的线性实施进程，推动技术换代的加速进行，技术开发周期得以缩短，以便获得预期的利润。并行工程且对产品及其下游的生产和支持全过程中实施的并行一体化设计的系统方法
可持续性	指在一个相当长的时期内，持续不断地推出新的产品、工艺、原料、组织管理等方面的创新技术，并不断地实现创新经济效益的过程。企业的核心竞争力，不仅仅是智慧的竞争，更是持续的技术创新竞争，持续的技术创新能力是企业成长的核心能力
高风险性	技术创新的投入能否顺利实现价值补偿，会受到许多不确定因素的影响，既有来自技术本身的不确定性，也有来自政治、经济、社会等方面的不确定性，这就可能使技术创新的投入难以得到回报

表1-16　技术创新的过程

内容	描述
创意创新形成阶段	主要表现在创新思想的来源和创新思想形成环境两个方面。创意可能来自科学家或从事某项技术活动的工程师的推测或发现，也可能来自市场营销人员或用户对环境市场需要或机会的感受，创意转化为创新还需历经一定时间。创新思想的形成环境主要包括市场环境、政策环境、经济环境、社会人文环境、政治法律环境等
研究开发阶段	基本任务是创造新技术，一般由科学研究和技术开发组成。研究开发阶段是根据技术、商业、组织等方面的可能条件对创意创新构思进行实施。研制出可供利用的新产品和新工艺是研究开发的基本内容。企业从事研究开发活动就是开发可以或可能实现实际应用的新技术，即根据本企业的技术、经济和市场需要，敏感地捕捉各种技术机会和市场机会，探索应用的可能性，并把这种可能性变为现实
中试阶段	基本任务是完成从技术开发到试生产的全部技术问题，以满足生产需要。中试即产品正式投产前的试验，是产品在大规模量产前的较小规模试验。企业在确定一个项目前，第一步要进行试验室试验；第二步是小试，也就是根据试验室效果进行放大；第三步是中试，就是根据小试结果进一步放大。中试成功后基本就可以量产了
产业化生产阶段	基本任务是把中试阶段的成果变为现实的生产力，根据市场前景和产业需求按商业化规模要求生产出新产品或新工艺，并解决大量的生产组织管理和技术工艺问题。如贵州省工业支撑计划"陈积粉煤灰在加气混凝土生产中的应用研究"，产业化生产阶段目标是使得项目执行期内形成年生产粉煤灰蒸压砂加气混凝土30万 m^3 的生产能力，实现相应的年销售收入税收和利润
市场营销阶段	基本任务是实现新技术所形成的价值与使用价值，包括试销和正式营销两个阶段。试销具有探索性质，探索市场的可能接受程度，进一步考验其技术的完善程度，并反馈到以上各个阶段，予以不断改进与完善。正式营销阶段实现了技术创新所预期的经济效益、社会效益与环境效益。技术创新成果的实现程度取决于其市场的接受程度

3. 管理创新

管理创新指在特定的时空条件下，通过计划、组织、指挥、协调、控制、反馈等手段，对系统所拥有的资本、信息、能量等资源要素进行再优化配置，并实现新诉求的资本流、信息流、能量流等目标的活动。管理创新的主要内容实质上就是对主要管理要素与管理方式、方法的创新。狭义的管理创新是指企业在现有资源基础上，充分发挥员工的积极性和创造性，用一种新的或更经济的方式来整合企业的资源。企业把新的管理方法、管理手段、管理模式等管理要素组合引入企业管理系统，以更有效地实现组织目标。管理创新包括管理思想、管理理论、管理知识、管理方法、管理工具等的创新，如运筹学、网络技术在项目管理中的运用属于管理方法的创新；BIM 技术在建筑设计、建筑施工中的运用属于管理技术的创新；新工科产业学院属于组织范式的创新。管理创新内容见表 1-17。

表 1-17　管理创新内容

内容	描　述
递进层级	管理思想理论创新、管理制度创新、管理技术方法创新
业务组织系统	战略创新、模式创新、流程创新、标准创新、观念创新、风气创新、结构创新、制度创新
企业职能部门	研发管理创新、生产管理创新、市场营销和销售管理创新、采购和供应链管理创新、人力资源管理创新、财务管理创新、信息管理创新

4. 原始创新

原始创新指前所未有的重大科学发现、技术发明、原理性主导技术等原始性创新活动，其成果具有首创性、突破性与引领性。其主要内容包括基础研究、科学研究和技术开发。基础研究和科学研究以获取新理论、新规律、新方法、新技术与新发明为目的，其重要的结果就是获得新发现，体现科技的最高水平，这也是新生产力的主要来源。技术开发是把科学知识转化为实物，即新的仪器、新的设备、新的产品和新的处理方法，其重要的结果就是发明创造，是新生产力的实现。原始创新活动主要集中在基础科学和前沿技术领域，强调对于技术原创性的把握，侧重基础理论方面的创新，也可以称为源头创新，其本质属性是原创性和第一性，是提高自主创新能力的重要基础，是提升科技竞争力的动力源泉。

原始创新通常与技术上的重大突破和新技术革命相联系，如中国发明了印刷术开创了世界文明新时代，英国发明了蒸汽机迎来了欧洲工业革命，从美国推出第一块微处理器起，世界进入了信息网络时代。原始创新是首创者依靠自身的能力完成对核心技术的突破，并率先实现技术商品化和市场开拓，是为未来发展奠定坚实基础的创新；原始创新是最根本的创新，是最能体现智慧的创新，是一个民族对人类文明进步做出贡献的重要体现。

5. 集成创新

集成创新是将各种现有信息技术、管理技术与工具有效集成，对各个创新要素和创新内容进行选择、集成和优化，形成优势互补的有机整体的动态创新过程。围绕一些具有较强技术关联性和产业带动性的战略产品和重大项目，将各种相关技术有机融合起来，可实现一些关键技术的突破。集成创新的思想可以追溯到 1912 年熊彼特首次提出的创新理论。他认为创新是"建立一种新的生产函数"，即实现生产要素和生产条件的一种新组合，这种新组合包括引进新产品、引入新技术、开辟新市场、控制原料新的供应来源、实现工业的新组织。整个社会不断地实现这种组合，就促使经济向前发展。哈佛大学教授马可·伊恩斯蒂在1998 年提出了"技术集成"的理念，这也是大多数学者认定的集成创新概念的首次提出。

"集成"在《现代汉语词典》中解释为集大成,意思是指将某类事物中各个好的、精华的部分集中、组合在一起,达到整体最优的效果。英文单词 Integration 取融合、综合、成为整体、一体化之意。集成不是简单的混合和迭代,而是将各种相关要素通过科学原理进行创造性融合。集成创新包含技术集成创新、服务集成创新、资源集成创新和平台集成创新等形式。

集成创新强调在模块化的技术条件下,通过模块的组织方式变动来适应市场的创新方式,这种创新方式既有可能属于原始创新,也可能是在技术引进消化吸收的情况下出现的再创新。它与原始创新的区别:集成创新所应用到的所有单项技术都不是原创的,都是已经存在的,其创新之处就在于对这些已经存在的单项技术按照自己的需要进行了系统集成并创造出全新的产品或工艺。集成创新相对于单项创新而言,是系统的创新活动,创新主体、创新载体、创新环境等系列要素并非孤立地发挥作用,而是通过选择、整合、优化等创造性的集成活动,形成一个由适宜要素组成、相互优势互补、相互匹配的有机体,形成 1 + 1 > 2 的集成放大效应。目前我国大力推行的"产学研深度融合""建立区域创新体系"都是集成创新的具体实践。

6. 引进消化吸收再创新

引进消化吸收再创新指在引进国外先进技术的结构、原理、配方、装备等的基础上,进一步分析、研究和借鉴,将引进的技术应用到同类产品或其他产品上,做到发展新产品、新技术,即产品结构、工艺方法、材料配方等有较大的改变,性能有显著的提高,原理机理有新的突破。引进消化吸收再创新注重对外部知识的学习,在学习过程中不断增强自我消化吸收能力,将外部知识转化为内在的创新积累及创新能力提升。引进消化吸收再创新是发展中国家普遍采取的提高自主创新能力的重要途径。发展中国家通过向发达国家直接引进先进技术,尤其是通过利用外商直接投资方式获得国外先进技术,经过消化吸收实现自主创新,不仅大大缩短了创新时间,而且降低了创新风险。在建设创新型国家的过程中,必须明确把增强国家创新能力作为引进消化吸收再创新的出发点,努力形成通过引进技术促进自主创新能力提高的体制机制。

二、创业认知

创业是创业者对自己拥有的资源或通过努力对能够拥有的资源进行优化整合,从而创造出更大经济或社会价值的过程。创业是一种需要创业者组织经营管理,运用服务、技术、器物作业的思考、推理和判断的行为。创业有广义和狭义之分。广义的创业指所有具有开拓性和创新性特征的、能够增进经济价值或社会价值的活动。《辞海》对"创业"的定义为"创业,创立基业"。创业即开拓、创造新的业绩,与守成相对应。《现代汉语成语辞典》对"业"解释有学业、业务、工作、专业、就业、转业、事业、财产、家业等。由此看来,业字的内涵极为丰富。创业必须要贡献时间、付出努力,承担相应的财务、精神和社会风险,并获得金钱的回报、个人的满足和独立自主。创业就是发现和捕获机会并由此创造出价值的过程。狭义的创业特指个人或团队自主创办企业,创造劳动岗位、增加社会财富的活动。狭义上讲的创业概念源于 Entrepreneur(企业家、创业者)一词,因此对其理解通常带有经济学的视角。郁义鸿、李志能在《创业学》一书中指出,创业是一个发现和捕捉机会并由此创造出新颖的产品或服务,实现其潜在价值的过程。创业通常具有主动性、创新性、风险性、利益性和艰难性五项基本特征。百森学院企业管理研究中心主任、著名管理学专家拜格雷夫曾经将企业家的行为特征归纳为 10 个以字母 D 为首的的特质。创业的基本特征及特质见表 1-18。

表 1-18　创业的基本特征及特质

创业的基本特征		创业特质
内容	描述	
主动性	创业是创业者自觉做出的选择，是其能动性的反映	Devotion（热爱）、Dream（梦想） Details（周详）、Decisiveness（果断） Destiny（命运）、Doers（实干） Dollar（金钱）、Determination（决心） Distribute（分享）、Dedication（奉献）
创新性	创业过程是一个不断创新的过程，不断推陈出新，企业才会有生命力	
风险性	政策风险、决策风险、市场风险、扩张风险、人事风险	
利益性	创业过程中获利多少，往往也是人们衡量创业者成功与否的重要标志	
艰难性	创业者只有在困难前面百折不挠，才能通向成功	

创业教育主要是培养学生的创业意识与素质，发掘自己的创造潜能，并非要鼓励大学生毕业后都立即去创办自己的公司或者经营自己的店铺。高校创业教育的目的是让学生了解熟悉创新创业基本理论和方法，培养学生的创造性思维、创新能力、创业精神、团队合作、沟通能力和领导能力。其重点在于培养创业思维与方法，让他们将来能更好地面对高度"不确定、不可预测、未知"的环境，培养其独立地与他人合作，提供有价值解决方案的能力。创新是创业的基础，创业可以是创新性实践活动。创业者只有在创业的过程中具有创新思维和创新意识，才能产生新的富有创意的想法和方案，才能找到新市场、新方向与新模式。

三、创新创业教育

创新创业教育（以下简称双创教育）是高校融素质教育、创新教育、创业教育、专业教育为一体的新型教育形式，是适应社会经济发展和高等教育自身发展需要应运而生的一种新的教育理念和人才培养模式。通过培养源源不断的高素质创新创业人才，可以为经济发展、社会进步、产业转型升级提供智力支持和人才支撑。

（一）双创教育的提出

大学生是最具创新创业潜力的群体之一。2010 年教育部印发了《教育部关于大力推进高等学校创新创业教育和大学生自主创业工作的意见》，2012 年教育部办公厅印发了《普通本科学校创业教育教学基本要求（试行）》，标志着我国大学生创业教育课程建设进入了有明确规范可依的发展阶段，文件对普通本科学校创业教育的教学目标、教学原则、教学内容、教学方法和教学组织做出明确规定。2015 年，国务院办公厅印发了《国务院办公厅关于深化高等学校创新创业教育改革的实施意见》，明确了九个方面的重点任务。

一是完善人才培养质量标准。修订本科专业类教学质量国家标准，高职高专专业教学标准和博士、硕士学位基本要求，明确创新创业教育目标要求。

二是创新人才培养机制。建立需求导向的学科专业结构和创业就业导向的人才培养类型结构调整新机制，建立校校、校企、校地、校所以及国际合作的协同育人新机制，建立跨院系、跨学科、跨专业交叉培养创新创业人才的新机制。

三是健全创新创业教育课程体系。根据创新创业教育目标要求调整专业课程设置，开发开设创新创业教育必修课选修课。

四是改革教学方法和考核方式。开展启发式、讨论式、参与式教学，扩大小班化教学覆盖面。改革考试考核内容和方式，注重考查学生分析、解决问题的能力。

五是强化创新创业实践。促进实验教学平台共享，利用各种资源建设大学科技园、大学生创业园、创业孵化基地和小微企业创业基地。建好一批大学生校外创新创业实践基地，举办全国大学生创新创业大赛。

六是改革教学和学籍管理制度。设置合理的创新创业学分，为有意愿有潜质的学生制定创新创业能力培养计划。实施弹性学制，允许保留学籍休学创新创业。

七是加强教师创新创业教育教学能力建设。明确全体教师创新创业教育责任。聘请各行各业优秀人才，担任专业课、创新创业课授课或指导教师，形成全国万名优秀创新创业导师人才库。

八是改进学生创业指导服务。建立健全学生创业指导服务专门机构。健全持续化信息服务制度。

九是完善创新创业资金支持和政策保障体系。整合发展财政和社会资金，支持高校学生创新创业活动。落实各项扶持政策和服务措施，重点支持大学生到新兴产业创业。鼓励社会组织、公益团体、企事业单位和个人设立大学生创业风险基金。

双创教育被正式提出后，已成为近年来我国高等教育领域内一直提及的高频词、热点词，也是我国高等教育改革和发展的重点与关键点。

（二）双创教育融入人才培养方案

广义上的双创教育是以培养受教育者的创新意识、创新创业精神、创新思维、创新与创业能力，培养受教育者思维灵活性、敏捷性和创造性等创新素养，提高受教育者的综合素质，促进人才全面发展，提升创新潜能为宗旨，而开展的一种新型教育活动。有别于填鸭式、注入式等旧的传统教育形式；狭义的双创教育是培养学生具有开办一家企业的综合能力教育，目的是使学生从就业岗位的谋求者变成就业岗位的创造者。双创教育是注重培养受教育者的创新意识、创新思维和创新能力、为受教育者创业奠定良好基础的新型教育思想、观念、模式。双创教育是新的高等教育质量观，受教育者也许无法马上或最终不能自主创业而成为企业家，但是通过在校接受创新创业教育，可以培养受教育者的创新精神和能力，具备创业意识和技能，成为潜在的成功者。双创教如何融入课堂、课程、专业，专业教育与双创教育如何有效的融合，高等工程教育如何厚植双创文化土壤，如何构建双创教育生态链，如何使学生在校期间掌握所学专业知识与技能同时，了解创新创业基本理论，熟悉创新方法与工具，通过创新实践养成初步科研思维，具备职业可持续发展的潜力的知识与能力结构，这些都是高等教育改革探索的重要内容。高校在人才培养制定时应明确全面发展原则和标准导向原则，有条件的专业应将学生获取相应创新创业学分作为毕业刚性条件。

（三）双创教育与专业教育相互融合

学校充分发挥课堂教学主渠道作用，构建专创融合课程体系，将双创教育与专业教育有机融合，实现专业人才培养和创新创业教育目标的互通、教学资源的互补及教学内容的互融，将专业知识传授与创新创业能力训练有机融合。贵州师范大学的做法：一是开设创新思维教育、创造性思维与创新方法、大学生创业基础知能训练、创新工程实践、创新创业大赛赛前特训等创新创业教育校级通识选修课程；二是立项建设校级创新创业课程团队，旨在建设相对稳定的优质创新创业师资教学团队，为学生学习提供优质的课程资源，建设有特色的课程体系，进行教学改革实践。贵州师范大学立项建设了"创新创业教育融入专业课程的教学方法研究——以《土木工程材料》课程为例""创意思考与实践课程体系建设""旅游人才创新创业教育"等校级课程团队项目，建设目标是为学生将来解决工程中的实际问题提供一定的基本理论知识和实验技能，为学生学习专业课提供必要的基础知识，紧跟学术前沿，将最新的科研成果和科研方法融入课程的教学内容，提高学生的创新创业素养和综合素质，组建学生科技创新实验团队，参加大学生创新创业训练项目和学科竞赛。

（四）双创教育融入职业规划

大学生职业生涯规划教育是大学生在校期间在教师的指导下有意识、有目的、有针对性地进行系统的职业生涯规划的过程。在这个过程中，大学生根据各自的兴趣、性格、价值观、知识结构、能力、身体情况等因素明确目标，为未来的就业和事业发展做好充分的知识、技能和心理准备。职业生涯规划的有无及好坏将直接影响学生大学期间的学习生活质量，更会对求职就业甚至未来职业生涯产生影响。将双创教育融入职业生涯规划教育中，一方面能够从低年级起就培养大学生的创新创业精神和意识，另一方面能够与专业课程与实践学习相结合，使学生有目的地寻找各种创新创业契机，锻炼综合素质和能力，增强就业能力。21世纪的大学生已经处于一个全新的知识经济时代，"读大学、学热门专业、储备大量知识和证书、找一个稳定的工作岗位"的思想已经成为过去。在这个新的时代里，每个人都面临变化的环境及由此而带来的机遇，每个人都可以充分释放自己的创造力，利用现有的技术和平台，把想法变为现实，实现人生梦想，同时为社会创造更多的价值。人生规划也需要从过去以计划和预测为主的就业思维，转向以行动和创造为主的创新创业思维，用更宽广的视角，规划设计职业方向。双创专家朱燕空提出人生方向的五个层次见表1-19，大学生在校期间只有做好职业生涯规划，积极参加创新实践，努力完善与社会发展同步的知识与能力结构，才能自信勇敢面对挑战，将职业兴趣与未来工作结合起来，实现人生价值。

表1-19　人生方向的五个层次

层次	内容拓展
任务 Task	是有明确目标和时间节点的指派工作，具有阶段性和被动性。如我今天必须完成某项重要任务，某教学楼平面设计施工图已经顺利完成了，团队的任务是在一周内完成某办公楼结构设计、设备设计
工作 Job	是程序化的任务。一个人的工作是其在社会中所扮演的角色。社会是由不同的组织构成，而组织又是由个体构成，他们分工合作，朝着既定的目标行动，从而推动社会的发展。工作意味着有明确的分工和职责，并因此而获得薪酬和晋升
职业 Profession	是人们从事的有一定专门职能并取得经济报酬的工作。职业具有参与社会分工、需要专业的知识与技能、运用技能创造财富、获得合理的报酬、满足自己的需求五个内涵。大学期间具备良好的专业知识与技能，才能胜任未来职业岗位
事业 Career	是职业的意义，是对职业的升华。事业不是别人要求我如何做，而是我要怎样做。事业是一个人可以一辈子为之奋斗的目标。它是解决人类最高层次的需求，是社会价值和自我价值的实现
人生 Life	是事业的宽度与深度。宽度意味着人生是一种生活方式，把工作融入生活，把生活带入工作，让工作本身的意义变得更丰富和自然；深度意味着站在人生的终点来看待现在所做的事情，也是事业的归宿和可持续发展的方向

（五）土木工程职业领域与方向

大学生职业生涯规划教育可以有效地帮助大学生进行职业定位，职业生涯规划教育能帮助大学生克服和规避创新创业中的艰难险阻，提高创新创业的成功率。双创教育能引导大学生主动进行职业探索。职业生涯不是一成不变的，是一个动态发展的过程。随着大学生对自我认知的深入，辅以对未来职业的市场调查，他们对就业前景的理解就会加深，进而会对原有的职业规划做适当的调整或改变。双创教育就是要引导大学生主动地进行职业探索，积极地规划未来，以良好的心态在职业生涯的发展中不断调整、更新、完善自我，适应外部职业环境的变化，使自身的职业规划与社会发展良好互动。

土木工程专业就业领域宽泛，部分职业领域与方向描述见表1-20，学生进校历经入学教育，土木工程概论、土木工程制图、理论力学、材料力学、结构力学、工程测量等专业基础课程的学习，土木工程材料实验、认识实习、测量实习等实践环节后，对专业有了初步的认识。随着专业学习的深入，进入三年级后应思考自身优劣势，最大限度地挖掘自我潜能，规划未来从事建筑结构设计、施工现场管理、工程计量计价、工程材料检测或房地产开发等土木工程职业方向。在大学期间，目标明确、步伐坚实，毕业时才能胸有成竹，面对挑战。

表1-20　土木工程部分职业领域与方向

就业类别	描　　述
设计类	勘察设计、设计施工一体化、建筑装饰装修设计、工程咨询
施工类	土木工程施工、建筑设备施工、建筑装饰施工、园林绿化
预算类	招标代理、造价咨询、工程咨询、房地产估价
管理类	项目管理、工程监理、施工管理、物业管理
材料类	材料研制、材料生产、材料检测和管理
房地产类	房地产开发、房地产经营、房地产策划与营销

第四节　三 创 教 育

美国、英国与德国等西方发达国家很早就认识到双创教育的重要性，认为创业不仅能改变就业情况，还能促进经济增长，给技术创新带来新的机遇，其双创教育起步较早并得到政府的高度重视，经过多年的实践，成效显著，积累了丰富的经验，已经形成了较为完整的双创教育生态链。近年来，我国创新创业研究与实践取得了快速的发展，国家推动双创教育的顶层设计已经构成，相关政策纷纷出台、在教育部高教司的指导与支持下，2015年6月，"中国高校创新创业联盟"在清华大学成立；2017年6月，"全国大学生创新创业实践联盟"在厦门大学成立；2019年12月，"中国高校众创空间联盟"在浙江大学成立。双创教育已经成为政府推动、高校为主、企业参与、全社会共同努力的重要实践。

双创业教育生态链具有多学科和跨学科相互渗透的特质，国内外部分优秀教材内容涵盖创新、创造与创业或创意、创新与创业内容，简称三创。大连理工大学"三创融合、六位一体"的创新创业教育体系构建与实践，华南理工大学赋能"三创型"人才的内涵提升、打造双创教育的化工模式，东北大学"三创融合、交叉培养、打造新时代创新创业教育升级版"等取得显著成果。本节分别介绍了斯坦福大学、香港城市大学、台湾朝阳科技大学、大连理工大学、华南理工大学五所高校三创教育的做法，希望其理论与实践对双创教育有所启迪。

一、斯坦福大学

斯坦福大学培养了众多高科技产品的领导者及具有创业精神的人才，双创教育一直都走在世界前列。长期以来，斯坦福大学将双创教育贯彻到人才的培养过程中，提倡学校的科学研究需要面向社会需求，通过创新创业教学课程设置、双创教育科研平台构建及双创教育服务产业和社会发展多维度的努力，形成了自身独特的三创教学模型（见图1-12），包括了创新创业教学体系、创新创业科研平台及创新创业服务体系。斯坦福大学被誉为"硅谷心脏"，其师生在硅谷创建了很多高科技公司，如谷歌、惠普、雅虎、思科等。通过借鉴斯坦福大学的先进经验，有利于促进我国高校形成多元化的双创教育发展动力，推动整体高等教育改革的健康发展。

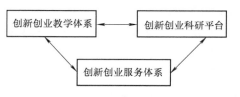

图1-12　斯坦福大学三创教学模型

（一）创新创业教学体系促进人才培养

1. 高水平师资团队带动学生创新创业

斯坦福大学的高水平师资团队拥有16位诺贝尔学奖获得者、4位普利策奖获得者、137位国家科学院院士、89位国家工程科学院院士等。为激励教师参与创新创业并更好地指导学生，学校规定教授要负担学生的部分学费，博士和硕士协助教授开展教学和科研活动，教授不能无偿使用学生的劳动成果，这使得教授必须筹措到足够的科研经费。筹措经费的主要途径是凭着自己的创新创业能力，与企业建立密切的产学研关系，进一步争取到企业委托的研究项目，获得企业的科研经费支持。很多企业（如英特尔公司）每年都向斯坦福大学注入大量资金，委托教授带领学生参与项目研究和开发。在教授的积极参与与推动下，硅谷成为学生良好的实习和研发基地。学校规定，教授可以在硅谷拥有自办的公司，或在各个公司内兼职，学生可以在各个公司实习和就业，教授和学生研究成果很容易在硅谷迅速转化为技术成果或产品。例如，与硅谷联系最密切的电器工程系的大部分教授都以不同的方式参与企业活动，有数以千计的教授和学生同时在硅谷工作。

许多教授通过参与创业企业的咨询服务，帮助企业发展，他们自己也更全面、深刻地了解了创业企业。在教授的积极引导下，很多毕业生和在校学生乐于参与硅谷的创业活动。硅谷成了斯坦福大学创新创业的摇篮。学校还聘请企业界的优秀企业家和工程师作为创新创业教育的授课教师，通过这种兼职教师的讲座和授课，有效地将学校的专业知识学习和企业的实践结合在一起，促进学生综合能力的提升，为学生创新创业发展奠定了坚实的基础。

2. 完善的课程体系建设

斯坦福大学的实用教育思想突出体现在"文科和理科结合，教学和科研结合，文化教育和职业教育结合"的课程体系上。以课程为载体实现了现代社会对人才素质的要求，实现了学科交融培养创新创业人才。学校单独开设的创业课程有20多门，课程涵盖了创办企业所涉及的方方面面，包括如何融资、组织资源、招聘员工等。商学院创业研究中心开发了创业管理、创业机会评价、创业和创业投资、投资管理和创业财务、管理成长型企业等热门创业课程。商学院、工学院的教师开发了一系列创业教育课程，将创业教育渗透到课程设置当中，注重拓宽基础性课程，适量减少专业课程，打破了专业壁垒，把基础课教育与专业教育结合起来，加强了学生的通识教育。同时，增加综合性课程，开设了科学技术与社会科学等综合性跨学科课程，课程设置充分体现了文、理、工相互渗透，很好地满足了学生创新创业的学习需求。学校的创新创业教育教学还形成了完善的实践体系，学校注重学生科研能力和职业技能的培养，组织学生每周参加学校安排的各类研究讲座，其中部分讲座可以计入学分。学校鼓励学生参加科研活动，允许学生参加校外的协作项目。

（二）创新创业科研平台支撑创业研究

斯坦福大学创业研究中心成立 1996 年，为了有效推进创新创业研究的发展，该中心采用了如下举措。

1.成立斯坦福大学创业中心校友会

创业研究中心面向所有具有创新创业兴趣的毕业生们组建校友会，提供资源分享和信息交流的平台。校友会充分发挥自身资源互补的优势，自发组建创业小组，定期进行交流和分享，针对各自创新创业问题进行探讨和分析。校友会每年组织暑期创业项目，支持在校学生去中小企业进行创业实习，并且邀请专业人员对于实习学员进行针对性的指导和帮助，形成了校友互帮互助的良好氛围，构建了一个较为理想的创业环境和系统。

2.成立斯坦福大学创业工作室

创业研究中心下设创业工作室，面向学校所有专业具有创业兴趣的研究生，营造充满活力的创新环境。学校的学生创业组织、创业学科及其他科技类学科学术性交流都为创业工作室的创新创业营造了良好的氛围。如果学生有成型的创业思路，可以通过电子邮件注册会员，利用工作室强大的支持能力和丰富资源与教师、企业家进行交流和沟通。这些经历给予学生创新思维和创业能力的实践锻炼，为他们今后走上创业道路提供了重要的帮助。

（三）创新创业服务项目引领社会创新

1.认证推动企业创新

学校通过实施认证推动企业创新项目工作。项目主要是提供为期一年的培训活动，通过认证培训，帮助学员们开拓新的思维，运用创新的方式方法去运用知识。主要有八门课程，其中包括三门商业课程，核心课程是财务管理、战略管理及批判性思维。学员们通过自定义的视频讲座、个别评估、集体讨论环节及团队项目等多种形式的学习，可以有效地推动组织内部的创新，并且定期组织学员们和学校创业中心的优秀教师，硅谷的杰出企业家、投资者、思想领袖等进行交流和沟通，通过这些活动可以有效地促进学员们提升创新创业能力。

2.实施社会创新项目

学校积极开展社会创新项目的实施计划，其主要目的是努力培养世界范围内教育、环境、贫困及其他事关公平正义事业的领导者。学校社会创新中心为来自全世界的申请者提供社会创业执行计划和非营利组织领导者执行计划。这一系列计划的开展和实施，为世界范围内的创新创业者提供了重要的学习渠道和路径，对于促进社会创新事业的发展具有十分重要的意义。

二、香港城市大学

香港城市大学从 2012 年起，全面实施"重探索、求创新"课程教学改革，目的是整合研究和教育的新模式，促进创新和国际化，实现学校的学术使命和愿景，并且通过推行 21

世纪创新型专业教育，使学生有机会参与原始创新探索，提升创新能力及专业实践能力，增加就业机会。"重探索、求创新"课程教学改革在香港城市大学实践了八年的时间，已经形成一套规范化、制度化的课程教学体系。本小节介绍香港城市大学孙洪义教授三创教育理论，他综合了中国和欧洲的教学经验和研究经历，提出并开发了具有独立知识产权的3333创新创业课程体系、PIPE教学方法，整合了创造、创新和创业（三创）教学内容，明确各阶段教学活动和教学目标。

（一）3333 课程体系

3333课程体系契合了"大众创业、万众创新"的政策和培养大学生创造能力、创新意识和创业精神的素质培养的教育理念，为跨专业合作提供了理论依据和教学内容。3333课程大纲为创新创业课程的设计提供了理论依据和具体操作方法，符合世界上最流行的基于结果的课程大纲（Outcome - based syllabus）设计方法。3333课程体系的核心是 三创、三新、三动、三力（见表1-21），涵盖每个阶段的教学内容、教学目的、教学活动、素质能力及考核标准等教学设计内容。其中三创指的是从创造、到创新、再到创业的全过程概念；明确了三个阶段所对应的具体结果，即新想法、新产品和新企业（三新），以及相应的教学内容，即动脑思考，动手参与和动脚走向社会和市场（三动）。尤其重要的是三个不同的阶段需要的三种不同的能力（三力）及不同的评价标准。

表 1-21   3333 课程体系

内容步骤	描　　述			
	第一步	第二步	第三步	简称
教学内容	创造	创新	创业	三创
教学目的	发现新想法	设计新产品	谋划新企业	三新
教学活动	动脑积极思考	动手主动参与	动脚市场调查	三动
素质能力	探索能力、发现问题	动手能力、解决问题	执行能力、承担风险	三力
考核标准	原创性、影响力	技术可行、成本合理	可销售、可盈利	系统化、跨学科

（二）PIPE 教学方法

为了有效实施3333课程大纲，孙洪义教授开发了以提高学生综合素质和创新创业精神为目的，基于问题、想法、产品、企业（Problem、Idea、Product、Enterprise）的PIPE教学过程，把复杂的创业过程简化为四个阶段（见图1-13），各阶段教学内容见表1-22。PIPE教学过程超越传统的创业教育范畴，先对探索、创造、创新和创业的复杂过程做了高度概括和提炼，然后对每个环节的目标、结果、方法、评估做了深入细致的开发和应用。PIPE教学过程可以确保创业过程的概念贯穿创业教学的始终。PIPE教学过程可以作为教师教学、学生学习及师资培训的实际操作手册，尤其适合大学生创新创业基础教育。PIPE教学过程是一种简化的创新创业教学模式。创业过程并非线性的，各个阶段是密切相关的，无论是学习还是实践，都要进行多次修改和调整，各阶段既有区别又有联系，涉及探索、创造、创新和创业四个核心概念。很多成功的创业离不开创新，具有创新性的创业才是具有生命力的创业。如果说创新是创业的动力，那么创造力则是创新创业的动力，探索是找到问题的根本源泉。因此，从问题、想法、产品到企业既是一环扣一环、紧密相关的，又是动态的、不可预测的。

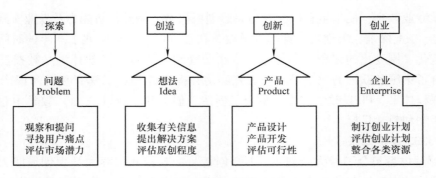

图 1-13　PIPE 教学过程

表 1-22　PIPE 各阶段教学内容

内容	描　　　述
探索和发现问题阶段（Problem）	运用探索思维的方法发现问题，并对用户的潜在需求进行评估，找到用户的真正痛点和需求潜力
创造思维和解决方案阶段（Idea）	运用创造思维的方法，收集相关信息，找到解决问题的想法和可能的方案，并对诸多方案的可行性进行评估，选择一个可行的方案
创新和产品设计阶段（Product）	根据以上选择的解决方案进行产品的设计和规划，完成产品设计，并对产品的可行性进行评估和市场测试
创业和企业计划阶段（Enterprise）	设计商业模式，制定市场进入策略，撰写商业计划书，整合现有资源，计划新企业的创建

三、台湾朝阳科技大学

台湾朝阳科技大学是一所私立科技大学，定位为"以产学实务为导向之教学型大学"，自 2010 年起致力推动以"创意、创新、创业"为主轴的三创教育，2015 年成立创造力与发展中心，培育创新创业种子教师，实施以创业为导向的创造力教育，学校与全球 620 余所高校签订了学术合作协议，积极推动"千人海外体验"，强化全球就业竞争力。学生在莫斯科阿基米德国际发明展、德国纽伦堡国际发明展、意大利国际发明展等国际竞赛中获奖，学校厚植三创教育文化的思与行，成果斐然。

（一）机制体制创新

高等教育竞争激烈，朝阳科技大学根据自身办学条件和规划，明确增强学校竞争力的策略是凸显办学特色，增加招生与就业的竞争力。其策略之一是增强学生问题解决的创意思考能力和创新创业能力。学校专门成立了三创教育与发展中心，其组织架构见图 1-14，统筹全校三创工作，着力推进创意、创新和创业三创教育，增强学生创造力和行动力，其实施路径见图 1-15。

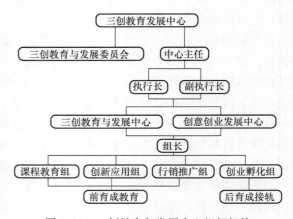

图 1-14　三创教育与发展中心组织架构

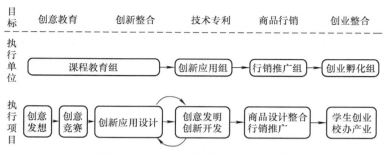

图 1-15　三创教育发展中心实施路径

（二）三创教育建构思维

三创教育建构思维（见图 1-16）是整合具有硕士博士学位授权点，学科实力较强的人文与社会学院、管理学院、设计学院等院系的人文社科教育资源；整合理工学院与资讯学院的科技教育资源；整合学校通识教育中心资源，结合应用服务教育进行创意。

（三）种子教师培育

三创教育与发展中心从教育面与务实面整合学校职能部门资源，系统开展三创教育工作。学校自 2011 年起在各专业学院选拔

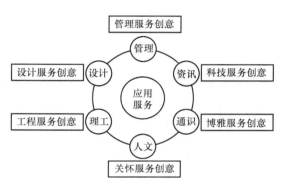

图 1-16　三创教育建构思维

教学骨干，培训三创种子教师（见图 1-17），种子教师分为创造力教育教师和创业教育教师两类，同时遴选业界创业成功者作为种子教师校外专家进行授课，例如校内教师讲授跨院系课程跨域文化设计，课程教学 2 学分，校外种子教师案例分享至少 4 学时（见图 1-18）。

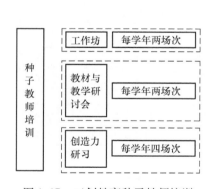

图 1-17　三创教育种子教师培训

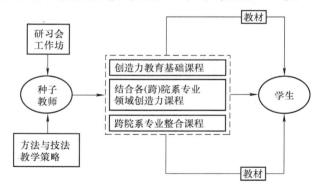

图 1-18　三创教育种子教师职责

（四）三创教育规划与实施

学校系统规划与设计三创教育（见表 1-23 和图 1-19），实施时大学一年级第 2 学期全体学生学习必修创造力讲座课程，大学二年级选修创造力课程；大学三年级四年级选修跨领域创新专题课程，学生可进入校级创新实践平台"梦工坊"，三创教育实施规划历经酝酿、形成、教育和产出四个阶段（见表 1-24 和图 1-20）。三创教育推动课程规划与发展，以服务学生为目标的应用服务创造力教育（见图 1-21），将三创成果与三创人才导引至产业。

表 1-23   三创教育课程规划与设计

内容	开课年级	开设学期	科目名称	教学目标
阶段	大一	第 2 学期	创造力讲座（全校大一新生） 1 学分/必修	传递创造力与创业概念
实务	大二	全学年度	创造力 2 学分/选修	研习创造力及应用，学生产出结果参与本校"创意好点子"竞赛及知识产权竞赛
专业整合	大三	第 1 学期	跨领域创新专题（一）	跨领域整合创新设计
	大三	第 2 学期	跨领域创新专题（二） 梦工坊	
	大四	全学年度	3 学分/选修	

表 1-24   三创教育实施规划

阶段	主要内容	目标	参与对象
酝酿	全校性的创意活动（演习会、研讨会）	营造氛围	全体师生
	校级竞赛比赛（非纯设计类）		
形成	教师训练	培养助力	全体教师
	种子教师培训、课程规划与授课		
教育	活动规划与实施	养成习惯	通识教育中心
	创造力讲座与课程（大一）		各专业系所
	创造力课程与专业课程结合（大二专业性）		全校教师
	跨领域整合精英式教育（大三、大四整合性）		全校师生
产出	参加国内或国际竞赛	从理论到实践	专业系所：参加竞赛与成果展示 各学院：创意成果商品化规划
	创意教育成果展示与宣传		研发处：专利申请与维护 管理学院与创新育成中心：行销与创业培育

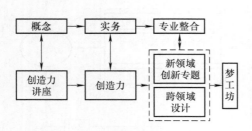

图 1-19   三创教育规划与设计

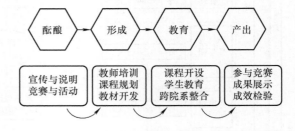

图 1-20   三创教育实施规划

（五）课程实务——以设计学院创造力课程教学为例

设计学院汇聚学校骨干种子教师，教师讲授创造力课程时明确知识与技能目标（见表 1-25），教育的特色在于集合了来自不同专业的学生共同学习，强调多元领域的创意。课程实践环节配备全校性"创意好点子"竞赛，特别规划了阶段性教学内容，进行随堂的讨论与引导，协助学生挖掘提升提案的创意性、实务性与竞争力。教学中导入脑力激荡法、九宫格法、五力＆视觉联想法、635 法、水平式思考、六项思考帽等创意思考法（见表 1-26）。

学生小组作业时可用心智图法思考专业课程脉络框架，用九宫格法撰写大学职业生涯规划。通过实务演练的实践，激发学生创意与创新的兴趣，结合学生所学专业了解创造力的应用价值，培养学习的好奇心、创意的想象力、创新的企图心。通过训练创造力的实物演练方式，培养学生的创新能力。课程教学主轴架构如图 1-22 所示。

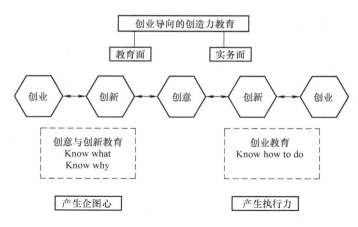

图 1-21　创业导向的创造力教育

表 1-25　创造力课程知识与技能目标

内容	描述
课程介绍	以创造力的概念为基础，导入不同类型的创意思考方法，激发学生创意与创新的学习兴趣，并由实务演练的学习，培养学生创新能力，结合专业达成预期专创融合培养目标
知识目标	了解创造力的定义、内涵与本质；了解各种创意思考的方法；结合专业了解创造力的应用价值；培养学习的好奇心、创意的想象力、创新的企图心
技能目标	训练创造力的实物演练方式；学习结合手、眼、脑的创意与创作思考历程；通过大作业创新实践、参与"创意好点子"全校性竞赛，学习规划与操作创意与创作技能

表 1-26　设计学院创意思考法

教学方法	描述	特色
脑力激荡法	脑力激荡的精髓即集思广益思考法，主要是通过一种不受限制的过程，博采众人的意见，进而发展出许多构想或特定主题的可行途径。利用集体思考方式，使思想相互激荡，发生连锁反应，以引导出创造性思考的方法。脑力激荡的特征是放飞想象，畅所欲言，共同运用脑力，做创造性思考，在短暂的时间内，对某项问题的解决提出大量构想	产生更多的新观点和问题解决方法
九宫格法	画一九宫格将要发想的主题，写在九宫格的正中间，然后，随意发想与其相关的概念或想法，填满其他空白的八格，联想出与核心主题相关的概念但彼此不必然需有相关性	适合作为一边观察一边思考的工具，扩散或聚敛思考
心智图法	它能够将一些核心概念、事物与另一些概念、事物形象地概念组织起来，输入脑内的记忆树图。心智图法是放射性思考的最佳表现方式，符合人类大脑的思考原理，以类似神经元之绘图方式来展现思维、创意、企划、知识、记忆等。心智图通过将脑海中的概念或想法予以视觉化、结构化、分类化，进而联想产生创意，运用在帮助解决问题、学习、组织、决策、规划设计等，可大幅提升绩效	是一项流行的全脑式学习方法，它能够将各种想法及它们之间的关联性以图像视觉呈现
六顶思考帽法	选用六顶不同颜色的帽子，思考问题的不同面向。使用"六顶思考帽"进行思考时，切记一次只戴一顶帽子。当你戴上某种颜色的帽子时，就使用该顶帽子的特性来思考。通过戴帽子的过程，可以提醒思考者转换思维，让混乱的思考变得更清晰。其特色为使思考聚焦，简化单一思考使之清晰明了，鼓励平行思考，取代传统的思考模式，更能激发团队创意	通过六顶帽子的角色互换，让学生能有效地讨论问题的各个方面

四、大连理工大学

大连理工大学是较早倡导并开展双创教育的高校，是首批全国深化创新创业教育改革示范高校、全国高校实践育人创新创业基地、全国高校创新创业典型经验高校、国家级大学生创新性实验计划试点高校、教育部首批"卓越工程师教育培养计划"的试点高校。学校提出了"三创融合"的教育新理念，构建了创新创业教育新生态系统，教育改革成果切实起到示范和引领作用。

（一）提出"三创融合"的教育新理念，构建创新创业新生态系统

学校提出了"创意、创新、创业"三创融合的教育新理念，探索"创意激发、创新创业训练、创新创业实践、创业孵化"全链条创新创业教育新模式，坚持创意驱动创新、创新引领创业，努力做到两个协同、三创融合、四个平台、多项举措，构建创新创业新生态系统。培养富有创意、善于创新、勇于创业的创新创业型人才。

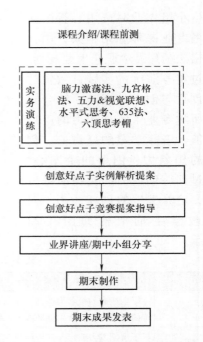

图 1-22　设计学院课程教学主轴架构

两个协同是指校内校外协同和课内课外协同。校内校外协同即完善校地协同、校企协同、校际协同的育人机制；课内课外协同是指将创新创业课堂教学与创新创业课外活动、训练、实践紧密结合。三创融合是指将创意、创新、创业融为一体。四个平台是指创意激发平台、创新创业训练平台、创新创业实践平台和创业孵化平台。倡导学生"做中学、学中思、思中创"。"兴趣＋"创意激发平台旨在激发学生创新创业兴趣，以社团活动为载体，定期开展创新创业主题沙龙等活动，通过头脑风暴激发创新思维碰撞，唤醒学生好奇心，形成全校创新创业良好氛围，促进创新人才成长；"课程＋"能力训练平台已逐步形成了全面完整的创新创业教育课程体系；"项目＋"创客教育平台通过建立工作坊，以项目为导向，鼓励学生将奇思妙想转化为现实作品；"产品＋"创业孵化平台以大学生创业园为载体，以产品为导向，建设产品孵化基地，邀请校外导师、企业家提供可行性意见和建议，帮助学生变作品为产品。

（二）机制体制和教师队伍建设

学校成立创新创业学院，设置创新创业教育专职教师岗位，建立了校内外创新创业导师库，聘请了知名创客来校任教。学校聘请了一批成功的创业者作为驻校导师开设"天威论坛"创业大讲堂，为大学生创新创业提供个性化指导和支持，资助学生参加创新创业项目训练和竞赛。学校每年投入经费设立创新创业奖学金，为创新创业优秀学生在保研中予以加分，对特别优秀学生单独划拨保研名额。学校每年投入创新创业专项经费，设立创新创业教育基金，支持创新创业教育基地建设和教学改革，政策支持鼓励教师参加 KAB、SYB 等创新方法、创新工作坊及职业生涯等创新创业教师师资培训班。学校每年召开全校创新创业教育总结表彰会，评选创新创业标兵、优秀创新创业团队和优秀指导教师。

（三）课程建设和教学改革

学校建立面向全校学生的创新创业教育专门课程，设置了 2 学分创新创业必修课程模块，面向全体学生开设创新创业基础课程模块；设置了个性发展课程模块，建立了创新创业学分积累与转换制度，学生可以将参加创新创业竞赛、大创项目、讲座、创新创业训练和实践的成果申请转化为个性交叉课程学分。学校出台政策允许学生休学创新创业，经过认定可以延期两年毕业。

学校建设了集创造性思维、批判性思维、创新方法、创业技能等理论与实践相融合的创新创业教育系列课程，建设了 20 余门创新创业在线开放课程，其中创新教育基础与实践被评为第一批国家级精品资源共享课；创造性思维与创新方法被评为教育部第二批精品视频公开课；创新教育基础与实践、创造性思维与创新方法、创造学基础、互联网＋创新创业、大学生创新创意创业教育、大学生创新基础、建筑用制冷技术等课程被评为辽宁省精品资源共享课；学校建设的创造性思维与创新方法、脑洞打开背后的创新思维、脑洞打开背后的创新方法、创业基础与实务等慕课课程，在智慧树、爱课程网、超星尔雅、高校邦等全国性慕课平台上线。学校出版了《大学生创新基础》《创造性思维与创新方法》《批判与创意思考》《创造力：发展与测评》《大学生创业教育与实践》《智能车设计与实践》等系列创意创新创业教材。

学校开设了创新创业工程与实践、技术创新、新产品开发、TRIZ 理论与应用、知识产权及保护、商业模式设计等创新创业实践课程或讲座，培养学生的创造性思维，传授创新方法，树立 CDIO 工程教育新理念，鼓励学生以任务为导向，系统学习创新产品研发、创业模式路演等相关知识。学校设立了创意设计、互联网＋创新创业、数学建模、机电技术、智能硬件、机器人、媒体艺术、机械、软件工程、土木水利、化工、创业教育等创新创业实践班，向全校学有余力、有兴趣的学生开放，制定了创新创业能力培养计划，每年招生，学生修完规定的 15 学分后可获得学校颁发的创新创业能力证书。

五、华南理工大学

华南理工大学在长期的办学历程中，始终以服务区域及国家的经济发展需求为导向，学校的十大学科门类涵盖了广东省的支柱产业和高新技术领域，为广东省经济发展转型升级做出了重要贡献。学校坚持特色发展，在与地方共融共生的发展过程中，逐渐形成了"三创型"人才培养理念，并将其贯穿于人才培养全过程。

（一）率先构建实施"三创型"人才教育模式

学校具有深厚的双创教育传统，早在 1999 年就在全国率先提出创新、创造和创业"三创型"人才培养目标，并坚持将创新创业教育贯穿人才培养全过程，坚持将目标理念落实到综合培养计划之中，并于 2009 年成立了创业教育学院。近年来，学校进一步深化双创教育改革，构建了"金字塔式、逐级递进"的"三创型"人才教育模式（见图 1-23）。把"三创型"人才培养质量作为办学内涵提升的重中之重，形成独具特色的创新创业人才培养"华工模式"，为社会和国家培养了一大批高素质、高层次、多样化、具有社会责任感和全球视野的"三创型"人才。实施时，一是面向全体学生开设 50 余门创业通识教育课程，每个专业至少开设一门专业创新创业类课程，学生必须修读 2 个以上的学分；二是针对学有余力、有意愿的学生开设创业辅修班，实行主辅修制；三是面向有潜质的精英学生组建创新卓越班、创业精英班，量身定做创新创业课程，开设创业训练营等。

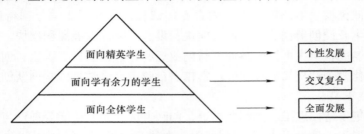

图 1-23　华南理工大学"三创型"人才教育模式

（二）专创融合课程建设

学校将培养创新意识、培育创业精神融入专业课程和课堂改革，每个专业开设"三个一"创新创业课程，理科专业开设一门学科前沿专题课，要求学生完成一份创新创业调查报告，提出一项创意；工程类及其他专业要求学生选修一门创业教育课，完成一份创新创业调查报告，提交一份创业计划书；所有专业至少开设一门专业创新创业类选修课程，学校出台第二课堂管理办法，明确学生须修读 4 个创新创业学分，实现双创教育与专业教育深度融合。学校高度重视创新创业课程和教材建设，集聚国内外优质教学资源，建设了一批特色创新创业课程，投入资金建设 100 余门慕课，利用慕课开展混合式课堂教学，每年受众 1 万余人次。组织编写出版《问鼎"挑战杯"》《大众创业与转型机遇》《微创业全攻略》等一批创新创业类教材。同时，学校建立创新创业教育案例库，并出版发行《华南理工创业评论》期刊。

（三）多措并举提升能力

学校构建院级、校级、省级与国家级四层次大学生创新创业项目体系，推进以"一院一赛"为核心的学科竞赛体系，着力提升学生的创新创业能力。2016—2018 年，大学生创新创业立项总数为 5285 个，资助重点创新创业竞赛 247 项，参与学生达 6 万人次，超过 2/3 学生在校期间有参与创新创业实践经历。学校搭建"校内 + 校外"联动的创新创业实践平台，拥有 9 个国家级及 27 个省级实验教学中心、26 个校级大学生创新创业训练基地、6 个学生创新创业孵化基地、创新创业实验室、创业岛等各类平台，均面向全体学生开放，建立了 530 余个校外实践实习基地，每年累计接纳本科生 11900 余人次。

依托体系与平台，学校每年举办各类学科竞赛、科技文化节、双创讲座及双创文化周等丰富多彩的创新创业活动超过 100 余场，营造出良好的创新创业氛围，让每一个学生都充分感知、熟悉、参与并投身创新创业。学校每年投入专项资金支持各级各类双创竞赛与活动、基地改造运营及其双创支出，设立包括宏平长青基金、学生科技创新竞赛奖学金、艾利丹尼森基金会发明创新奖学金等各类创新创业奖学金，支持选拔创新科研人才等。同时，学校拓宽渠道，挖掘校友资源，引入各类社会风险投资基金，与多家创投机构共同成立华南理工大学创业投资基金战略联盟，支持具有较好创业潜力的团队和项目进行创业实践。

第二章
土木工程创新创业教育理论建构

第一节　土木工程双创教育时代背景

　　土木工程是建造各类工程设施的科学技术统称，它既指所应用的材料、设备和所进行的勘测、设计、施工、保养维修等技术活动，也指工程建设的对象，即建造在地上或地下、陆上或水中，直接或间接为人类生活、生产、军事、科研服务的各种工程设施，如房屋、道路、铁路、运输管道、隧道、桥梁、运河、堤坝、港口、电站、飞机场、海洋平台、给水和排水以及防护工程等。2019 年全国建筑业总产值达 248446 亿元，从业人数 5428 万人，按建筑业总产值计算的劳动生产率为每人 399656 元，从业人数占全社会就业人员总数的 7.1%，实现利润 8381 亿元。自 2010 年以来，建筑业增加值占国内生产总值的比例始终保持在 6.6% 以上，建筑业已成为国民经济的支柱产业。改革开放以来，我国建筑行业快速发展，成就显著，行业市场容量持续扩展，为经济持续健康发展提供了有力支撑，但仍然存在劳动力密集、工程建设组织方式落后、环境污染严重、产业链割裂等较为突出问题。近年来住房和城乡建设部提出了建筑产业现代化、新型建筑工业化的概念，国家相继印发了《国务院办公厅关于促进建筑业持续健康发展的意见》、《2016—2020 年建筑业信息化发展纲要》《住房和城乡建设部等部门关于加快新型建筑工业化发展的若干意见》《关于推动智能建造与建筑工业化协同发展的指导意见》等指导性文件助推行业转型升级。

　　当前，我国建筑业进入了存量竞争的新常态，建筑产业对土木工程毕业生的需求从以前的单纯技术型逐渐转向技术、经营、管理复合型，更加注重人才的综合素质和专业能力的高度结合。截至 2018 年，我国有 550 余所高校开设土木工程专业，在校生 50 余万人，占全国高等工程教育本科在校生的比例超 13%。土木工程作为办学历史悠久的工科专业，传统的人才培养模式如何创新？如何培养支撑产业转型升级卓越工程师后备人才？新工科专业与产业如何实现无缝对接？高等建筑教育如何助推建筑企业进行知识创新、技术创新和管理创新？培养具有创新精神、创新能力的建筑业后备创新人才是助推行业转型升级是高等教育的责任所在。

一、土木工程创新人才

　　创新人才是指具有创新意识和思维、创新知识和能力，能够提出问题、分析和解决问题，能够通过自己的创造性劳动取得创新成果，在某一领域、某一行业、某一工作岗位上孕育出新观念并能将其付诸实施，为社会发展和人类进步做出创新贡献的人才。土木工程创新型人才指在土木工程领域能够提出新观念、新概念、新构造、新材料、新理论、新技术、新工艺等，并能将其付诸实施，在专业领域取得创新成果的工程技术技能型人才。

　　土木工程是工程性质特征明显、实践性强的专业，而创新和创造是工程活动的本质，也是工程师的义务。教学组织应为学生科学安排实践教学环节，为学生提供自由思考的空间，创新实践的场所和条件，积极引导学生参与实际工程项目、科学研究课题及各级各类学科竞赛。教师应把将学生培养成为创新型人才作为自己育人的目标和基本职责。教师应根据培养创新型人才的规格，转变教学思想和改进教学方法手段，教学中应从单纯传授知识转变为传授知识、培养能力，教学内容不仅要精选基本理论，而且要结合科技的发展介绍学科发展的历史沿革、最新成果和动态，要提出问题，启发学生的思考，促进学生积极对新知识进行探索。目前我国土木工程专业已构建了博士、硕士、本科、大专、中专教育模式，中国工程院院士、同济大学沈祖炎教授将土木工程专业人才分为工程科学人才、工程技术人才和工程技能人才。各层次创新人才，培养内容见表 2-1。

表 2-1　土木工程创新人才培养内容

教育层次	人才类别	创新内容	描述	备注
博士 硕士	工程科学人才 工程技术人才	概念创新	主要指学科领域内提出新概念，提供新思路和基础研究中的理论创新	工程科学人才：从事土木工程科学研究为主的专业人才
		原理创新	主要指基础研究和应用研究中的理论创新	工程技术人才：从事土木工程技术开发、应用等为主的专业人才
本科	工程技术人才	技术集成创新	主要指新技术的开发和以新应用领域、新应用方式等为目标的技术集成	
大专	工程技术人才	技术应用创新	主要指在技术应用中以提高效益、创造更高价值等为目标的技术革新等	工程技能人才：从事土木工程技能操作、建造等为主的专业人才
中专	工程技能人才			

二、卓越工程师人才培养

　　党的十七大以来，党中央、国务院做出了走中国特色新型工业化道路、建设创新型国家、建设人才强国等一系列重大战略部署，这对高等工程教育改革发展提出了迫切要求。走中国特色新型工业化道路，迫切需要培养一大批能够适应和支撑产业发展、应对经济全球化的挑战、具有国际竞争力的工程人才。2010 年 6 月，教育部在天津大学召开"卓越工程师教育培养计划"（以下简称"卓越计划"）启动会，2011 年 1 月教育部印发了《教育部关于实施卓越工程师教育培养计划的若干意见》。"卓越计划"是贯彻落实《国家中长期教育改革和发展规划纲要（2010—2020 年）》和《国家中长期人才发展规划纲要（2010—2020 年）》的重大改革项目，也是促进我国由工程教育大国迈向工程教育强国的重大举措。该计划就是要培养造就一大批创新能力强、适应经济社会发展需要的高质量各类型的工程技术人才，为国家走新型工业化发展道路、建设创新型国家和人才强国战略服务，该计划对促进高等教育面向社会需求培养人才，全面提高工程教育人才培养质量具有十分重要的示范和引导作用。

（一）"卓越计划"的主要目标与基本原则

　　"卓越计划"的主要目标是面向工业界、面向世界、面向未来，培养造就一大批创新能力强、适应经济社会发展需要的高质量各类型工程技术人才，即卓越工程师后备人才，为建设创新型国家、实现工业化和现代化奠定坚实的人力资源优势，增强我国的核心竞争力和综合国力。以实施"卓越计划"为突破口，促进工程教育改革和创新，全面提高我国工程教育人才培养质量，努力建设具有世界先进水平、中国特色的社会主义现代高等工程教育体系，促进我国从工程教育大国走向工程教育强国。

"卓越计划"遵循"行业指导、校企合作、分类实施、形式多样"的基本原则，联合有关部门和单位制定相关的配套支持政策，提出行业领域人才培养需求，指导高校和企业在本行业领域实施"卓越计划"。人才的多样性决定了不同类型的人才质量不能用同一标准去衡量，不同类型的人才都有卓越的。不同类型和层次的高等学校在人才培养上有着各自不同的使命和责任，都应该能够在各自的层次和领域培养出一流的人才。这就要对高等学校实行分类管理、引导合理定位、克服同质化倾向、鼓励办出特色。支持"985"大学、"211"大学、行业背景大学和地方一般院校等不同类型的高校参与"卓越计划"，强调各种类型的高校，在具有优势特色的专业领域，应采取多种教育教学方式，在不同类型工程人才的教育培养上追求卓越。参与"卓越计划"的高校和企业通过校企合作途径联合培养人才，要充分考虑行业的多样性和对工程型人才需求的多样性，采取多种方式培养工程师后备人才。

（二）"卓越计划"的特点

"卓越计划"具有三个特点：一是行业企业深度参与培养过程；二是学校按通用标准和行业标准培养工程人才；三是强化培养学生的工程能力和创新能力。"卓越计划"着力推行基于问题的探究式学习、基于案例的讨论式学习、基于项目的参与式学习等研究性学习方法，强调学生创新意识、创新精神的培养，加强学生创新能力的训练，要求本科生"真刀真枪"做毕业设计，从而有效地提高学生的工程实践能力、工程设计能力和工程创新能力。"卓越计划"的提出和实施，突破了高等工程教育既有的思维定式，创立了高校与行业企业联合培养人才的新机制，从根本上解决了工程人才培养中校企脱节的问题。

（三）"卓越计划"的培养标准

为满足工业界对工程人员职业资格要求，在遵循工程型人才培养规律的基础上，对"卓越计划"制定人才培养标准。培养标准是实现卓越计划的重要基础性工作。培养标准分为通用标准（见表2-2）和行业专业标准。通用标准规定各类工程型人才培养都应达到的基本要求，本科层次卓越工程师的培养目标是胜任在现场从事产品的生产、营销和服务或工程项目的施工、运行和维护的工作。行业专业标准依据通用标准的要求制定，规定行业领域内具体专业的工程型人才培养应达到的基本要求。培养标准要有利于促进学生的全面发展，促进创新精神和实践能力的培养，促进工程型人才人文素质的养成。

表2-2　"卓越工程师教育培养计划"通用标准

序号	内　　容
1	具有良好的工程职业道德、追求卓越的态度、爱国敬业和艰苦奋斗精神、较强的社会责任感和较好的人文素养
2	具有从事工程工作所需的相关数学、自然科学知识及一定的经济管理等人文社会科学知识
3	具有良好的质量、安全、效益、环境、职业健康和服务意识；具有应对危机与突发事件的初步能力
4	掌握扎实工程基础知识和本专业的基本理论知识，了解生产工艺、设备与制造系统，了解本专业的发展现状和趋势
5	具有分析、提出方案并解决工程实际问题的能力，能够参与生产及运作系统的设计，并具有运行和维护能力
6	具有较强的创新意识和进行产品开发和设计、技术改造与创新的初步能力

（续）

序号	内 容
7	具有信息获取和职业发展学习能力
8	了解本专业领域技术标准，相关行业的政策、法律和法规
9	具有较好的组织管理能力、较强的交流沟通、环境适应和团队合作的能力
10	具有一定的国际视野和跨文化环境下的交流、竞争与合作的初步能力

（四）土木工程专业"卓越计划"

"卓越计划"的申请由高校自愿提出，专家工作组对高校工作方案及专业培养方案进行论证，教育部根据论证意见批准参与"卓越计划"的资格。按照《教育部关于实施卓越工程师教育培养计划的若干意见》精神，经学校自愿申请，专家组论证，全国共有37所学校的土木工程专业入选"卓越计划"试点专业，入选高校见表2-3。

表2-3 土木工程专业"卓越计划"入选高校

高校名称	入选批次
清华大学、北京交通大学、天津大学、大连理工大学、哈尔滨工业大学、同济大学、上海交通大学、东南大学、湖南大学、南京工业大学、浙江大学、华南理工大学、中南大学、合肥工业大学、南昌大学、郑州大学、西南交通大学、西安建筑科技大学、武汉理工大学	第一批（19所）
北京建筑工程学院、河北工业大学、石家庄铁道大学、沈阳建筑大学、东北林业大学、苏州科技学院、安徽建筑工业学院、青岛理工大学、山东建筑大学、武汉大学、长沙理工大学、兰州交通大学	第二批（12所）
重庆大学、河海大学、西南科技大学、盐城工学院、中国矿业大学、三峡大学	第三批（6所）
共计	37所

入围高校各自对培养模式进行了多样化的探索和实践。如哈尔滨工业大学卓越工程师继承了土木工程专业的传统优势，实现了本科生、硕士生、博士生培养方案的科学合理衔接，整体制订土木工程专业卓越工程师培养方案。首先，在本、硕、博阶段都需开设的课程实现模块化教学，即同一门课程的本科模块是该门课程硕士模块的基础和铺垫，同一门课程的硕士模块是该门课程博士模块的基础和铺垫，呈阶梯形递进和提升，避免了授课内容的重复。其次，将反映学校科研特色的原本科生的选修课移入研究生培养方案，本科阶段着力突出基础和强化实践，硕士阶段着力强化特色和创新，博士研究生阶段着力强化创新和前沿。最后，培养方案凸显了土木工程学科和国内外重大工程和特色工程的前沿动态，使通过该计划培养的人才具有前沿意识和前沿理念，毕业后能引领和牵动土木工程专业的发展方向。

郑州大学"卓越计划"从大二遴选学生，采取"2＋2"方式进行培养，按照"2＋1＋0.5＋0.5"的模式实施，第1～4学期在校内学习平台课程，由校内公共平台教师教学完成；第5～6学期在校内学习模块课程，由校内专业教师和企业指导教师联合教学完成；第7～8学期分别在企业完成实训课程和实战课程，由校内指导教师和企业指导教师联合指导完成。校内培养目标定位于培养具备从事土木工程项目设计、研究开发、施工及项目管理能力，能够在房屋建筑、地下建筑、工程项目管理等领域从事创新实践的"现场工程师"。企业培养目标定位于培养能够灵活运用本专业的基础理论知识，具有解决工程实际问题的能力、沟通能力及团队合作能力，具有较强的创新意识、适应我国经济社会发展，具备较强创新能力的卓越工程技术人才。

西南交通大学土木工程专业涵盖道路与铁道工程、桥梁工程、地下工程、岩土工程、建筑工程、交通土建工程6个方向，按大类招生培养，实施时采用"3+1"模式，3年在校学习，1年在企业学习和做毕业设计。校内培养目标定位于土木工程专业确立"宽基础、强专业、重实践、善沟通、求创新"的人才培养模式，树立"面向工业界、面向未来、面向世界"的工程教育理念，以社会需求为导向，以实际工程为背景，以工程技术为主线，着力提高学生的创新意识、工程素质和工程实践能力，培养学生掌握铁路、城市轨道交通、房屋建筑、道路、桥梁、隧道、机场与港口等各类工程项目的规划、勘测、设计、施工、维护与管理所需的系统化知识与工具，和从事土木工程项目规划、设计、施工、维护等工作所需的各种能力。按照该标准毕业的土木工程专业的工程学士，经过土木工程师的基本能力训练，可获得见习土木工程师技术资格，毕业生可从事土木工程项目的规划、勘测、设计、施工、维护、经营管理、科技开发等高级工程技术工作。企业培养目标定位于主动服务国家战略，主动服务社会需求，培养优秀的后备工程师。同时，作为工程教育改革的突破口和切入点，该计划探索工程教育改革的新途径，引导工程教育改革的方向。土木工程专业本科工程型卓越工程师需经历一年以上的企业学习阶段培养环节，从而提高土木工程中的"测、绘"核心技能实际应用能力，成为以面向施工、监理企业为主体的卓越工程师，并为进入高层次卓越型工程师培养、取得注册工程师、建造师等行业执业资格打好坚实基础。

三、新工科人才培养

在国际工程联盟2016年会议上，中国正式加入《华盛顿协议》，世界范围内新一轮科技革命和产业变革的加速进行，将同我国加快转变经济发展方式形成历史性交汇，我国经济发展进入新常态，以新技术、新产业、新业态和新模式为特征的新经济的蓬勃发展，我国一系列重大战略的实施、产业转型升级和新旧动能装换、未来全球竞争力的提升等对工程学科的发展和工程科技人才的培养提出了更新更高的要求。这都要求面向产业、面向世界、面向未来建设新工科。事实上，新工科建设是在"卓越计划"已取得的工程教育改革成果的基础上，调整和转变学科专业建设思路，从适应产业需要转向满足产业需要和引领未来发展并重，拓展和提升工程教育改革内涵，将工程教育改革拓展到多学科交叉领域、提升到国家战略和未来发展的高度，按照这种新的学科专业建设思路和新的工程改革内涵，继续深入实施"卓越计划"，强势打造"卓越计划"的升级版。具体而言，新工科建设从八个方面对"卓越计划"的内涵进行丰富和加强，包括教育教学理念、学科专业结构、学科专业建设、人才培养模式、多方合作教育、实践创新平台、教师队伍建设和人才培养质量。新工科建设是我国高等工程教育主动应对新一轮科技革命和产业变革的挑战，服务国家战略和区域发展需求，是对未来发展的崭新思维和深度思考，是对科技革命和产业革命的积极回应，是深化高等工程教育改革的必然路径。新工科建设是继续"卓越计划"，引领我国高等教育改革、推动我国迈向高等教育强国的重要战略举措。

（一）新工科指南项目

2017年6月教育部启动了新工科建设并发布了第一批《新工科研究与实践项目指南》（见表2-4），规划出新工科研究与实践项目有新理念、新结构、新模式、新质量、新体系5个部分共24个选题方向。2018年9月，教育部、工业和信息化部、中国工程院联合印发了

《关于加快建设发展新工科实施卓越工程师教育培养计划 2.0 的意见》，旨在探索形成中国特色、世界水平的工程教育体系，促进我国从工程教育大国走向工程教育强国。2020 年 2 月，为推动新工科建设再深化、再拓展、再突破、再出发，探索形成中国特色、世界水平的工程教育体系，建设工程教育强国，教育部印发了第二批《新工科研究与实践项目指南》（见表 2-5），规划出新工科研究与实践项目有理念深化选题、结构优化选题、模式创新选题、师资建设选题、创新创业教育选题、协同育人选题、共同体构建选题、质量提升选题 8 个部分共 34 个选题方向。

新工科建设是以项目的形式发布和开展的，但新工科项目不是科研项目，与研究人员和高校教师和常规科研项目不同，其成果强调的是适应未来产业发展变化的工程教育教学改革方面的研究与行动，注重的是工程教育教学改革的实际成效，目的是培养出满足未来新产业需要的，具有创新创业能力、动态适应能力、高素质的各类交叉复合型卓越工程科技人才。新工科项目的组织和实施就是推进新工科建设。

表 2-4　第一批新工科研究与实践指南项目

序号	项目名称	描述	类别
1	新工科建设的若干基本问题研究	此类项目应结合工程教育发展的历史与现实、国内外工程教育改革的经验和教训，分析研究新工科的内涵、特征、规律和发展趋势等，提出工程教育改革创新的理念和思路	新理念选题
2	新经济对工科人才需求的调研分析		
3	国际工程教育改革经验的比较与借鉴		
4	我国工程教育改革的历程与经验分析		
5	面向新经济的工科专业改造升级路径探索与实践	此类项目应面向新经济发展需要、面向世界、面向未来，对传统工科专业进行改造升级，开展新兴工科专业建设的研究与探索等，推动学科专业结构改革与组织模式变革	新结构选题
6	多学科交叉复合的新兴工科专业建设探索与实践		
7	理科衍生的新兴工科专业建设探索与实践		
8	工科专业设置及动态调整机制研究与实践		
9	新工科多方协同育人模式改革与实践	此类项目应在总结卓越工程师教育培养计划、CDIO 等工程教育人才培养模式改革经验的基础上，深化产教融合、校企合作的人才培养模式改革、体制机制改革和大学组织模式创新	新模式选题
10	多学科交叉融合的工程人才培养模式探索与实践		
11	新工科人才的创新创业能力培养探索		
12	新工科个性化人才培养模式探索与实践		
13	新工科高层次人才培养模式探索与实践		
14	新兴工科专业人才培养质量标准研制	此类项目应在完善中国特色、国际实质等效的工程教育专业认证制度的基础上，研究制订新工科专业人才培养质量标准、教师评价标准和专业评估体系，开展多维度的质量评价等	新质量选题
15	新工科基础课程体系（或通识教育课程体系）构建		
16	面向新工科的工程实践教育体系与实践平台构建		
17	面向新工科建设的教师发展与评价激励机制探索		
18	新型工程教育信息化的探索与实践		
19	新工科专业评价制度研究和探索		

（续）

序号	项目名称	描述	类别
20	工科优势高校新工科建设进展和效果研究	此类项目应分析研究高校分类发展、工程人才分类培养的体系结构，提出推进工程教育办出特色和水平的宏观政策、组织体系和运行机制等	新体系选题
21	综合性高校新工科建设进展和效果研究		
22	地方高校新工科建设进展和效果研究		
23	工科专业类教学指导委员会分类推进新工科建设的研究与实践		
24	面向"一带一路"的工程教育国际化研究与实践		

表 2-5　第二批新工科研究与实践指南项目

序号	项目名称	描述	类别
1	新工科人才培养若干基本理论问题研究	此类项目立足于世界百年未有之大变局的时代背景，立足于新一轮科技革命和产业变革加速演进并处于取得关键突破的历史关口，立足于新工科建设理念与实践的前期探索，面向未来、谋划未来、引领未来，持续深化创新型、综合化、全周期、开放式的工程人才培养理念，全面践行"学生中心、产出导向、持续改进"的质量理念，进一步完善新工科建设的理论体系和实施路径。面向全体学生，优化人才培养全过程，关注人才培养成效和学习成果，强化学生工程伦理意识、职业道德和职业规范，持续提升工程人才培养水平	理念深化选题
2	新工科教育科学研究的理论特征分析与发展研判		
3	新工科人才的工程伦理意识与职业道德和规范研究		
4	新工科建设再深化、再拓展、再突破、再出发关键问题研究		
5	未来战略必争领域紧缺人才培养机制探索与实践	此类项目应面向新经济发展需要、制造强国战略需求、制造业战略结构调整，开展新兴、新型工科专业建设的研究与探索，对传统工科专业进行改造升级，推动学科专业结构持续调整优化和人才培养模式的创新变革	结构优化选题
6	新工科专业结构调整优化机制探索与实践		
7	传统工科专业改造升级探索与实践		
8	新工科通专融合课程及教材体系建设		
9	跨学科、多学科交叉的创新型工程教育组织模式研究与实践	此类项目应面向未来、强调创新、注重交叉，打破传统的基于学科的学院设置，开展面向未来发展的未来技术学院、面向产业急需的现代产业学院、特色化示范性软件学院等多种新式的探索和实践，推动学科交叉融合，系统推进学科专业结构调整优化、教学组织模式变革与人才培养机制创新等	模式创新选题
10	聚焦科技创新领军人才培养的未来技术学院建设探索与实践		
11	面向区域产业急需的现代产业学院建设探索与实践		
12	以软件高端人才培养为导向的特色化示范性软件学院建设探索与实践		

（续）

序号	项目名称	描述	类别
13	新工科师资能力标准体系探索与构建	此类项目应探索构建工科教师工程实践能力标准体系、高校教师与行业人才双向交流"十万计划"实施机制、工学院院长教学领导力提升及多种形式教师培训体系，形成工科教师工程实践能力的强化与提升体系	师资建设选题
14	工学院院长教学领导力提升探索与实践		
15	多层次教师培训体系探索与实践		
16	高校教师与行业人才双向交流机制探索与实践		
17	新兴技术范式下的教师教学方法创新与实践		
18	新工科人才创意创新创业能力培养探索与实践	此类项目应探索构建与新工科建设深度融合的创意、创新、创业教育体系，培养具有创新创业精神与能力的新工科人才，建立健全创新创业教育保障体制机制	创新创业教育选题
19	新工科建设创新创业教育类课程体系建设		
20	新工科人才创新创业教育实践平台开发与保障		
21	新工科产教融合、校企合作机制模式探索与实践	此类项目应落实"三全育人""五育并举"有关要求，推进产教融合、校企合作体制机制创新，完善工程教育实习实训制度保障体系，建设工程实践教育基地和人才培养实践平台，构建产学合作协同育人体系	协同育人选题
22	新工科人才培养实践创新平台建设探索与实践		
23	结果导向的实习实训保障制度体系建设探索与实践		
24	新形态复合型教育教学资源体系构建		
25	新工科建设国际化人才培养模式和机制研究	此类项目应结合工程教育的国际化及中国工程教育国际交流与合作中的新模式、新机制、新问题、新趋势，分析工程教育国际化人才培养模式、培养机制、国际工程教育的中国标准、国际工程教育认证等，提出中国工程教育国际化人才培养和参与国际工程教育治理的新思路和新对策	共同体构建选题
26	区域新工科教育共同体建设及实践		
27	"一带一路"新工科教育共同体建设		
28	国际工程教育的中国标准和中国方案研究		
29	新工科人才学习质量提升路径的探索与实践	此类项目应在完善中国特色、国际实质等效的工程教育专业认证制度基础上，推动符合新工科建设时代命题的工程教育质量系列标准建设，特别是三级认证标准的设计，建构起完善的工程教育质量保障新体系，从而汇聚各方力量共同提升工程人才培育水平，加快建设工程教育强国	质量提升选题
30	新工科建设全链条标准体系构建与研制		
31	新工科理念下的专业认证制度体系构建		
32	新工科背景下的工程教育三级认证标准构建		
33	新工科建设专业认证制度与工程师注册制度的有效衔接机制探索		
34	新工科建设视域下的工程教育文化建设与评价机制		

（二）新工科视角下土木工程多主体协同育人

创新驱动、快速推动建筑企业转型升级，创新驱动的实质是人才驱动。新工科视角下土木工程教育改革关键问题是培养学生的职业核心能力。土木工程具有综合性、实践性，以及技术、经济和艺术统一性等特质，建造一项工程一般要经过勘察、设计和施工三个阶段，期间涉及发改委、土地管理单位、建设管理单位、设计单位、施工单位与监理单位等多家主体。随着土木建筑新材料、新技术、新工艺不断推陈出新，教材与教学模式受时间空间等条件局限，存在滞后行业发展的情况。高校需加强和当地住建厅、住建局、土木工程学会、建筑力学学会、工程造价协会、房地产协会等政府及学术团体联系，推进产教融合、校企合作的机制创新，深化产学研合作办学、合作育人、合作就业、合作发展，搭建校企对接平台，以产业和技术发展的最新需求推动专业综合改革，认定一批工程实践教育基地，布局建设一批集教育、培训及研究为一体的共享型人才培养实践平台，拓展实习实践资源。

土木工程新工科面向新型建筑工业化、智能建造与建筑工业化协同发展培养人才，应聚焦政府、企业等多主体教学资源，构建以学生为中心的政产学研协同育人模式（见图2-1），推进人才培养与产业发展的协同；推进高校与高校、高校与政府、高校与行业企业的协同；完善多主体协同育人机制；建立结构多元，合作多样的交叉育人新机制；突破社会参与人才培养的体制机制障碍，深入推进科教结合、产学融合、校企合作，建立多层次、多领域的校企联盟，深入推进产学研合作办学、合作育人、合作就业、合作发展，以产业和技术发展的最新需求推动人才培养。政府、学校与企业各主体主导职能见表2-6，新工科建设应促使专业人才培养目标从"学科导向"转为"以产业需求为导向"，人才培养从传统的知识型、研究型人才转向重能力的应用型新工科人才。

图2-1　以学生为中心的政产学研协同育人模式

表2-6　土木工程专业教学各主体职能

主体	职能描述
政府	行业产业、创新创业教育等相关的文件与政策制定、行业法规与规范制定、专业技术认证、职业技能认证与社会培训等
学校	系统的专业知识与能力培养、校内课程设计、实验实习、毕业设计、学科竞赛等
企业	本科生校外导师、项目案例库、项目实景教学施工场所、实习实训场所、科研项目知识产权转化等

（三）产业学院的建设

新经济背景下，产业转型、技术升级和产品迭代明显加速，新技术、新产业、新业态急需高校培养和输送有较强理解力、能有效解决实际问题的高素质新工科人才。现代产业体系建设实际上就是产业从劳动密集型向技术密集型、技术密集型向知识密集型的结构性转型过程。为适应新一轮科技革命和产业变革的新趋势，紧紧围绕国家战略和区域发展需要，加快建设发展新工科，探索形成中国特色、世界水平的工程教育体系，促进中国从工程教育大国走向工程教育强国，《关于加快建设发展新工科实施卓越工程师教育培养计划2.0的意见》文件明确新提出经过五年的努力，建设一批新型高水平理工科大学、多主体共建的产业学院和未来技术学院。

1. 产业学院组织特征

不同于传统意义上高校对产业需求对接时会较多考虑人才的数量规模，新工科现代产业学院紧紧围绕知识密集型产业，特别是新一代信息技术、新材料、高端装备制造等新兴产业的技术创新需求，发挥产业学院贴近行业企业技术前沿的组织优势，对接产业的技术创新需求，优化新工科人才培养目标和具体的专业培养规格，夯实人才的科技知识储备、工程实践能力和综合素质。产业学院是培养高素质工程技术人才的组织创新，实行"专业共建、人才共育、师资共培、就业共担"的产学合作协同育人机制，大大提高了人才培养的质量和效率。作为新型办学机构，它可以是高校的实体组织，也可以是虚拟组织。新工科现代产业学院是高等院校以服务区域战略性新兴产业集群或特定产业行业发展需求为导向、以培养高素质工程科技人才为目标、以对接产业技术创新为牵引、以集聚创新资源为支撑，与行业骨干企业等多元主体共建共管的协同育人平台，是集新工科人才培养、科技研发、社会服务等功能于一体的新型办学组织。这一内涵要义的明确，目的是为实际推进提供基本的思路框架。产业学院有效实现工学结合的人才培养，由应用型本科、高职院校和具有相当规模的勘察、设计与施工大型建筑企业在理念、机制、模式、条件上形成的校企联合体深度合作、互动双赢。现阶段产业学院组织按合作内容与目标达成度主要分为资源共享型和产业引领型（见表2-7）。资源共享型是低层次的合作模式，主要着眼于资源共享，如人才、平台共享，目前应用型本科和高职院校建立的产业学院多采用这种模式。产业引领型是合作各方从引领产业发展的高度进行战略层面的深度合作，在行业标准、关键技术等高层次层面上进行合作，如果一个高校研究能力不强或当地缺乏大型企业，就难以建立产业引领型产业学院。资源共享、合作共赢是产业学院的目标和方向，区域行业、产业、企业及其需求和高校提升服务地方经济社会发展能力是外在牵引力，人才培养与创新发展是内在推动力。

表2-7 产业学院组织

类型	主体功能		目标
	高校	行业协会/产业园区/企业/其他	
资源共享型	依据产业与企业发展规划，修订专业人才培养方案，优化课程体系与人才培养标准，人才培养兼顾生产要素，将企业生产岗位转化为合适的"学习性岗位"，将企业生产任务转化为"学习性任务"；向产业企业开放实验室与科研平台；为产业企业继续教育提供智力支撑	参与人才培养方案制定与课程岗位能力开发；提供实践教学真实场景；指导专业实习与实训；提供实习与就业岗位；依据产业、企业发展需求，为高校科学研究提供信息、数据、方向与内容	提升双方实力和竞争力，共同发展
产业引领型	嵌入多方优质资源，聚焦复杂工程问题，力求在工程化学习体验中培养学生解决复杂工程问题能力；针对行业、产业、企业发展需求标准与关键技术等进行技术研发与技术服务	提供建筑材料企业、施工企业、房地产开发企业技术标准；提供材料制备、现场施工工艺真实工程项目的技术难题；提供技术创新试验场所；推进技术迭代升级	促进人才培养链、地方产业链和创新链深度对接

2. 产业学院建设指南

2020年7月，教育部、工业和信息化部联合启动现代产业学院建设工作，出台了《现代产业学院建设指南（试行）》（以下简称《指南》），《指南》明确了现代产业学院建设的指导思想、建设原则与任务目标。现代产业学院以区域产业发展急需为牵引，面向行业特色鲜明、与产业联系紧密的高校，建设若干高校与地方政府、行业企业等多主体共建共管共享的现代产业学院，造就大批产业需要的高素质应用型、复合型、创新型人才，为提高产业竞争力和汇聚发展新动能提供人才支持和智力支撑。现代产业学院坚持育人为本、坚持产业为要、坚持产教融合、坚持创新发展，提出了聚焦创新人才培养模式、提升专业建设质量、开发校企合作课程、打造实习实训基地、建设高水平教师队伍、搭建产学研服务平台、完善管理体制机制七大建设任务。引导高校瞄准与地方经济社会发展的结合点，突破传统路径依赖，探索产业链、创新链、教育链有效衔接机制，建立新型信息、人才、技术与物质资源共享机制，完善产教融合协同育人机制，创新企业兼职教师评聘机制，构建高等教育与产业集群联动发展机制，打造一批融人才培养、科学研究、技术创新、企业服务、学生创业等功能于一体的示范性人才培养实体，为应用型高校建设提供可复制、可推广的新模式。教育部、工业和信息化部根据国家经济社会发展需求，指导和组织开展现代产业学院立项建设和评估。具备条件的高校按流程向教育部高等教育司提出申请，同时按规定向工业和信息化部人事教育司报备。教育部、工业和信息化部组织专家进行论证，按照"分区论证、试点先行、分批启动"的原则进行培育建设，并根据建设成效进行动态调整。

（四）麻省理工学院多主体协同育人经验

美国麻省理工学院（简称 MIT）是全球产学研结合成功的组织典范。在科学研究领域，MIT 的校友、教职工及研究人员中，共产生了 90 多位诺贝尔奖得主。在产业发展领域，由 MIT 校友创建的公司，至今仍然活跃的有 3 万家。在社会经济领域，MIT 更为闪亮的名片则是其创新创业的精神和成就。由 MIT 校友创办经营的公司的年营业收入总和已经超过 2 万亿美元，若将其看作是一个独立的经济体，则能排在全世界第 11 位。MIT 开创了以高校为主导的大学、政府、产业联合的创新创业模式，实现了科学研究、实际应用、教学及学校收益的最优组合。该校的"大学—产业界—政府"模式被称为"三螺旋模型"（见图 2-2），政产学研实现了无缝对接。在该模式中，MIT 与产业界、政府（包括地方政府、联邦政府）建立了新型交叉的互补关系，三者之间存在着一种共生性或场依存性。为此，MIT 始终把产、学、研活动视为一而三、三而一的活动，

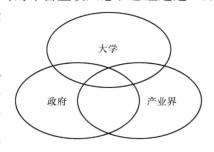

图 2-2　MIT 的三螺旋模型

即在时间上同时进行，在空间上并列开展。一方面，MIT 通过接受政府、产业界的资助及与其签订合作协议来建立紧密的互动关系；另一方面，MIT 利用自身的优势为政府、社会培养人才和输送科研成果，为本地产业升级服务，不断创造新公司和新产业，服务当地经济。

在这一模式中，政府与 MIT 的互动是其最初发展壮大的基础，政府事先提出相应的需求，并提供资金资助，MIT 出色地完成任务。州政府与 MIT 的互动也获得了双赢的效果。州政府除了为 MIT 赠地之外，还会根据本地科技、经济的发展要求，直接注资及设立相应的研究基金来资助 MIT 开展研究。MIT 的校友多数选择在本地创业，州政府便从人才落地、税收优惠等方面给予支持和帮助。

MIT 与产业界的密切联系是其创新创业不断向前发展的动力源泉。最初，MIT 通过企业咨询、专利技术转让、直接参与创办企业等方式与实业界联系得非常紧密。首先，MIT 将知识创新融入企业的主要方式是为解决工业企业中的技术难题，提供咨询服务，参与咨询服务

的教授们又把实际应用中获得的知识带回课堂，促进教学，使教学变得更加生动和实用。咨询服务与 MIT 创办时的目标是一致的，还能获得企业家的捐赠，教授们也因此提高了收入。MIT 有专设的产业联盟部门来推进与产业界的联系与合作。直到今天，该计划仍然运行良好。其次，MIT 开始向企业提供发明专利，以专利为资本直接参与到企业的发展中去。同样，MIT 设有专门的技术许可办公室，可以通过技术专利许可政策使研究成果为社会服务。最后，MIT 的老师和学生以各种形式直接创办企业，并由此形成了 MIT 特有的创业文化。MIT 人认为，作为 MIT 的一员，你做出许多创新成果是理所当然的，当你通过创业实现这些成果的价值时，大家才会真正佩服你。在 MIT，学校对创新创业始终抱着开放和赞许的态度，对创业者给予大力支持，老师和学生参与创业不仅合规，更能赢得尊敬和羡慕。

第二节　土木工程指导性教学文件

土木工程指导性教学文件包含专业指导规范、人才培养方案、课程教学大纲、实践教学体系教学大纲等。土木工程源于工业与民用建筑专业，1993 年工业与民用建筑专业与其他专业合并拓宽为建筑工程专业，自 1998 年以来，按照国家专业目录的调整，原建筑工程、城镇建设、交通土建工程、地下建筑工程、矿山建设等专业合并为土木工程专业。此后，上述专业开始按照"大土木"招生，建设部成立高等学校土木工程专业指导委员会（以下简称专指委），对土木工程专业的教育进行指导。2002 年 11 月专指委颁布了《高等学校土木工程专业本科教育培养目标和培养方案及课程教学大纲》（以下简称《2002 版规范》）。伴随着建筑业的发展，土木工程教育发展迅猛，建设市场对人才的需求发生了许多变化，土木工程专业本科毕业生中 90% 以上在施工、监理、管理等领域就业，在高等院校、研究设计单位工作的大学生越来越少。由于用人单位性质不同、规模不同、毕业生岗位不同，对本科人才的需求也不尽相同。高等学校按照统一的人才标准进行培养，已经不再适应社会和企业的需求，专指委于 2007 年启动了适应新要求的规范的编制工作，并于 2011 年 10 月出版了《高等学校土木工程本科指导性专业规范》（以下简称《2011 版规范》）。

一、专业规范

（一）《2002 版规范》

由于当时国家学科专业调整，《2002 版规范》在课程设置上，主要体现在专业基础课程的拓宽，课程体系如图 2-3 所示，提出了土木工程本科教育的培养目标、业务范围、专业教育的基本模式和课程框架、专业的课程设置与实践教学环节、宽口径毕业生的基本要求，使培养对象在本科毕业后，具备从事土木工程各个领域设计、施工、管理工作的基本知识和能力，经过一定的训练后，具有开展研究和应用开发的初步能力。

《2002 版规范》对专业基础课程、专业课程的设置、组织等的建议是柔性的，鼓励各高校在坚持宽口径专业基本要求的基础上，根据自身办学条件，制订人才培养方案并组织实施，创造出鲜明的院校特色。同济大学、清华大学、东南大学等高校率先制订"大土木"人才培养方案，起到了示范引领作用。《2002 版规范》主要内容如下。

1. 培养目标与业务范围

培养适应社会主义现代化建设需要，德智体全面发展，掌握土木工程学科的基本理论和基本知识，获得工程师基本训练并具有创新精神的高级专门人才。毕业生能从事土木工程的设计、施工与管理工作，具有初步的项目规划和研究开发能力，能在房屋建筑、隧道与地下建筑、公路与城市道路、铁道工程、桥梁、矿山建筑等的设计、施工、管理、咨询、监理、研究、教育、投资和开发部门从事技术或管理工作。

2. 知识结构与能力结构

知识和能力是学习目标的两个方面。知识指对于所学材料的识记，属于低层次的认知，其结构见表2-8。能力指对于知识的理解、应用和分析等，属于高层次的认知，其结构见表2-9。

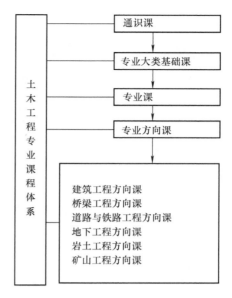

图2-3 "大土木"课程体系结构

表2-8 土木工程毕业生所需知识结构

知识领域	知识需求（目标）
人文与社会科学基础知识	理解马列主义、毛泽东思想、邓小平理论的基本原理，在哲学及方法论、经济学、法律等方面具有必要的知识，了解社会发展规律和21世纪发展趋势，对文学、艺术、伦理、历史、社会学及公共关系学等若干方面进行一定的修习。掌握一门外国语
自然科学基础知识	掌握高等数学和本专业所必需的工程数学；掌握普通物理的基本理论；掌握与本专业有关的化学原理和分析方法；掌握一种计算机程序语言；了解现代物理、化学的基本知识；了解信息科学、环境科学的基本知识；了解当代科学技术发展的其他主要方面和应用前景
专业基础知识	掌握理论力学、材料力学、结构力学的基本原理和分析方法；掌握工程地质与土力学的基本原理和实验方法；掌握流体力学的基本原理和分析方法；掌握工程材料的基本性能和适用条件；掌握工程测量的基本原理和基本方法；掌握画法几何基本原理；掌握工程结构构件的力学性能和计算原理；掌握一般基础的设计原理；掌握土木工程施工与组织的一般过程；了解项目策划、管理及技术经济分析的基本方法
专业知识	掌握土木工程项目的勘测、规划、选线或选型、构造的基本知识；掌握土木工程结构的设计方法、CAD和其他软件应用技术；掌握土木工程基础的设计方法，了解地基处理的基本方法；掌握土木工程现代施工技术、工程检测与试验的基本方法；了解土木工程防灾与减灾的基本原理及一般设计方法；了解本专业的有关法规、规范与规程；了解本专业发展动态
相邻学科知识	了解土木工程与可持续发展的关系；了解建筑与交通的基本知识；了解给排水的一般知识，了解供热通风与空调、电气等建筑设备、土木工程机械等的一般知识；了解土木工程智能化的一般知识

表 2-9 土木工程毕业生所需能力结构

知识领域	能力目标
获取知识的能力	具有阅读阅文献或检索材料、获得信息、拓展知识领域、继续学习并提高业务水平的能力
运用知识的能力	具有根据使用要求、地质地形条件、材料与施工的实际情况，经济合理、安全可靠地进行土木工程勘测和设计的能力；具有解决施工技术问题和编制施工组织设计、组织施工及进行工程项目管理的初步能力；具有工程经济分析的初步能力；具有进行工程监测、检测、工程质量可靠性评价的初步能力；具有一般土木工程项目规划或策划的初步能力；具有应用计算机进行辅助设计、辅助管理的初步能力；具有阅读本专业外文书刊、技术资料和听说写译的初步能力
创新能力	具有科学研究的初步能力；具有科技开发、技术革新的初步能力
表达和管理公关能力	具有文字、图纸、口头表达的能力；具有与工程项目设计、施工、日常使用等工作相关的组织管理的初步能力；具有社会活动、人际交往和公关的能力

3. 课程体系与教学大纲

《2002 版规范》提出了 21 门专业基础课程，建筑工程专业课群组 10 门核心课程，桥梁工程专业课群组 4 门核心课程，道路与铁道工程专业课群组 5 门核心课程，地下、岩土、矿山专业工程专业课群组 11 门核心课程为专业必修课程（见表 2-10）。

表 2-10 土木工程专业必修课程

课程模块	课程名称	备注
专业基础课程	线性代数、概率论与数理统计、数值计算、理论力学、材料力学、结构力学、流体力学或水力学、工程地质、土力学或岩土力学、土木工程概论、土木工程材料、画法几何、工程制图与计算机绘图、工程测量、荷载与结构设计方法、混凝土结构设计原理、钢结构基本原理、基础工程、土木工程施工、建设项目策划与管理、工程概预算	包括工程数学、工程力学、流体力学、结构工程学、岩土工程学的基础理论以及从事土木工程设计、施工与管理所必需的专业基础理论
建筑工程专业课群组核心课程	房屋建筑学、房屋混凝土与砌体结构设计、房屋钢结构设计、高层建筑结构设计、建筑法规、建筑结构抗震、建筑施工技术与组织、工程项目管理、建筑工程概预算、建筑结构试验	10 门，提供参考教学大纲
桥梁工程专业课群组核心课程	桥梁工程（多学时）、桥渡设计、钢桥、桥梁施工	4 门，提供参考教学大纲
道路与铁道工程专业课群组核心课程	公路路面工程、道路线路勘测设计、铁路规划与线路设计、桥梁工程（少学时）、铁路轨道	5 门，提供参考教学大纲
地下、岩土、矿山专业工程专业课群组核心课程	岩石力学、岩土工程测试与检测技术、地下建筑施工、地下空间规划与设计、地下建筑结构、岩土工程勘察、特种基础工程、地基处理、矿山建设工程、井巷特殊施工、爆破工程	11 门，提供参考教学大纲

（二）《2011 版规范》

1. 推出背景

截至 2008 年底，全国举办土木工程专业的高等学校达到 420 所，在校生 48 万人，占土建学科六个专业学生总量的 61%。《2002 版规范》颁布以来，全国的土木工程本科教育已经发生了很大的变化，建设市场对人才的需求也发生了诸多变化。高等学校按照统一的人才标准进行培养，已经不能完全适应社会和企业的需求。学生就业情况反馈显示，大型单位承接的工程往往规模大且较复杂，因而要求专业人才要求知识面广，基础理论扎实；小型单位承接的工程往往规模小较简单，但专业性更强，因而要求专业人才在某一方向上知识系统且动手能力强；设计单位根据工程功能要求完成工程设计，具有创造性，因而要求专业人才具有一定的创新能力；施工单位要根据设计单位的设计实现工程建造，要求专业人才具有更强的动手实践能力；监理等管理单位主要负责工程建设的实施，保证规范的设计、施工、采购等工作顺利进行，因而要求专业人才知识面广，管理、沟通、协调能力强。用人单位的性质、规模千差万别，企业对土木工程专业人才的需求向多元化转变。因此，土木工程本科教育的人才培养模式不必再整齐划一，在坚持最低标准的同时，还应充分满足不同层次学校定位、不同行业需求、不同地区市场状况的需要。于是，2011 年 10 月，专指委推出了《2011 版规范》。

2. 指导思想

（1）遵循多样化与规范性相统一原则　专业知识划分为核心和选修两类。核心知识按照最低标准的要求设定，容量也做到了最小，其目的是避免在知识体系上出现"千校一面"的状况，也为鼓励学校办出专业特色留有足够的空间。给出了建筑工程、道路与桥梁工程、地下工程和铁道工程四个建议的选修方向知识单元，这些知识单元在本方向内应该是自成体系的。允许高校在长期的教学实践中构建其他的专业方向，或者对上述四个专业方向进行整合。在核心和选修知识之外，还有剩余的课堂学时，可以用于基础课程、人文社科课程或者专业课程等的扩充。专业标准允许专业发展的差异性和多样化。

（2）优化专业知识体系结构　知识体系优化为工具性知识体系、人文社会科学知识体系、自然科学知识体系、专业知识体系四部分，同时提出了六个知识领域，即力学原理和方法知识领域、专业技术相关基础知识领域、工程项目经济与管理知识领域、结构基本原理和方法知识领域、施工原理和方法知识领域、计算机应用技术知识领域。同时，要求细化到了知识点，并对知识点分别提出了"掌握""熟悉""了解"不同程度的要求。

（3）淡化课程，突出核心知识加选修知识　专业教学知识体系的表达形式由课程构成改为由知识领域、知识单元和知识点三个层次组成，更多地强调了学生的知识结构是由知识点组成而不是由课程组成，表达方式更加科学。每个知识领域包含有若干个知识单元，它们分成核心知识单元和选修知识单元两种。核心知识单元是本专业知识体系的最小集合，是专业的最基本要求。选修知识单元体现了土木工程专业各个方向的要求和各校不同的特色。《2011 版规范》提出了土木工程专业的核心知识单元，也推荐了一些选修知识单元，还列出了每个知识单元的学习目标、所包含的知识点及其所需的最少讲授时间或实验时间。每个知识单元又包括若干个知识点。知识点是对专业知识结构要求的基本单元，是落实知识要求的基本载体。

（4）强化实践创新能力培养　与《2002 版规范》相比，《2011 版规范》明确土木工程实践教学的目的是培养学生具有实验技能、工程设计和施工的能力、科学研究的初步能力，把实践性教学放在了比以往更重要的位置。列出的所有实践环节都是必修内容，有些环节是为了满足专业教学需要而设置的，有些则是按照专业方向不同而区别安排的。试图表达的内涵是，学校在实践教学中要以工程实际为背景，以工程技术为主线，着力提高学生的工程素养，培养学生的工程实践能力和工程创新能力。《2011 版规范》强调，在教学的各个环节中要努力尝试"基于问题、基于项目、基于案例"的研究型学习方式，要把合适的知识单元和实践单元有机结合起来，逐渐构建适合各校实际的实践创新训练模式，并把其纳入培养方案。

3. 主要内容

包括学科基础、培养目标、培养规格、教学内容、课程体系、基本教学条件、附件七大部分。

（1）学科基础　土木工程是建筑、岩土、地下建筑、桥梁、隧道、道路、铁路、矿山建筑、港口等工程的统称，其内涵为用各种建筑材料修建上述工程时的生产活动和相关的工程技术，包括勘测、设计、施工、维修、管理等。

（2）培养目标　培养适应社会主义现代化建设需要，德智体美全面发展，掌握土木工程学科的基本原理和基本知识，经过工程师基本训练，能胜任房屋建筑、道路、桥梁、隧道等各类工程的技术与管理工作，具有扎实的基础理论、宽广的专业知识，较强的实践能力和创新能力，具有一定的国际视野，能面向未来的高级专门人才。毕业生能够在有关土木工程的勘察、设计、施工、管理、教育、投资和开发、金融与保险等部门从事技术或管理工作。

（3）培养规格　培养规格包含思想品德、知识结构、能力结构与身心素质四部分（见表2-11）。知识和能力是学习目标的两个方面。

表 2-11　土木工程毕业生培养规格

培养规格	知识需求（目标）
思想品德	具有高尚的道德品质和良好的科学素质、工程素质和人文素养，能体现哲理、情趣、品味等方面的较高修养，具有求真务实的态度以及实干创新的精神，有科学的世界观和正确的人生观，愿为国家富强、民族振兴服务
知识结构	具有基本的人文社会科学知识，熟悉哲学、政治学、经济学、法学等方面的基本知识，了解文学、艺术等方面的基础知识；掌握工程经济、项目管理的基本理论；掌握一门外国语；具有较扎实的自然科学基础，了解数学、现代物理、信息科学、工程科学、环境科学的基本知识，了解当代科学技术发展的主要趋势和应用前景；掌握力学的基本原理和分析方法，掌握工程材料的基本性能和选用原则，掌握工程测绘的基本原理和方法、工程制图的基本原理和方法，掌握工程结构及构件的受力性能分析和设计计算原理，掌握土木工程施工的一般技术和过程以及组织和管理、技术经济分析的基本方法；掌握结构选型、构造设计的基本知识，掌握工程结构的设计方法、CAD和其他软件应用技术；掌握土木工程现代施工技术、工程检测和试验基本方法，了解本专业的有关法规、规范与规程；了解给水与排水、供热通风与空调、建筑电气等相关知识，了解土木工程机械、交通、环境的一般知识；了解本专业的发展动态和相邻学科的一般知识
能力结构	具有综合运用各种手段查询资料、获取信息、拓展知识领域、继续学习的能力；具有应用语言、图表和计算机技术等进行工程表达和交流的基本能力；掌握至少一门计算机高级编程语言并能运用其解决一般工程问题；具有计算机、常规工程测试仪器的运用能力；具有综合运用知识进行工程设计、施工和管理的能力；经过一定环节的训练后，具有初步的科学研究或技术研究、应用开发等创新能力
身心素质	具有健全的心理素质和健康的体魄，能够履行从事土木工程专业的职责和保卫祖国的神圣义务；有自觉锻炼身体的习惯和良好的卫生习惯，身体健康；有充沛的精力承担专业任务；养成良好的健康和卫生习惯，无不良行为。心理健康，认知过程正常，情绪稳定、乐观，经常保持心情舒畅，处处、事事表现出乐观积极向上的态度，对生活充满热爱、向往、乐趣；积极工作，勤奋学习。意志坚强，能正确面对困难和挫折，有奋发向上的朝气。人格健全，有正常的性格、能力和价值观；人际关系良好，沟通能力较强，团队协作精神好。有较强的应变能力，在自然和社会环境变化中有适应能力，能按照环境的变化调整生活的节奏，使身心能较快适应新环境的需要

（4）教学内容　土木工程专业的教学内容分为专业知识体系、专业实践体系和大学生创新训练三部分（见表2-12），通过有序的课堂教学、实践教学和课外活动完成，目的在于利用各个环节培养土木工程专业人才具有符合要求的基本知识、能力和专业素质。

表 2-12　土木工程专业的教学内容

模块	知识领域		描述
专业知识体系	工具知识体系		外国语、信息科学技术、计算机技术与应用
	人文社会科学知识体系		哲学、政治学、历史学、法学、社会学、经济学、管理学、心理学、体育、军事
	自然科学知识体系		数学、物理学、化学、环境科学基础
	专业知识体系		力学原理与方法、专业技术相关基础、工程项目经济与管理、结构基本原理和方法、施工原理和方法、计算机应用技术
专业实践体系	实验领域	基础实验	普通物理实验、普通化学实验等实践单元
		专业基础实验实践环节	材料力学实验、流体力学实验、土木工程材料实验、混凝土基本构件实验、土力学实验、土木工程测试技术等实践单元
		专业实验实践环节	按专业方向安排的相关的土木工程专业实验单元
		研究性实验实践环节	可作为拓展能力的培养，不进行统一要求，由各校自己掌握
	实习领域	认识实习	按土木工程专业核心知识的相关要求安排实践单元，可重点选择一个专业方向的相关内容
		课程实习	包括工程测量、工程地质及与专业方向有关的课程实习实践单元
		生产实习	按专业方向安排相关内容
		毕业实习	按专业方向安排相关内容
	设计领域	课程设计	实践单元按专业方向安排相关内容，每个实践单元的学习目标、所包含的技能点及其所需的最少实践时间需满足规范
		毕业设计（论文）	
大学生创新训练	大学生创新创业训练计划、大学生科研训练计划、综合性、设计性实验；学科竞赛等		

1）2011版规范优化的4个知识体系分布在6个知识领域。这6个知识领域涵盖了土木工程的所有知识范围，包含的内容十分广泛。掌握了这些领域中的核心知识及其运用方法，就具备了从事土木工程的理论分析、设计、规划、建造、维护保养和管理等方面工作的基础。上述知识领域中的107个核心知识单元及其425个知识点的集合，即构成了高等学校土木工程专业学生的必修知识。遵循专业规范内容最小化的原则，2011版规范针对上述知识领域中的核心知识单元及对应的知识点所做规定见表2-13。

表 2-13　专业知识体系中的核心知识及推荐课程学时

知识领域	核心知识单元（个）	知识点（个）	推荐课程	推荐学时
力学原理与方法	36	142	理论力学、材料力学、结构力学、流体力学、土力学	256
专业技术相关基础	33	125	土木工程材料、土木工程概论、工程地质、土木工程制图、土木工程测量、土木工程试验	182
工程项目经济与管理	3	20	建设工程项目管理、建设工程法规、建设工程经济	48
结构基本原理与方法	22	94	工程荷载与可靠度设计原理、混凝土结构基本原理、钢结构基本原理、基础工程	150
施工原理和方法	12	42	土木工程施工技术、土木工程施工组织	56
计算机应用技术	1	2	土木工程计算机软件应用	20
总计	107	425	21 门	712

考虑到行业、地区人才需求的差别，以及高校人才培养目标的不同，2011 版规范还在核心知识以外留出选修空间。如果教学计划的课内总学时控制在 2500 学时，选修部分的 634 学时就由学校自己掌握。选修部分可以在上述 6 个知识领域内增加（相当于加强专业基础知识），也可以组成一定的专业方向知识，还可以两者兼而有之。选修部分反映学校办学的特色，根据学校定位、专业定位、自身的办学条件设置。高校应注意行业和地方对人才知识和能力的需求，根据工程建设的发展趋势对专业选修部分作适时地调整。为了对部分学校加强指导，2011 版规范推荐了建筑工程、道路与桥梁工程、地下工程、铁道工程 4 个典型方向的专业知识单元，供学校制定教学计划时参考。

2）土木工程专业实践体系包括各类实验、实习、设计和社会实践以及科研训练等形式。具有非独立设置和独立设置的基础、专业基础和专业的实践教学环节，每一个实践环节都应有相应的知识点和技能要求。实践体系分实践领域、实践单元、知识与技能点 3 个层次。它们都是土木工程专业的核心内容。通过实践教育，培养学生具有实验技能、工程设计和施工的能力、科学研究的初步能力等。实验领域包括基础实验、专业基础实验、专业实验及研究性实验 4 个环节；实习领域包括认识实习、课程实习、生产实习和毕业实习 4 个实践知识与技能单元；设计领域包括课程设计和毕业设计（论文）2 个实践环节。

3）土木工程专业人才的培养体现知识、能力、素质协调发展的原则，特别强调大学生创新思维、创新方法和创新能力的培养。在培养方案中要运用循序渐进的方式，从低年级到高年级有计划地进行创新训练。各校要注意以知识体系为载体，在课堂知识教育中进行创新训练；以实践体系为载体，在实验、实习和设计中进行创新训练；选择合适的知识单元和实践环节，提出创新思维、创新方法、创新能力的训练目标，构建成为创新训练单元。提倡和鼓励学生参加创新活动，如土木工程大赛、大学生创新实践训练等。有条件的学校可以开设创新训练的专门课程，如创新思维和创新方法、本学科研究方法、大学生创新性实验等，这些创新训练课程也应纳入学校的培养方案。

（5）课程体系　2011 版规范是土木工程专业人才培养的目标导则。各校构建的土木工程专业课程体系应提出达到培养目标所需完成的全部教学任务和相应要求，并覆盖所有核心知识点和技能点。同时也要给出足够的课程供学生选修。一门课程可以包含取自若干个知识领域的知识点，一个知识领域中知识单元的内容按知识点也可以分布在不同的课程中，但要求课程体系中的核心课程实现对全部核心知识单元的完整覆盖。2011 版规范在专业知识体系中推荐核心课程 21 门，对应的推荐学时 712 个，在实践体系中安排实践环节 9 个。其中基础实验推荐 54 学时，专业基础实验推荐 44 学时，专业实验推荐 8 学时；实习 10 周，设计 22 周。课内教学和实验教学的学时数（周数）分布见表 2-14。

表 2-14　课内教学和实验教学的学时数（周数）分布

项目	工具、人文、自然科学知识体系学时数（周数）	专业知识体系学时数（周数）	选修学时数	
			推荐的专业方向选修学时数（周数）	剩余学时（周数）
专业知识体系（按 2500 学时统计）	1110 学时	712＋44 学时	264 学时	370 学时
	44.4%	30.2%	25.4%	
专业实践体系（按 40 周统计）	62 学时＋3 周	32 周	—	4 周
	约 90.0%			约 10.0%

二、人才培养方案

人才培养是指学生进校四年本科教学实施的纲领性文件，是实现人才培养目标和基本规格的总体方案和计划安排。主要包含培养目标、培养规格、课程体系与结构、人才培养计划表等主要内容。本小节将介绍省级一流学科贵州师范大学土木工程的人才培养方案。

（一）制定基本原则

该培养方案以土木建筑行业人才业务规格需求为导向确定人才培养目标，以促进学生健康成长和提高实践能力为核心，遵循"强化实践、提高能力"的思路，按照学业、就业、创业"三业"贯通，以"出口"引导"入口"的要求，突出特色，发挥优势，稳步实施以实践创新能力为导向的本科人才培养模式改革。一方面，遵循交叉融合原则。优化课程体系模式（见图 2-4），构建通识课程、专业课程与综合实践课程相互支撑、互相协调的课程体系，促进专业教育和创新创业教育和相互融合，强化理论知识和实践知识的结合，拓宽学生视野，提高学生综合素质。另一方面，以能力导向为原则，贯彻能力导向的本科教学改革思想。理论性课程要求在掌握相关知识的前提下，突出培养学生的批判精神和创新意识，实践性课程要求结合行业和职业标准，制定相应的具体能力目标，将实践创新能力培养贯穿人才培养全过程。

（二）主要内容

人才培养方案主要内容包含培养目标、培养规格、主干学科、学制与学分、课程结构及学分分布等内容。

1. 培养目标

本专业培养面向 21 世纪，适应社会主义现代化建设需要，掌握土木工程学科的基本理论和基本知识，具备较强的工程实践能力，获得工程师的基本训练，能从事土木工程设计、施工与管理工作，具有初步的项目规划和研究开发能力及较强的创新精神，懂技术、善经营、能管理的工程应用型土木工程专业技术人才。房屋建筑工程方向学生应具有进行房屋建筑工程设计、施工、管理的基本能力，且具有项目研究和应用开发的创新能力。交通土建方向学生应具有进行道路、桥梁、隧道工程设计、施工、管理的基本能力，且具有项目研究和应用开发的创新能力。

2. 培养规格

1）具有较扎实的自然科学和人文科学基础，具有良好的思想品德和素养，身心健康。

2）具有扎实的专业基础知识和基本理论，掌握工程力学、结构工程、道路与桥梁工程的基本理论，掌握工程规划与选型、工程材料、结构分析与设计、地基处理、施工技术和施工组织方面的基本知识，掌握有关工程测量、检测、测试与试验的基本技能，掌握建设项目管理方面的基本内容。

3）具备土木工程注册工程师的基本素养；具备进行土木工程设计、研究、开发、施工及管理的能力，能在房屋建筑、道路及桥梁等领域从事规划、勘测、设计、施工、研究、工程与经济管理、教学等方面的工作。

4）具有综合应用各种手段（包括外语）查询资料获得信息的基本能力；具有应用语言、文字、图形等进行工程表达和交流的基本能力。

5）掌握计算机应用的基本技能，能够利用计算机进行建筑结构、道路工程、桥梁工程的结构分析、图纸绘制及工程概预算。

6）了解土木工程的主要法规。

3. 主干学科

主干学科包括力学、土木工程、水利工程。

4. 学制与学分

标准学制为四年，可在 3～6 年内完成学业，毕业所需总学分为 170 学分。

5. 课程结构及学分分布

课程体系设置通识课程模块、专业课程模块、综合实践课程模块（见图 2-4）。其中，通识类综合实践课程、专业类综合实践课程、职业技能训练课程、素质拓展与创新创业课程设置独立学分模块，将实践创新能力培养贯穿人才培养全过程，其课程结构及学分构成见表 2-15。

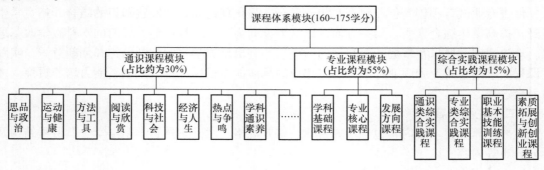

图 2-4　课程体系模块

表 2-15　土木工程专业建筑工程方向课程结构及学分构成

课程模块	模块内容	课程性质		学分	所占比例（％）
通识课程	思品与政治类、运动与健康类、方法与工具类、阅读与欣赏类、科技与社会类、热点与争鸣类、经济与人生等	选修	理论	8	4.57
			实践	0	0.00
		必修	理论	33	18.86
			实践	2	1.14
专业课程	相关学科基础课程	选修	理论	2	1.14
			实践	2	1.14
		必修	理论	15.5	11.14
			实践	2.5	1.43
	本专业基础课程	选修	理论	4	2.29
			实践	2.0	1.14
		必修	理论	8	4.57
			实践	6.5	3.71
	专业核心课程	选修	理论	0	1.00
			实践	0	0.00
		必修	理论	32.5	19.86
			实践	4.0	1.00
	发展方向课程	选修	理论	3.0	2.20
			实践	1.0	0.60
		必修	理论	12	8.57
			实践	2.5	3.42
综合实践课程	通识类综合实践课程	必修	实践	6	3.43
	专业类综合实践课程	必修	实践	15.5	8.86
	职业技能训练课程	必修	实践	4	2.29
	素质拓展与创新创业课程	必修	实践	4	2.29
合计				170	100

注：课程体系学分占比情况，毕业总学分170学分，其中理论环节118学分，占总学分的69.5%，实践环节52学分，占总学分的30.5%。

三、教学大纲

教学大纲是学科教学的指导性文件。无论是教材和教学参考书的选编、授课计划的制订，还是成绩考核、教学检查及课程评估，都要以教学大纲为依据。教学大纲明确规定了课程在专业教学计划中的地位和作用，确定课程教学的基本任务和要求，依据学科的知识系统与有关先修课、后续课之间的联系，确定各章、节的基本内容、重点和难点，并能反映出本学科的新成就和学科发展的方向。同时，教学大纲要提出课程教学组织实施的原则和学时数，并分列讲授课、习题课、实验课及其他实践性教学环节等的教学时数的分配。教学大纲不仅是讲授大纲，还是指导学生自学和培养学生能力的纲要。教学大纲通常包含理论课程大纲、实验、课程设计、专业实习、毕业实习、毕业设计等实践教学体系大纲与指导书，本小节以土木工程概论、建筑结构试验、PKPM结构设计软件的课程大纲、生产实习大纲为例。

（一）土木工程概论课程大纲

1. 课程性质与目的

土木工程概论是为新入学的学生讲授的一门必修课程，阐述土木工程的重要性和这一学科所含的大致内容，介绍国内外最新技术成就和信息，展望未来。因此，本课程是一门知识面较宽、启发性较强的专业基础课。

设置该课的目的是使学生一进校就了解土木工程的广阔领域，获得大量的信息及研究动向，从而产生强烈的求知欲，建立献身土木工程事业的信念，自觉地生动活泼地学习。

2. 课程基本要求

1）了解土木工程在国民经济中的地位和作用。

2）了解土木工程的广阔领域与分类。

3）了解土木工程的材料、土木工程结构形式、荷载及其受力路线。

4）了解各类灾害及土木工程的抗灾。

5）了解土木工程建设与使用。

6）了解土木工程经济与管理。

7）了解土木工程最新技术成就及发展总趋势。

8）了解数学、力学与土木工程以及各学科之间的渗透关系。

9）较早养成自学、查找资料及思考问题的习惯，结合考核初步训练撰写小论文的能力。

3. 课程教学内容

（1）综述　包括历史简述，土木工程的重要性，土木工程的建设与使用，各类灾害及土木工程中的抗灾，土木工程的现状和我国现阶段达到的水平、发展总趋势。

（2）土木工程材料　包括土木工程使用的各类材料及其应用概况，工程结构与材料发展的关系，材料工业的新发展及展望。

（3）土木工程种类　包括房屋建筑（包括房屋的组成、单层、多层、大跨、高层、古建筑、特种建筑等），展示房屋建筑最新技术成就及发展方向；各类特种结构的形式，桥梁工程（包括拱式桥、斜拉桥、悬索桥、立交桥等），展示当代桥梁最新技术成就及发展方向；公路、铁道、隧道工程、矿井工程、水利工程、给水与排水工程，相应的新发展及展望；基础与地下结构工程及其新发展。

（4）土木工程的基本结构形式与土木工程荷载　介绍梁、柱、拱、桁架等最基本的结构形式，受力路线，结构形式变化及新结构形式展望；了解荷载、作用与效用的定义，荷载的种类、荷载组合的概念。

（5）土木工程事故、灾害及防治、结构的耐久性

1）事故的种类及其分析，工程结构常见事故，事故处理概述。

2）自然灾害与人为灾害，自然灾害中的工程损坏，抗震设防，减灾防灾新成就及其发展趋势。

3）环境保护与土木工程，结构的耐久性，耐久性新进展。

（6）施工与管理　土木工程中主要的施工技术和工艺，施工组织设计；施工企业与项目管理，招标与投标，工程合同、索赔及信息管理；当代施工技术最新成就及管理现代化，相应的发展方向。

（7）工程与经济

1）基本建设在国民经济中地位和作用，建设项目可行性研究，项目总投资的组成与估算、概（预）算；投资控制、经济和社会评价。

2）国际工程承包的内容和特点，承包合同与索赔，国际承包对人才的要求，发展趋势。

3）土木工程建设监理制度，建设监理的范围和任务。

4）房地产业与物业管理。

（8）土木工程专业与未来　土木工程专业主干学科与主干课程，数学和力学与土木工程，计算机在土木工程中的应用，相关专业及其学科交叉渗透关系，知识、能力、素质的协调发展，土木工程未来。

4. 说明

1）建议课堂教学为 16～24 学时，引导学生课外自学、查阅资料。

2）内容应随时吸收最新技术成就及信息，应充分利用现代教学手段，提高教学效果。

3）以"小论文"形式考核，一般不超过两千字，自定题目，严格要求，首堂课即要布置。

4）设 1～2 项制作，如规定条件下的桥或梁，三角形基本单元组成的结构等，（由学生自行评比）培养创新精神。

（二）建筑结构试验课程大纲

1. 课程性质与目的

建筑结构试验是土木工程专业的一门有较强实践性的专业技术课程。

本课程的任务是通过理论和实验的教学环节，使学生掌握结构试验方面的基本知识和基本技能，并能根据设计、施工和科学研究任务的需要，完成一般建筑结构的试验设计与试验规则，并得到初步的训练和实践。

2. 课程基本要求

（1）结构试验概论　了解建筑结构试验目的，任务和分类；了解本课程与力学、材料和结构学科的联系，以及如何利用已有专业知识在本课程中综合应用。要深入理解结构试验与结构理论的关系以及在发展建筑结构学科中的地位和作用。

（2）结构试验设计　深入理解和掌握结构试验设计中试件设计、荷载设计和量测设计 3 个主要部分的内容以及它们之间的相互关系。在试件设计中要注意尺寸效应的影响，要考虑边界条件的模拟和满足试验加载、量测的要求。了解试件数量设计中的正交试验设计法。了解材料的力学性能与结构试验的关系，加载速度与应交速率的关系，以及对材料本构关系的影响。

（3）结构试验的加荷设备与方法　掌握试验室与现场试验常用的各种试验装置与加载方法，能在结构试验设计中选择和设计加载方案，重点掌握液压加载方法。对于先进的电液伺服加载方法和原理及其在伪静力、拟动力以及模拟地震振动台等试验方法中的应用有一般了解。对于环境随机激振方法的概念有一般了解。

（4）结构试验的量测技术　了解与掌握试验量测设备的原理与使用方法、重点是非电量电测以及各种电测以及各种传感器的工作原理适用范围和优缺点，为试验观测设计、仪表选择提供必要的知识准备。对常用机械仪表有一般了解。了解先进的测试设备与量测技术，如数据采集与处理系统的应用，以及量测技术的发展方向。

（5）结构静力试验　必须掌握结构静力试验（单调加载）的加载制度，并通过基本构件（梁、板、柱）、扩大构件（桁架、薄壳、网架）和建筑物整体试验的实例介绍，掌握结构静力试验中试验加载和和观测设计的一般规律与不同类型结构试验的特殊问题。

（6）结构抗震静力试验　了解和掌握结构低周反复静力试验（伪静力试验）的加载制度和试验力法，以及不同于单调加载的特殊性。一般了解计算机－加载器联机试验（拟动力试验）的工作原理和试验流程。

（7）结构动力试验　掌握结构动力特性和动力加载试验和一般方法。对于用环境随机振动测量动力特性、地震模拟振动台试验、强震观测和人工爆破模拟地震试验等内容作一般了解。对结构疲劳试验也有一般了解。

（8）结构模型试验　掌握结构模型试验的相似原理和结构静力、动力模型试验的一般方法。对量纲分析有一般了解。

（9）结构非破损试验　掌握混凝土结构的回弹法、超声法、综合法等非破损方法和拔出法取芯法等半破损方法的原理及一般试验方法。对于砌体结构、钢结构的非破损方法有一般了解。

（10）结构试验数据整理和性能分析　掌握结构试验结果的数据整理、误差分析和结果表达方法（曲线、图表和方程式）、重点是静力试验部分。对动力试验的随机振动数据处理仅需一般了解。掌握混凝土结构的强度、变形和抗裂性能等性能评定方法。对结构抗震性能和抗震能力的分析评定有一般了解。

3. 课程教学基本内容

（1）实验一：静态电阻应变仪和机械仪表的使用方法和试验技术　要求学生正确掌握结构试验常用的静态电阻应变仪和机械式仪表的使用方法和试验技术。

（2）实验二：钢桁架（或钢防混凝土梁、板）的静力试验　要求学生结合课程作业进行结构试验设计，通过实验掌握结构试验工作的全过程。

（3）实验三：动态量测仪器的使时和振动测量　要求学生正确掌握动态电阻应变仪、各类测振传感器和记录仪器的使用方法和试验技术。

（4）实验四：混凝土结构的非破损试验技术　要求学生掌握回弹法、超声法的试验技术与评定方法。

（三）PKPM 结构设计软件课程大纲

PKPM 结构设计软件课程实践性强，授课地点为图形图像实验室，教师为学生提供典型的真实案例，成套建筑与结构图形文件，采用案例式、启发式与探究式教学方法，教师在教师机前引导学生同步训练，启发学生思考，提出问题引导学生解决。课内理论与实践时间按1:1 分配，教学大纲主要包含课程的性质、目的与任务、教学进程安排、教学内容与要求、学习过程记录、考核要求和主要参考书。

1. 课程的性质、目的与任务

PKPM 结构设计软件是土木工程专业建筑工程方向一门重要的专业技术课，是结构设计主流软件。其教学目标是掌握结构平面计算机辅助设计（PMCAD）、框排架计算机辅助设计（PK）、结构空间有限元分析设计软件（SAT-8）、基础工程计算机辅助设计（JCCAD）。教学时针对选定的工程项目从了解软件的基本功能和主要技术条件入手，使学生在熟悉各级菜单命令及其操作方法的基础上，循序渐进地掌握 PMCAD 结构建模的主要步骤，荷载的输入，计算数据文件形成，结构平面施工图的绘制，PMCAD 接力 PK，PMCAD 接力 SAT-8 进行内力计算和配筋并绘制梁柱施工图的方法，SAT-8 接力 JCCAD，地质资料输入，地基基础计算，绘制基础施工图等操作。本课程集实践性、实用性为一体。

2. 教学进程安排（见表 2-16）

表 2-16　PKPM 教学进程安排

序号	章节名称	课内理论	课内实践	总学时	课外学习时数	评价方式（提交时间为授课结束一周后）
绪论	国内多高层结构计算软件 TBSA、MIDAS 等简介	1	1	2	4	熟悉软件设计的模块及基本流程
第一章	生活常识与设计中的荷载及荷载如何在 PKPM 软件输入	1	1	2	4	阅读建筑结构荷载规范 GB 50009—2012，并列举常见的荷载取值
第二章	框架结构布置分析、CAD TO PKPM 建模讲解	1	1	2	4	典型一栋六层框架结构办公楼的结构平面布置
第三章	模板图的绘制	1	1	2	4	典型一栋六层框架结构办公楼的模板图绘制
第四章	SATWE 参数设置及对应规范的理解	2	2	4	8	典型一栋六层框架结构办公楼 SATWE 参数设置
第五章	SATWE 后处理计算结果分析及模型优化调整策略	2	2	4	8	典型一栋六层框架结构办公楼中梁、板、柱局部超筋及计算指标进行优化调整
第六章	PKPM 板配筋详解及施工图绘制	2	2	4	8	采用 PKPM、tssd 软件对典型一栋六层框架结构办公楼进行板施工图的绘制
第七章	PKPM 梁配筋详解及施工图绘制	2	2	4	8	采用 PKPM、tssd 软件对贵阳地区典型一栋六层框架结构办公楼进行梁施工图的绘制
第八章	PKPM 柱配筋详解及施工图绘制	2	2	4	8	采用 PKPM、tssd 软件对典型一栋六层框架结构办公楼进行柱施工图的绘制
第九章	地勘报告识读及采用 PKPM 进行扩展基础与楼梯设计	2	2	4	8	采用 PKPM、tssd 软件对典型一栋六层框架结构办公楼进行独立基础及楼梯设计，并绘制相应的施工图
共计		16	16	32	64	

3. 教学内容与要求

（1）生活常识与设计中的荷载

1）教学目标：掌握常用荷载的分类、活荷载的取值及地震作用时如何在 PKPM 中输入。

2）教学重点和难点：活荷载的合理取值。

3）教学内容和要求：结构荷载合理取值，分析典型的图片实例让学生从生活经验中获取灵感。常用荷载、活荷载的取值及地震作用如何在 PKPM 中进行输入。

4）教学过程与方法：案例式、启发式。

5）作业：列举常见的荷载取值。

（2）框架结构布置分析、CAD to PKPM 建模讲解

1）教学目标：掌握框架结构的平面布置方法，对布置完的框架结构进行试算并确定柱截面、梁高、板厚等，进行部分大样图的绘制。

2）教学重点和难点：框架结构体系的布置。

3）教学内容和要求：编制结构技术条件，确定总体技术问题；初步设想、结构布置和试算，满足各项指标要求，有一定富余，提供给建筑，让其插入建筑图。

4）教学过程与方法：讲授、举例。

5）作业：六层框架结构办公楼的结构平面布置。

（3）模板图的绘制

1）教学目标：掌握模板图绘制的七大要素及模板图绘制注意的几个问题。

2）教学重点和难点：模板图绘制。

3）教学内容和要求：模板图绘制的七大要素，包括梁定位、梁截面、梁标高、板厚、板标高、洞口定位、构件大样定位及引注；模板图绘制需注意的几个问题，包括图层设置分明、合理使用块编辑、虚实线的表达要正确。

4）教学过程与方法：案例式、启发式。

5）作业：六层框架结构办公楼的模板图。

（4）SATWE 参数设置及对应规范的理解

1）教学目标：SATWE 参数每项的意义并结合相应规范条文如何合理的选取。

2）教学重点和难点：重点是 SATWE 参数设置，难点是理解 SATWE 参数设置对应规范中的条文。

3）教学内容和要求：PKPM2010 版参数的合理选取。

4）教学过程与方法：案例式、启发式。

5）作业：六层框架结构办公楼 SATWE 参数设置。

（5）SATWE 后处理计算结果分析及模型优化调整策略

1）教学目标：如何合理的对计算结果进行调整。

2）教学重点和难点：重点是对计算结果的如何判别合理性，难点是对计算结果结合规范进行调整。

3）教学内容和要求：结合相应规范条文讲解如何合理的对计算结果进行调整。

4）教学过程与方法：案例式、启发式与探究式。

5）作业：六层框架结构办公楼 SATWE 计算结果分析及模型优化调整。

（6）PKPM 板配筋详解及施工图绘制

1）教学目标：PKPM 板配筋设计及板的施工图的绘制。

2）教学重点和难点：重点是 PKPM 板的配筋如何设置，难点是板的施工图绘制。

3）教学内容和要求：主要讲解 PKPM 板配筋设计注意事项并结合平法图集如何进行板

施工图的绘制。

4）教学过程与方法：案例式、启发式与探究式。

5）作业：六层框架结构办公楼板的施工图。

（7）PKPM 梁配筋详解及施工图绘制

1）教学目标：PKPM 梁配筋设计及梁的施工图的绘制。

2）教学重点和难点：重点是 PKPM 梁的配筋如何设置，难点是梁的施工图绘制。

3）教学内容和要求：主要讲解 PKPM 梁配筋设计注意事项并结合平法图集如何进行梁施工图的绘制。

4）教学过程与方法：讲授、真实工程辅助教学。

5）作业：六层框架结构办公楼梁的施工图。

（8）PKPM 柱配筋详解及施工图绘制

1）教学目标：PKPM 柱配筋设计及柱的施工图的绘制。

2）教学重点和难点：重点是 PKPM 柱的配筋如何设置，难点是柱的施工图绘制。

3）教学内容和要求：主要讲解 PKPM 柱配筋设计注意事项并结合平法图集如何进行柱施工图的绘制。

4）教学过程与方法：案例式、启发式与探究式。

5）六层框架结构办公楼柱的施工图。

（9）地勘报告的识读及如何用 PKPM 进行扩展基础设计及楼梯设计

1）教学目标：地勘报告识读的注意事项，如何根据地勘报告进行扩展基础的设计及楼梯设计。

2）教学重点和难点：重点是地勘报告的识读；难点是扩展基础的设计。

3）教学内容和要求：主要讲解如何识读地勘报告及需注意的事项，如何根据地勘报告进行扩展基础的设计及楼梯的设计。

4）教学过程与方法：案例式、启发式与探究式。

5）六层框架结构办公楼基础施工图的设计。

4. 学习过程记录和考核要求：

（1）平时成绩评定方式：平时成绩由作业成绩、课堂讨论成绩、中期小测验成绩等构成。

（2）成绩评定办法：笔试（开卷考）及上机考试，平时、期末成绩分别为 30%、70%。

5. 课外阅读参考资料

［1］中华人民共和国住房和城乡建设部. 建筑结构荷载规范：GB50009—2012［S］. 北京：中国建筑工业出版社，2012.

［2］沈蒲生，梁兴文. 混凝土结构设计原理［M］. 5 版. 北京：高等教育出版社，2020.

［3］中华人民共和国住房和城乡建设部. 混凝土结构设计规范（2015 年版）：GB 50010—2010［S］. 北京：中国建筑工业出版社，2015.

［4］中国有色工程有限公司. 混凝土结构构造手册［M］. 5 版. 北京：中国建筑工业出版社，2016.

［5］中国建筑标准设计研究院. 混凝土结构施工图平面整体表示方法制图规则和构造详

图（现混凝土框架、剪力墙、梁、板）：16G101—1［S］．北京：中国计划出版社，2016.

［6］PKPM2010SATW 使用说明书［M］．北京：中国建筑科学研究院。

［7］杨星．PKPM 结构软件从入门到精通［M］．北京：中国建筑工业出版社，2008.

（四）生产实习大纲

生产实习是土木工程专业重要的实践性环节，是学生完成《土木工程施工》理论课程教学后进入施工现场进行综合实践的教学，通过生产实习达到培养学生的实践操作能力，提高学生的动手能力，增强学生的综合素质的教学目标。

1. 实习目的

1）理论联系实际，验证、巩固、深化所学的理论知识，并为后继课程积累感性知识。

2）学习生产技术知识、施工管理知识和技术经济分析知识。

3）参加生产、协助管理生产、灵活运用已学的理论知识，培养分析问题和解决问题的能力。

4）深入到施工班组与技术组，参加一定的专业劳动，学习生产技能，学习生产知识和技能，初步掌握生产组织和管理知识，培养脚踏实地、吃苦耐劳的作风，树立正确的人生观。

2. 实习方式与内容

实习期间，学生以工地基层技术人员助手的身份，在工地技术人员的指导下，参加工地生产业务活动和技术管理工作，适当参加班组生产劳动，教师应组织现场教学和带领学生参观典型结构、典型构造已建或在建的项目，听取新结构、新工艺、新材料等方面的专题报告，以扩大学生的知识领域，实习的具体内容如下。

（1）工种工程实习 土石方工程、砌筑工程、钢筋混凝土工程、结构安装工程、装饰工程各工种工程施工操作、质量检验标准。

工种工程施工操作思路：识图→现场施工条件→施工企业资源→施工组织设计→施工方案→施工准备（工、料、机、信息、时间、空间、资金）→土石方→施工场地平整→施工放线→地基处理→基坑基槽开挖→基础施工→主体施工→屋面及防水施工→装饰工程施工。

各工种工程实习思路：识图→施工准备→施工操作工艺流程→质量标准→安全技术→技术创新→管理创新。

（2）生产技术管理实习 在工地技术人员指导下担负一部分生产技术、生产管理、技术革新等工作。

（3）参观实习 宜选择具有代表性的、已建成的建筑物及施工技术先进的建筑工地进行参观，学生应记录好参观项目的工程概况、项目结构特征及节点构造、施工方法、施工进度安排、劳动组织、施工现场平面布置及工程造价等。

（4）土木工程施工专题学习 新材料、新技术、新工艺、新结构与新工法。

3. 实习报告

实习过程中，学生结合每天的实习内容完成实习日志。要求用图文简明地记述整理。参观、专题报告、现场教学内容、分部分项工程操作要领，新技术专题调查及在实习中的收获、体会等都应及时写在日志中，为实习结束时书写实习报告积累资料。实习结束后，应进行全面的分析总结，及时写出实习报告，报告的内容主要为实习中业务收获体会或专题总结，实习报告用图文表达，实习报告及成绩考核参考模板见表 2-17 和表 2-18。

表 2-17　土木工程生产实习报告

姓　名		电话	
学院/专业		邮箱	
校内指导教师/电话		企业指导教师/电话	
生产实习项目名称		起止时间	
（要求不少于 5000 字）	撰写提纲： 一、实习目的 二、实习单位与实习地点 三、工程概况 四、实习内容 五、实习收获 六、对生产实习实单位技术或管理创新方面的建议等		

表 2-18　土木工程专业生产实习成绩评定表

姓名		学号		班级	
返校时间	年　月　日	答辩或评定时间		年　月　日	
成绩评定内容					
内容	分值	描述			
出勤情况					
实习日记					
实习报告					
答辩成绩					
其他					
综合鉴定					
实习成绩		指导教师签字/时间			

第三节　土木工程教学模式创新

教学模式是从教学的整体出发，根据教学的规律原则提炼出的教学活动的基本程序或框架，具有典型性、稳定性特征。科技产业革命使教育面临新的挑战，促使教育工作者采用新的教学思想和理论，培养支撑行业转型升级的专业人才。

一、工程素养与实践创新能力耦合发展教学模式

（一）理论建构

基于创新创业教育、通识教育和专业教育有机融合，注重人才的综合素质培养，强调个性和潜能的发展，培养学生的创造力，建构了"三阶段衔接、多环节驱动、多平台支撑"，工程素养与实践创新能力耦合发展教学模式（Coupling the engineering attitude and innovative practice ability in a novel educational mode，简称 CEIPM），将创新知识、专业知识、实践创新能力和实践教学活动贯穿于四年本科教学全过程（见图 2-5）。

61

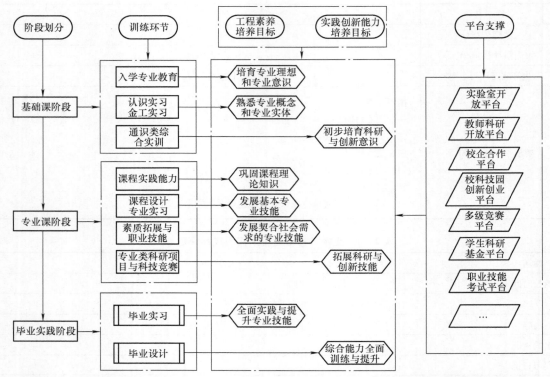

图 2-5 "三阶段衔接、多环节驱动、多平台支撑"，工程素养与实践创新能力耦合发展教学模式

（二）实践运用

建设工程项目具有唯一性，修建场地地质条件各异，建筑工程施工包括基础工程、主体工程、装饰工程三大部分。因此，学校应从学生踏入校园的入学教育直至完成毕业设计，台阶式训练学生工程素养，夯实学生实践创新能力。

学生进校后完成入学专业教育，对专业有了初步认知，学习完理论力学、材料力学进行金工实习；学习完土木工程概论、土木工程材料、房屋建筑学三门课程后进行认识实习，可以增强土木建筑类学生工程素养和实践创新能力。

实践运用中能力迭代呈现四个层次，能力培养递进如图 2-6 所示。第一层次是工程项目认知与专业基础能力形成阶段。学生通过入学教育、认识实习、金工实习等对工程项目具备了基本认知；通过高等数学、大学计算机、大学化学、大

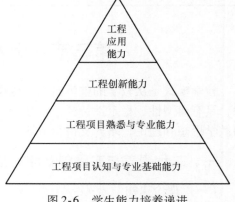

图 2-6 学生能力培养递进

学物理、C 语言等通识课程理论教学与实验训练具备了专业基础能力。第二层次是工程项目熟悉与专业能力形成阶段。学生系统学习了土木工程概论、土木工程制图、土木工程材料、工程经济学、测量学、房屋建筑学、混凝土结构设计原理、砌体结构、钢结构基本原理、组合结构设计原理、基础工程、土木工程施工、项目管理等专业课程；在教师指导下独立完成

了房屋建筑学课程设计、钢筋混凝土结构课程设计、钢结构课程设计、基础工程课程设计、工程计量与造价课程设计等课程设计；完成了工程地质实习、测量实习、生产实习等理论与实践教学教学环节，专业知识框架已初步搭建，专业能力已初步具备。第三层次是工程创新能力形成阶段。教师引导学生根据自己的爱好进入实验室、进入大学生科技创新实践基地、进入校企合作实践教学基地，完成综合性设计性实验；主动争取参加教师的科研项目、研究大学生科研项目；强化职业资格，参与职业技能考证。第四层次是工程应用能力形成阶段。学生最后一年或半年深入企业进行实习或联合指导毕业设计。在企业高级工程师的指导下，学生逐步独立完成一些真实项目的内容，培养锻炼学生的工程实践能力和工程设计能力。

二、工程项目辅助教学模式

建设工程项目历经决策阶段、设计准备阶段、设计阶段、建设准备阶段、施工阶段与收尾阶段建设程序（见图 2-7），完成项目全寿命周期建设。专业教学中如能优选高校所在区域典型混合结构、框架结构、排架结构、钢结构、组合结构的成套图形设计文件，将典型案例作为教学辅助主线，将工程案例嵌入课程教学、课程设计、课外实践，对房屋建筑学课程设计、钢筋混凝土课程设计、工程计量与计价课程设计实施一体化教学，就可以通过工程项目将课程体系有机衔接起来，带领学生进行基于项目的启发式、讨论式、探究式学习，培养学生解决实际工程问题的能力。

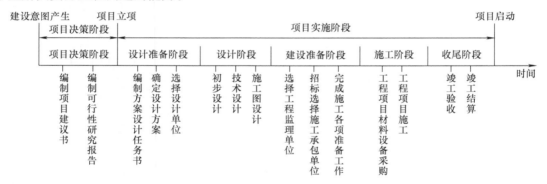

图 2-7　工程建设程序

（一）工程项目辅助教学模式的课程教学

1. 理论模型建构

课程教学中，该模式常以项目为案例作为为教学辅助主线，搭建教学由课内延伸至课外、延伸项目施工现场的教学资源，下面以房屋建筑学课程示例。

房屋建筑学主要阐述了民用与工业建筑设计的基本原理和方法，房屋构造组成、构造原理和构造设计方法，研究建筑空间组合与建筑构造方法与理论。课程大多为定性的描述、规律的总结和大量的插图，是土木工程、建筑学、工程管理等专业的一门综合性、实践性专业课程，是专业入门的启蒙课。课程教学含课堂理论教学、项目现场实训教学、课程设计三项教学环节，之后安排专业认识实习。教学实施中遴选区域内典型工程项目作为教学案例纳入课堂教学、现场教学，将其全套图形文件（鸟瞰图、沙盘、平面图、立面图、剖面图、大样图及建筑总说明与门窗表等）制作成 CAI 课件作为课程教学辅助主线。通过网络综合教学平台将课程教学由课内延伸到项目施工现场，引入工程实景教学，拉近了课堂理论教学与实际工程的距离，将课程各知识点的能力培养具体落实到教学过程中，强化课程整体教学的工程因素、工程含量，突出课程理论和实践并重的特点，强化学生工程素质和实践创新能力的培养。数字化校园网络教学平台的普及，为立体教学方案的实施提供了良好的条件，实现教师家庭、办公室、教室无缝对接。师生在线互动提高了，增强学生兴趣的同时，培养学生自主学习和探究式学习能力。工程项目辅助教学模式的课程立体化教学模式和房屋建筑学案例辅助教学模式如图2-8和图2-9所示。

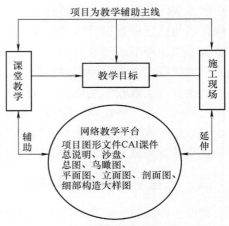

图2-8　课程立体化教学模式

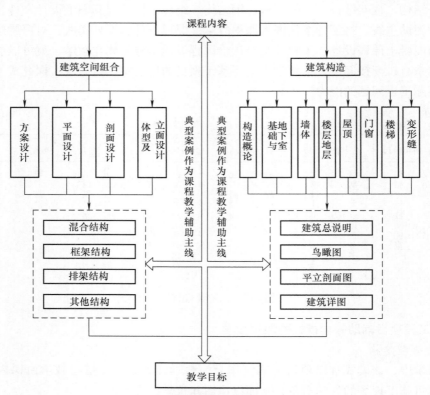

图2-9　房屋建筑学案例辅助教学模式

2. 实践运用

采用工程项目辅助教学模式进行课程教学，以能力目标为导向，以区域典型案例为教学辅助主线。课程能力教学目标见表2-19。课程教学中采用基于案例的讨论式学习和基于项目的探究式与研究式学习的方式。教师课前将精心准备案例和问题发布在网络平台上，学生可先行预习，熟悉图形文件，课堂上主要完成重点、难点突破，课后可到案例现场延伸学习。使学生最终在掌握理论知识的基础上创造性地进行构造设计、建筑设计，培养了学生初步的设计思维与能力。

表 2-19 房屋建筑学课程能力目标

课程模块	主要内容	能力目标
建筑空间组合	绪论、民用建筑平面设计、民用建筑剖面设计、民用建筑体型及立面设计、建筑总平面及环境设计等、单层厂房设计、多层厂房设计	① 了解大中小型项目建筑工种设计的一般原则和方法、建筑设计的主要内容与设计程序，一个实际工程建筑设计的全过程 ② 理解建筑设计和建筑构造的基本原理和方法 ③ 掌握中小型民用建筑与工业建筑的平面、立面、剖面设计。掌握工程图形语言表达的基本方法与技能 ④ 独立完成中小型工业与民用建筑设计的建筑工种设计 ⑤ 增强学生建筑设计思维能力、工程思维能力
建筑构造	建筑构造概论、墙体与基础、楼梯、楼地层、屋顶、门和窗、变形缝、防火要求与构造、单层厂房构造、多层厂房构造	① 掌握民用建筑各组成部分的建筑构造 ② 识读国家、行业与地方标准构造图集 ③ 能配合工艺布置空间，掌握工业厂方各部件的构造做法 ④ 能结合材料、建筑风格、施工方法完成构造设计

（1）纸质教材编写实践 传统纸质教材存在三大不足。一是建筑空间组合和建筑构造示例图形不是源于同一项目，学生形成工程整体概念的思维培养受限。房屋建筑学的工程语言是图形，理论讲授与图形分析是课程的特点，教材各章节示例图形虽具有典型代表性，但通常是就某一知识点选配相应图形，各章节图形的衔接性与连贯性不强，学生形成工程整体概念的思维受限，教学中培养学生工程素养需补充大量参考资料。二是建筑构造内容受图形表达限制，知识点覆盖面过窄，各地区气候差异较大，各地区建筑墙体、屋面等部位构造组成、构造设计存在差异；三是建筑业发展迅速，新材料、新构造不断推陈出新，教材部分内容滞后于行业发展。纸质教材改革的内容与体例，应与课程教学立体化教学模式、案例辅助教学模式相匹配。陈燕菲老师主编的《房屋建筑学》教材（2016 年出版）则进行了深入思考，在编写中体现了两大特点。

1）该书将典型案例图形文件作为教学辅助主线，增强学生整体工程项目认识，强化工程素养。同时，该书将现行的国家标准构造图集、行业标准构造图集、地方标准构造图集作为教学辅助元素，使教学内容和学科前沿保持同步，同时强化学生设计思维与建筑构造思维附录选择了住宅、别墅、公共建筑 3 个由易入难的工程案例全套图形文件作为部分章节示例图及附录图，清晰地为教材配图（见图 2-10 ~ 图 2-18）。

2）考虑到土建类学生就业领域对房屋建筑学课程能力的要求，该书强化土木工程、工程管理等非建筑学专业学生的建筑设计理论，增加了建筑设计方案构思内容，增加了建筑构造图形训练习题的种类与数量，从建筑设计任务、场地与建筑设计、方案的构思与选择三方面增加了建筑设计理论的内容，渐进式培养学生方案设计能力、建筑构造设计能力。删减了黏土砖墙材料与构造、木龙骨吊顶、墙体装饰等陈旧内容，增加了加气混凝土、新型墙体构造、幕墙内容。教材中标注难度较大内容为选学，供学生自行选用。

图纸目录

序号	图别与图号	图名	附注
1	建施-1	目录	
2	建施-2	门窗表	
3	建施-3	一层平面图	
4	建施-4	二层平面图	
5	建施-5	标准层平面图	
6	建施-6	跃层一层平面图	
7	建施-7	跃层二层平面图	
8	建施-8	屋顶平面图	
9	建施-9	⑬-① 立面图	
10	建施-10	①-⑬ 立面图	
11	建施-11	⑪-Ⓐ 立面图	
12	建施-12	A—A 剖面图	
13	建施-13	屋顶构架详图 窗台详图	

图 2-10 《房屋建筑学》教材配图
（住宅施工图目录）

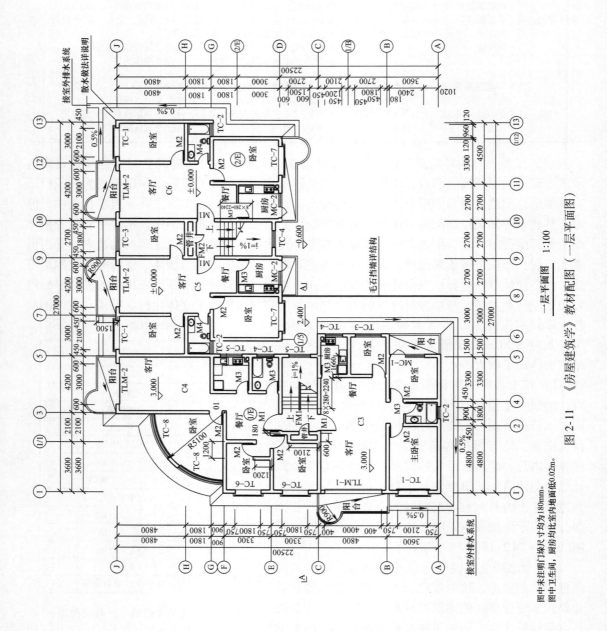

图 2-11 《房屋建筑学》教材配图（一层平面图）

一层平面图 1:100

图中未注明门垛尺寸均为180mm。
图中卫生间、厨房均比室内地面低0.02m。

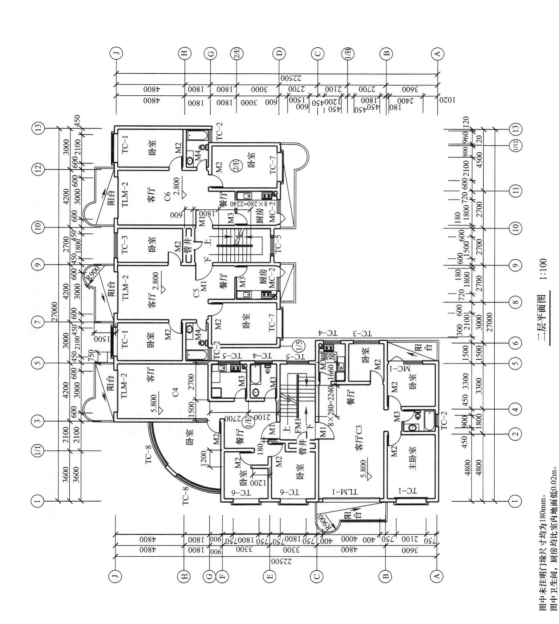

二层平面图　1:100

图 2-12　《房屋建筑学》教材配图（二层平面图）

图中未注明门垛尺寸均为180mm。
图中卫生间、厨房均比室内地面低0.02m。

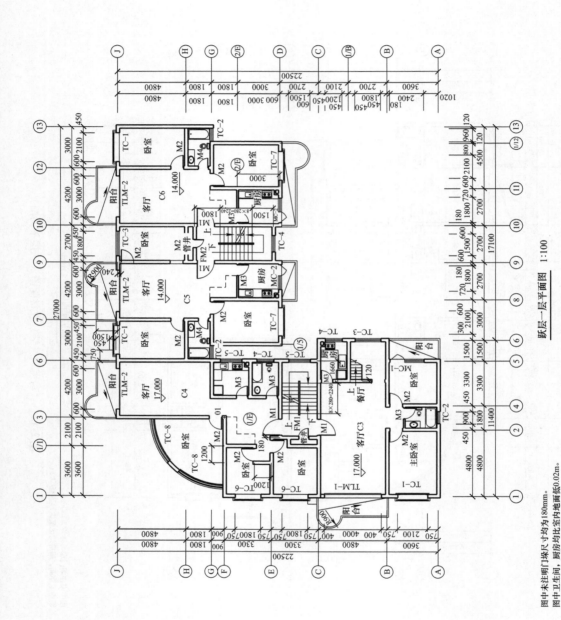

跃层一层平面图 1:100

图 2-13 《房屋建筑学》教材配图（跃层一层平面图）

图中未注明门垛尺寸均为180mm。
图中卫生间、厨房均比室内地面低0.02m。

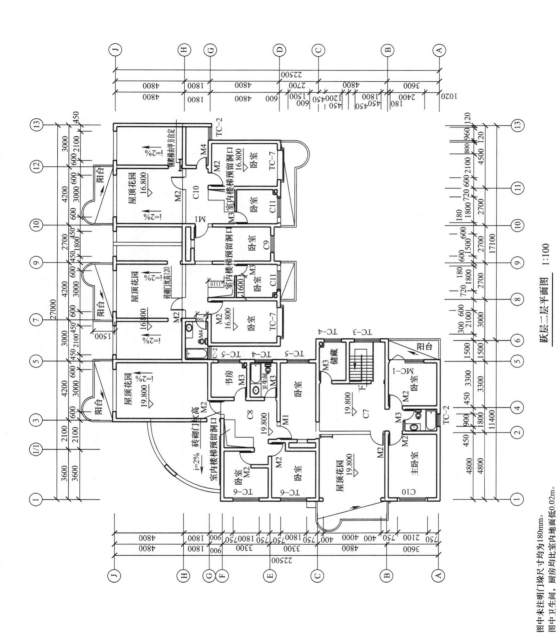

跃层二层平面图 1:100

《房屋建筑学》教材配图（跃层二层平面图）

图 2-14

图中未注明门垛尺寸均为180mm。

图中卫生间、厨房均比室内地面低0.02m。

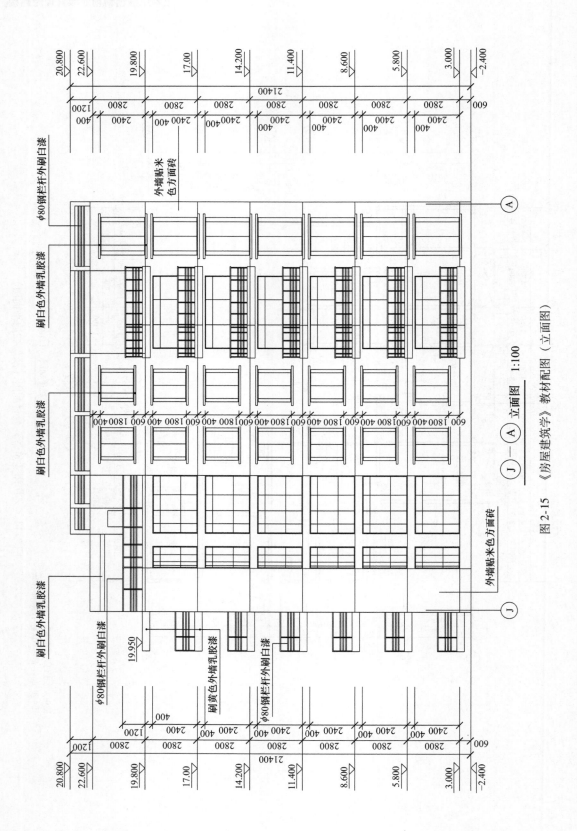

图 2-15　《房屋建筑学》教材配图（立面图）

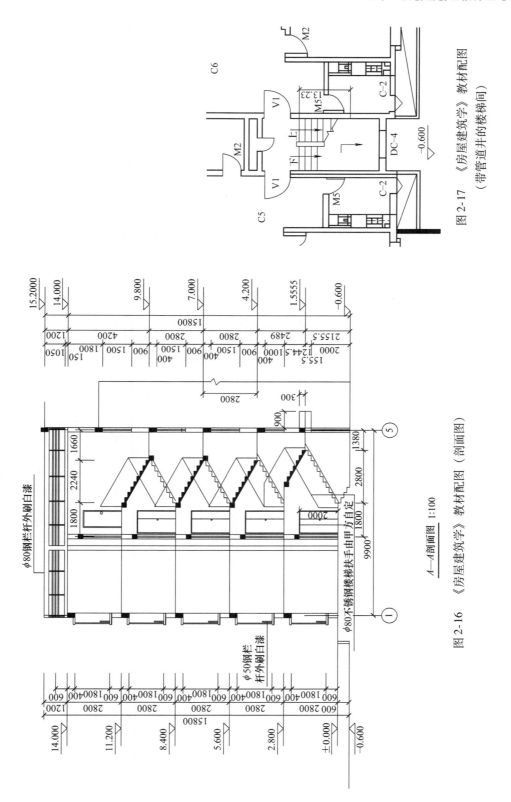

图 2-17 《房屋建筑学》教材配图
（带管道井的楼梯间）

A—A 剖面图 1:100

《房屋建筑学》教材配图（剖面图）

图 2-16

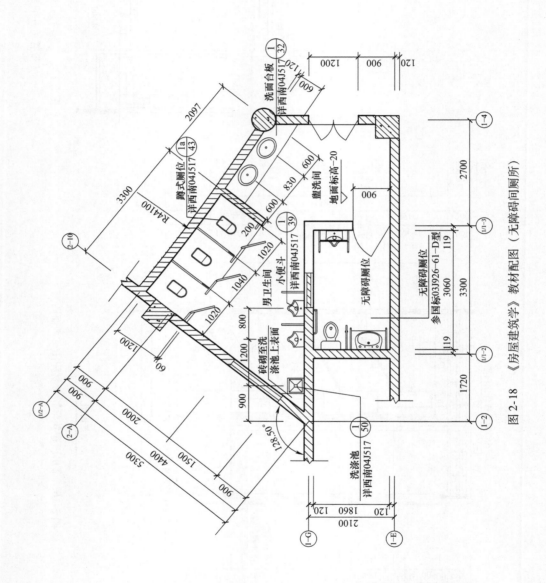

图 2-18 《房屋建筑学》教材配图（无障碍间厕所）

（2）构造能力训练题目示例

1）设计基础构造训练习题，如图2-19所示为某学生活动室首层平面，共四层，结构形式拟采用框架结构，根据地质条件，该工程拟采用柱下独立基础。要求进行基础布置（包括柱下独立基础和地基联系梁的布置）。

■柱　======梁　■柱基础

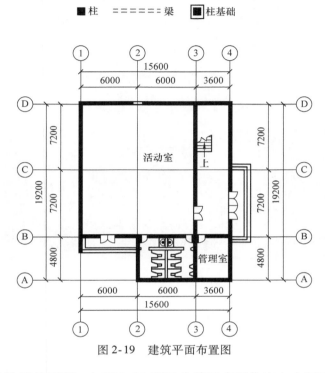

图2-19　建筑平面布置图

2）设计屋面构造训练习题，如图2-20所示为普通多层住宅上人屋面，采用高聚物改性沥青防水卷材，参照学生所在地区标准图集，对女儿墙泛水、屋面出入口进行构造设计。

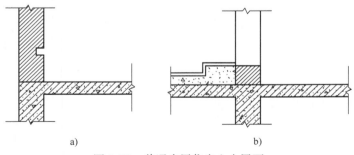

图2-20　普通多层住宅上人屋面
a）女儿墙泛水　b）屋面出入口

（3）建筑空间组合教学实践——以梯间式住宅设计示例

1）课前预习。学生课前预习《房屋建筑学》教材附录一（住宅设计全套图形文件）和房屋建筑学校级精品课程网站住宅设计内容。

2）课中导入。将客厅、餐厅、卧室、书房、厨房、阳台与卫生间等功能关系密切的房间组合在一起成为一个相对独立的整体，称为单元。将一种或多种单元考虑地形、环境、建筑设计特色等因素，在水平或垂直方向重复组合成一幢建筑的组合方式称为单元式组合（见图 2-21），单元式组合布局灵活，能适应不同的地形，形成多种不同的组合形式，如梯间式住宅平面布局有很多不同形式（见图 2-22）。

图 2-21　单元式组合

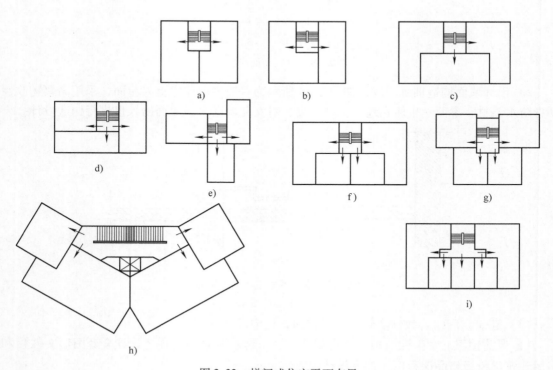

图 2-22　梯间式住宅平面布局

a）一梯两户　b）一梯两户　c）一梯三户　d）一梯三户　e）一梯三户
f）一梯四户　g）一梯四户　h）一梯四户　i）一梯五户

3）设计条件。

① 按套型设计，套型及套型比自定，要求每个方案至少有两种套型为宜，设计时至少考虑 3 个单元组合设计。各套型建筑面积建议：小套 60 ~ 80m²，中套 90 ~ 120m²，大套 125m² 及以上。

② 每套必须是独门独户，设置卧室、厨房、卫生间及起居室等。卧室和厨房应有直接采光和自然通风，中套户型建议设两个卫生间，无通风窗口的卫生间必须设置通风道。每套住宅至少应设一个阳台。

③ 层高为 2.8 ~ 3.0m，层数为七层，结构形式为混合结构，楼层施工方式为预制板，厨房与卫生间采用现浇板，结构抗震按 6 度设防设计，屋顶建议采用平屋顶有组织排水方案，屋顶、檐口形式及屋面防水方案由学生自定。

4）教学目标。要求学生根据条件，完成梯间式单元多层住宅设计（见图 2-23），设计内容与图纸表达见表 2-20。

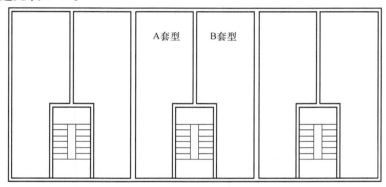

图 2-23　梯间式单元多层住宅设计

表 2-20　设计内容与图纸表达

内容	描　　述
底层平面图 标准层平面图 顶层平面图	墙的轴线号、墙的厚度及与轴线的关系。房间功能名称、门窗开设及编号，门的开启方向。阳台、休息平台的大小、位置。房屋内外的尺寸是否齐全，标高有无遗漏，剖切位置及剖切号、详图索引正确否，楼梯的表示是否正确。图名、比例
剖面图	剖面上结构、构造的表示是否清楚，门窗、楼梯的踏步数、栏杆扶手、雨棚、檐沟、架空隔热层、雨水管、踢脚线等是否表示清晰。各楼地面的标高，主要构件的底标高，檐口上表面的标高。轴线号、图名等
正立面图 背立面图 侧立面图	轴线编号、对称符号。阳台和休息平台、楼梯上下方向与踏步数是否与平面图一致，线型是否符合规范、各种门窗是否有一个详细的立面图，雨水管。图名、比例
详图	结构构造是否合理正确。材料图例符号、尺寸标高、构造说明是否完整齐全。轴线、详图标志、比例、详图号与详图索引是否互相对应。图名、比例
门窗表	是否按规定格式认真填写，与图上有无矛盾。与标准图集图号是否相符
设计说明 标题栏	标题栏的位置、尺寸、格式及内容是否按规定认真填写。建筑面积的计算有无错误。各项说明文字是否简洁清楚。是否用仿宋体书写

（4）建筑构造教学实践——以窗台构造示例

1）课前预习。学生课前预习《房屋建筑学》教材附录一（住宅全套图形文件）、附录二（别墅）、附录三中的窗台构造设计。

2）课中导入。窗台为窗下靠外墙一侧设置的泄水构件，作用是防止雨水侵入墙身或沿窗缝渗入室内。窗台按其与外墙面的相对位置有悬挑窗台和不悬挑窗台两种。悬挑窗台可采用砖砌或者混凝土窗台构件，出挑长度一般为 60mm，外沿下部需做滴水槽或滴水线，引导雨水设置的落下，防止雨水影响窗下墙体。选择窗台的构造形式除满足功能需求外，还需考虑建筑立面形式美要求，常见窗台构造方案详如图 2-24 所示。

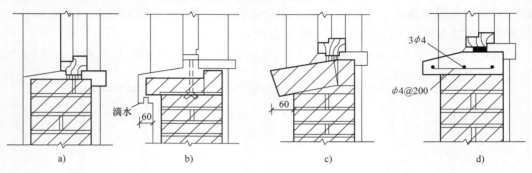

图 2-24　窗台构造方案

a）不悬挑窗台　b）滴水悬挑窗台　c）侧砌砖窗台　d）预制混凝土窗台

3）设计条件。图 2-24a 所示的不悬挑窗台常用在框架结构中（见图 2-25）。图 2-24b、c、d 所示的滴水悬挑窗台、侧砌砖窗台、预制混凝土窗台常用在混合结构中（见图 2-26），参照住宅窗台详图的细部构造（见图 2-27）。

图 2-25　框架结构

图 2-26　混合结构

4）教学目标。根据图 2-27（来源于教材附录一：建施—10）和窗台构造组成与原理，参照图 2-24，选择其中一种构造完成窗台设计，画出立面图，分析新设计窗台构造、立面与原设计风格比较。

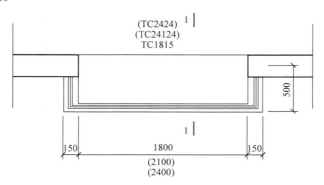

窗台详图 1:25

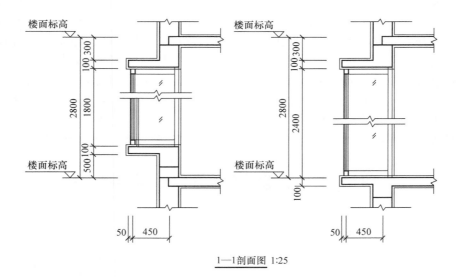

1—1剖面图 1:25

图 2-27　窗台详图

（二）工程项目辅助教学模式的毕业设计实践

土木工程毕业设计是本科培养计划中最后的综合性实践环节，是培养学生全面工程系统能力的重要环节，是学生从学校学习阶段走向工作岗位的过渡，也是学生进入工程设计、施工、管理和科研领域的开始。旨在深化所学的理论知识和专业技能，培养学生大胆创新的设计理念和正确的设计思想，培养学生检索资料和使用技术标准和规范的能力，使学生掌握工程设计的程序和方法，提高工程计算、理论分析、图表绘制、技术文件编写的能力。

1. 理论模型建构

毕业设计教学目标是否达成的关键内容之一是选题，题目可以是工程设计类、施工技术与管理类、科学实验类、工程应用研究类等，学生选题类型的弹性和自由度空间较大，但无论题目是来自工程实践还是指导教师科研项目，选题应达到综合性训练目的；达到保证基础，强化能力，培养学生工程素养和可持续发展潜力的目的。因此，土木工程专业建筑工程方向学生工程项目辅助教学模式的毕业设计实践可实施"2 + X"毕业设计模式（见图2-28）。

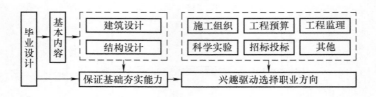

图 2-28　"2 + X"毕业设计模式

2. 实践运用

"2 + X"毕业设计中的"2"是指工程项目建筑工程工种设计、结构工种设计，是保证基本能力的必须内容。"X"是指学生根据专业兴趣、职业发展方向与就业意向选择施工组织、工程预算、工程监理、工程招投标、教师科研子课题、综合性设计性实验等涉及到工程的应用研究、科学实验研究等方面的内容。建筑工程就业宽泛，市场对人才需求呈现多元化。部分学生在毕业设计前已有就业意向，选择内容可根据职业方向确定，使毕业设计与就业接轨。意向在施工企业就业的学生，可根据来源于工程实践或任务书要求编制一份完整的施工组织设计方案，包括工程概况、施工方案、单位工程施工进度计划、施工准备工作、施工平面图、安全措施、施工经济指标等，施工组织设计任务书可来源于实际工程项目，真实项目可强化工程情景教学；还可根据所在学校科研平台、教师承担有国家自然科学基金、国家科技人员服务企业项目、省市工业支撑计划等纵横向科研项目子课题为学生选择内容。

第四节　实施创新培养模式条件建设

一、素质拓展双创学分体系

国内大部分土木工程专业均开办在综合性大学中，所在学校均有形式多样的第二课堂校园文化和课后实践活动。将实践创新能力贯穿人才培养全过程最有效的途径是设置独立的学分模块。国家级创新创业示范高校、全国实践育人创新创业示范基地贵州师范大学2017年10月开始实施"本科生素质拓展与创新创业学分认定管理暂行办法"，学生可通过参与学科竞赛活动（见表2-21）、创新创业项目（见表2-22），获得科研专利成果（见表2-23）、专业技能证书（见表2-24）或参加素质拓展活动（见表2-25）等路径获得素质拓展创新实践训练学分，学生在校期间需获取素质拓展4学分后方能毕业，在保证强化学生具有学科特质工程素养的同时，鼓励学生根据兴趣自主发展。

该办法通过大学生创新实践能力学分的推行，引导学生进行学术基金项目研究，促进了学生主动进入实验室参与设计性综合性实验，参与学科竞赛，参与教师纵横向科研项目等第二课堂课外实践活动。各二级学院应有计划培育并指导学生申请国家级、省级、校级、院级大学生科研训练计划多级基金项目，依托综合性大学多学科优势，组织学生参加数学、英语、计算机、挑战杯与工程应用能力等各级各类竞赛。多级竞赛给学生科技实践活动提供了展示平台，强化了学生实践动手能力和创新能力培养，促进第一课堂和第二课堂的有机融合。

表 2-21　学科竞赛活动

序号	竞赛级别	获奖等级	获得学分	审核认定标准及单位
1	国家级（含国际级）	一等奖（含特等奖）	4.0	按发文单位确定竞赛级别，其中全国的一级、二级学会协会及省级的一级学会协会降低一个竞赛级别 学生提供获奖证明竞赛组织单位或教务处审核认定
		二等奖	3.0	
		三等奖	2.0	
		优秀奖	1.0	
2	省级（含国际级、国家级的省级赛区选拔赛）	一等奖（含特等奖）	2.0	
		二等奖	1.5	
		三等奖	1.0	
		优秀奖	0.5	
3	校级	一等奖（含特等奖）	1	
		二等奖	0.5	
		三等奖	0.3	
4	院级	一等奖（含特等奖）	0.5	
		二等奖	0.3	
		三等奖	0.2	

表 2-22　创新创业项目

序号	项目	标准	获得学分	审核认定标准及单位
1	大学生创新创业训练计划	国家级	1.5	学生提供结题证明，教务处认定
		省级	1.3	
		校级	1.0	
2	大学生科研训练计划	校级	1.0	学生提供结题证明，教务处认定
3	其他训练项目	有报告、实物等成果	0.5	提供立项、结题证明材料，责任单位审核认定
4	创办企业	取得营业执照并正常营业 3 个月以上	2.0	提供公司章程，授予学生法人代表（1 分）及股东（1 分），由大学科技园组织审核、教务处认定
5	创业实训	学生团队在创客空间等开展创业实践活动	1.0	开展创业实践活动 1 年以上，团队成员不超过 6 人，参加过校级以上创新创业大赛或能提供相应作品或产品，由大学科技园、创新创业学院及学生所在学院组织审核认定
6	创业实习	学生在大学科技园内从事创业实习	1.0	学生在大学科技园内从事创业实习满 1 年以上，由大学科技园组织审核认定

注：项目组负责人所获学分按上表中的分值给定，其余学生减 0.2 个学分，每个项目最多不超过 6 人。

表 2-23　科研专利成果

序号	项目及标准	获得学分/篇	审核认定标准及单位
1	SCI、EI 收录的期刊论文	4.0	1. 提供论文的原件及复印件 2. 以上成果均指第一完成人，多人合作者依次递减 0.2 个学分，最低按 0.2 分计算，每篇文章限 5 人 3. 申报人为第一作者，单位必须为贵州师范大学 4. 学院或教务处审核认定
2	CSSCI、中文核心期刊收录的论文	2.0	
3	公开出版的学术期刊	1.0	
4	国际性学术会议收录的论文	1.0	
5	全国性学术会议收录的论文	0.5	
6	省部级学术会议收录的论文	0.3	
7	专著	4.0	申报人为第一作者，单位必须为贵州师范大学，学院组织审核，教务处认定
8	发明专利	4.0	1. 以上成果均指第一完成人，多人合作者依次递减 0.5 个学分，最低按 0.5 分计算 2. 申报人必须为第一专利权人，单位必须为贵州师范大学 3. 学院或教务处审核认定
9	实用新型专利	2.0	
10	外观设计专利	1.0	
11	计算机软件著作权	3.0	
12	集成电路布图专有权	3.0	
13	商标	2.0	
14	申请专利或著作权	0.5	

表 2-24　专业技能证书

证书类别	内容	标准	获得学分
外语能力证书	非外语专业大学英语考试	四级	0.5
		六级	1.5
计算机能力证书	国家非计算机专业等级考试	二级	0.5
		三级	1.0
		四级	2.0
技能证书	普通话等级考试	一级甲等	1.0
		一级乙等	0.5
	全国机动车驾驶证		1.0
	普通话测试员资格证书		1.0
	教师资格证（非师范专业）		1.0
其他证书	其他各类专业证书		0.2～4

注：其他证书 1 学分及以下的由学院审核认定，1 学分以上的由学院推荐，教务处认定。

表 2-25 素质拓展活动

序号	活动名称	标准	获得学分	标准	审核认定单位
1	社会实践	国家级	1.0	参加活动时间 1 周以上，提供获奖证书，或提供 2000 字以上有一定价值的社会调查报告（总结报告）	主办（组织）单位
1	社会实践	省级	0.5		
1	社会实践	校级	0.2		
2	青年志愿者活动	国家级	1.0		
2	青年志愿者活动	省级	0.5		
2	青年志愿者活动	校级	0.2		
3	学术讲座	参加	0.1	提交 800 字以上的讲座心得总结（该学分累计计算不超过 1 个学分）	
4	发表文艺作品	国家级	1.0	在报纸、杂志等媒体上公开发表文艺作品等	
4	发表文艺作品	省级	0.5		
4	发表文艺作品	校级	0.2		
5	创业活动、创业沙龙、讲座	参加	0.1	提交不少于 800 字的活动心得总结，累计计算不超过 1 个学分	
6	文体及社团活动	国家级	2	凭获奖证书或相关材料，由教务处审核认定	主办（组织）单位
6	文体及社团活动	省级	0.1－1.0	由活动主办单位审核认定	
6	文体及社团活动	校级	0.1－1.0	由活动主办单位审核认定	
7	学风建设活动	校级	0.2	在校学生事务服务中心等场地进行学风建设相关的研讨、报告活动，并提交 800 字以上的总结报告或提交有助于学校学风建设的文本、方案、报告等	

二、师资队伍建设

近年来大量的博士通过绿色通道进入专业教师队伍中，师资队伍在保持科研水平的同时，缺乏实际工程经验、工程背景偏弱的问题凸显。因为建筑市场专业技术骨干薪酬较高，引进高学历、高职称、有工程背景人才难度系数大，所以师资队伍建设应遵循"人才挖掘与二次开发并重"的原则，打造"工程应用型教学团队"，建立一支总量达标，知识结构合理，教学能力强且具备技术研发能力，专兼结合相对稳定的工程应用型教学团队。

（一）人才挖掘与二次开发并重

1. 校外柔性引进

校外技术专家掌握行业前沿技术与理论，但通常是单位中坚力量与骨干，聘请他们到校上课受时间限制，有一定困难，可采用柔性引进方式。一是聘用企业工程应用研究员、教授级高工进入教学指导委员会，参与人才培养方案制定；二是进按力学类、设计类、施工类和预算类课程类别，分别从设计单位、施工单位与工程咨询单位引进高级职称以上的技术专家与骨干，充实教学团队；三是邀请专家直接参与指导课程设计、认识实习、生产实习、毕业设计等实践教学环节；四是开设学科实践性讲座，如设计类课程群专家可根据课程进度开设建筑设计、结构设计讲座，施工类专家可开展新工艺、新工法讲座，建筑经济类专家可结合项目开展造价控制讲座；五是提供科研项目方向内容，及时将企业在施工中技术难题、项目管理瓶颈反馈至校方，产学研联合攻关。

2. 校内二次开发

校内建立教师成长的激励机制。一是安排教师到设计研究院、到材料检测研究中心等单位参与工程设计与科研课题研究；二是安排教师到大型施工企业、产学研基地、协同创新平台参与工程实践解决工程技术难题，参与工法和产品研发，把行业的新技术、新工艺融入教学；三是鼓励专业教师获得注册结构工程师、注册岩土工程师、检测工程师、建造师相关领域工程师执业资格，鼓励高校教师获得教授级高级工程师、高级工程师等教师职称外的第二职称，鼓励有条件的专业教师在企业技术岗位挂职锻炼，参与施工、设计、管理领域内的实际生产或技术服务工作；四是选派专业骨干教师到国内外著名大学进修或访学，鼓励教师参加国内前沿技术培训和学术会，开阔教师视野；五是严格执行青年教师导师制和督导督学制，并指导其参与工程型教师培养计划，加强其工程实践技能锻炼，支持青年教师参加学院、学校和全国的学科教学竞赛等活动。

（二）工程应用型教学团队建设

教学团队是高等学校开展教学工作的一种重要组织形式，它可以增进学校各方面的协作和整体能力，有效地提高组织效率。基于学科特质，土木工程专业首先建立"建筑力学课程群、建筑设计课程群、建筑结构课程群、建筑施工课程群、工程计量计价课程群"五个核心课程群，土木工程应用型教学团队建设方案见表2-26，各课程群教学团队由具有丰富工程背景的教授担任负责人。有条件的团队，结合企业教师聘用计划，聘用企业工程应用研究员、教授级高工作为团队的第二负责人。教学团队建设应为国家基本建设培养高水平的工程技术和管理人才。人才培养强化基础理论教学，特别是理论力学、材料力学、结构力学等专业基础课程的教学，充分体现了厚基础、宽口径的培养理念，在满足土木工程学科基本理论、基本技能培养要求的基础上，注重建筑、结构、施工、工程管理的融合，培养知识面广、适应能力强的复合型人才。

表 2-26 土木工程应用型教学团队建设方案

专业课程群	课程名称	校内教学团队	校外教学团队	备注
建筑力学课程群	理论力学、材料力学、结构力学、弹性力学、水力学、流体力学	专职教师不少于10人	兼职教师不少于1人	兼职教师来源于研究机构、设计单位、施工单位等
建筑设计课程群	画法几何与工程制图、房屋建筑学、建筑CAD	专职教师不少于6人	兼职教师不少于2人	兼职教师主要来源于设计单位
建筑结构课程群	砌体结构、钢筋混凝土结构、钢结构、高层建筑结构、组合结构、建筑结构抗震、PKPM	专职教师不少于12人	兼职教师不少于2人	兼职教师主要来源于设计单位
建筑施工课程群	土木工程施工、施工组织、项目管理、工程经济	专职教师不少于8人	兼职教师不少于2人	兼职教师主要来源于施工单位
工程计量计价课程群	建筑法规、工程概预算、广联达软件	专职教师不少于8人	兼职教师不少于2人	兼职教师主要来源于工程咨询单位

三、实践教学平台建设

实践教学平台有校内平台、校外平台和校内外共建平台，从功能上分类有实验平台、实训平台；从性质上分类有教学平台、科研平台、教学科研共享平台。实践教学平台从等级上分为国家级、省级、校级、院级四类。各类平台有学校独立建设的，也有学校和企业、学校和科研院所共同建设的。土木工程专业应用性较强，实践平台是学科建设重要内容。

（一）实验平台

规模较大的实验平台也称实验教学中心。如清华大学拥有国家级物理实验教学示范中心、国家级力学实验教学示范中心、国家级计算机实验教学示范中心、国家级基础工业训练示范中心、材料科学与工程虚拟仿真实验教学示范中心、数字化制造系统虚拟仿真实验教学示范中心等国家实验平台；建筑节能教育部工程研究中心、土木工程安全与耐久教育部重点实验室、生态规划与绿色建筑教育部重点实验室、北京市钢与混凝土组合结构工程技术研究中心等省部级厅级实验平台；东南大学拥有国家预应力工程技术研究中心、玄武岩纤维生产及应用技术国家地方联合工程研究中心、计算机辅助建筑设计（CAAD）等国家实验教学示范中心；低碳型建筑环境设备与系统教育部工程研究中心、智能交通运输系统教育部工程研究中心、混凝土及预应力混凝土结构教育部重点实验室、复杂工程系统测量与控制教育部重点实验室、江苏省土木工程材料高技术研究重点实验室、江苏省交通规划与管理重点实验室等省部级实验平台；西安建筑科技大学拥有生态建筑材料国家地方联合工程研究中心、西部绿色建筑协同创新中心、西部绿色建筑国家重点实验室、结构工程与抗震教育部重点实验室、绿色建筑与低碳城镇国际科技合作基地、西部绿色建筑协同创新中心、西部装配式建筑工业化协同创新中心、陕西省岩土与地下空间工程重点实验室等国家级、省部级实验平台；重庆交通大学拥有道路与桥梁国家级实验教学示范中心；山区道路建设与维护技术教育部工程研究中心、交通土建材料国家地方联合工程实验室、山区桥梁及隧道工程国家重点实验室；桥梁结构工程交通行业重点实验室、山区道路结构与材料重庆市市级重点实验室、重庆市山区道路建设与维护技术重点实验室等国家级、省部厅级实验平台。

在土木工程实验平台教学中，提倡开设综合性、设计性、创新性实验项目，使实验教学内容与科研和工程实践密切联系，形成良性互动，实现理论与实践的有机结合。实验室向学生开放，鼓励学生根据自己所感兴趣的问题，通过查阅文献、检索学科领域前沿技术或科研成果等方式，设计出具体实验方案和步骤，经指导教师同意后进行实验。接受学有余力的优秀学生进入实验室参与科研实践，甚至是提前进入实验室做毕业论文或参加科研课题组的研究工作。

（二）实训平台

校内实训平台包含金工实训基地，测量实训平台，AutoCAD、PKPM、Grandsoft 等虚拟仿真软件实训平台，校外实践教学基地是土木工程重点建设的内容。校外实践教学基地是完成土木工程实践教学环节的基础工作，专业课程实践教学、认识实习、生产实习、毕业实习等教学环节需在校外项目现场真实的施工场景中完成。实践教学基地应选择能够提供建筑勘察设计、设计施工一体化、项目管理或造价实践场所综合实力强的大型建筑企业。校企合作实施中，企业与科研院所均是以生产和科研为主，产值与利润是其追求的动力，大量学生进入企业生产车间和施工现场，势必影响正常的经营，还存在安全隐患。因此部分学校和企业虽已签订合作协议，学生进入项目现场实践教学还是有难度。学生认识实习、生产实习、毕业实习主要还是靠求助于校友。

学校必须瞄准校企合作的支撑点，突破壁垒，促进产学研深度融合，校企合作双赢，共同发展，产学研基实践教学基地，方能持续长久。在经济全球化和创新型国家的建设进程中，企业已清醒地认识到，如果自身缺乏自主知识产权，不能掌握核心技术，就会在国际竞争中受制于人。企业要想处于主动地位，就必须加强自主研发，开发出拥有自主知识产权的核心技术。在科研能力有限的情况下，高校作为专业人才聚集的高地，知识创造的主体，可以依托科学研究与人才优势，组织产学研团队开展技术攻关，解决企业技术瓶颈，弥补企业科研能力短板。企业直接从事生产实践，可以发现并提出一些具有实践意义的课题，避免了高校科技创新不能适应市场需求的问题。校企双方产学研结合，可以丰富高校科研课题的来源，加速科研成果转化为生产力，做到理论与实践的无缝对接。企业持续生产即拥有源源不断的工程项目，拥有学校实践教学的真实工程场景，学校依托企业实践教学基地即可有针对性开展立体式、多纬度课程教学改革，达到增强学生工程素养和实践创新能力的培养目标。如清华大学与北京市建筑设计研究院、中国建筑工程总公司共建了国家大学生校外实践教育基地，表2-27是某省级双一流平台验收参考标准。

表2-27 某省级双一流平台验收参考标准

序号	验收指标及分值	验收内容	分值	建设目标达成度
1	教学管理理念（10分）	教学指导思想明确，吸引国内外先进教学理念，并应用到教学管理实际中	5	
		教学改革和建设思路清晰、规划合理、方案具体，适用性强，充分发挥平台在增强二级学院的积极性及培养学生自主学习能力和实践能力等方面的重要作用	5	
2	教学管理机制（10分）	平台建有较为完善的管理机制，对平台的各组成部分（或实操部分）具有明确的要求和过程监控	5	
		坚持科学规划和高效管理原则，建设鼓励教师积极参与教学的政策措施，从制度层面吸引和保证高水平教师从事实验实践或教学综合改革工作	5	
3	平台建设体系与内容（20分）	① 建立以能力培养为核心，分层次的实验教学体系和创新创业体系，涵盖基本型实验、综合设计型实验、研究创新型实验等 ② 建立以能力培养为核心的教育教学综合改革体系，涵盖教育教学管理的课程改革、考核方式改革等	10	
		① 平台教学内容注重传统与现代的结合，与科研、工程和社会应用实践密切联系，融入科技创新、实验教学和创新创业改革成果，实验项目不断更新 ② 平台建设内容注重整体性与分步性相结合，根据学校客观情况多维度推动教育教学综合改革	10	
4	教学队伍/管理队伍（15分）	重视队伍建设，制定相应政策，采取有效措施，鼓励各级各类人员积极参加平台工作	5	
		平台带头人具有教授职称或者硕士学位，熟悉平台建设运行状况，具有较高的学术造诣、学术水平或丰富的管理经验	5	
		团队结构合理，核心骨干相对稳定，形成团队人员培养培训机制，形成热爱教育教学，理念先进，教学科研能力强，勇于创新的管理队伍	5	

（续）

序号	验收指标及分值	验收内容	分值	建设目标达成度
5	信息化水平（10分）	加强信息技术在平台建设过程中的广泛应用，建立相关信息管理平台	5	
		加强特色管理系统的开发，推动教学管理、家校交流及过程考核的信息化，持续提高教学管理和服务中应用信息技术的能力	5	
6	平台环境（15分）	平台环境稳定，品质精良，组合优化，配置合理，数量充足，满足现代实验教学、创新创业教育和教育教学综合改革要求	5	
		① 平台使用效率高，向学生开放运行；或通过遴选机制选拔优秀团队进入平台运行 ② 平台参与教师和学生数量不断增加，平台内部不断调整和完善，全面推动教育教学改革 以上内容根据平台类型分类考核，实验实践平台适用①，教育教学综合平台和创新创业平台适用②	10	
7	建设成果与示范作用（20分）	平台建设效果显著，建设成果丰富，受益面广，学生自主学习能力显著增强，实践创新能力明显提高	10	
		平台建设成果在省内、区域内得到了推广，发挥了良好的示范作用	10	
8	加分项目（20分）	平台特色鲜明，经验提炼充分完整	10	
		平台建设成果具有典型性，后续发展具有可持续，如获得省级以上教学成果、发表核心期刊以上的教改论文、获得教学改革项目支持等	10	

第三章
土木工程课程创新

课程是人才培养的核心要素，是专业建设的基础，专业的科学知识教育体系是由众多课程集合体组成，课程实践创新能力培养目标的达成直接影响人才的培养质量，课程集合体的整体水平是衡量一个专业办学水平的重要标志。

第一节　互联网视域下课程教学

传统课程教学是以教师为主导，以传递—接受为特征，教师是主动的施教者，学生是知识传授对象。在教学目标上，注重传送知识的系统性；在教学内容上，教材是学生主要学习内容和知识来源。这种注入式为主的教学模式，教师固有的知识能力结构和教材的局限性禁锢了创新思维的养成。移动互联网具有跨时空性、即时性与便捷性，信息技术环境下教学集文本、声音、图形图像、网络课件视频、场景延伸、造型仿真模拟于一体，教学资源除了课堂教案外，还包括教师讲义、自学光盘、名师讲座、针对性专题讲座及各种相关的网站资源链接。基于信息技术环境下的教学与传统课程教学的优势互补，能充分体现学生的认知主体作用，使学生学习的主动性、积极性能够得到更多激发。课程通过创设情境，设疑探究，使教学内容丰富。慕课、微课与翻转课堂等学习方式的出现，给学生主动性学习、探究性学习带来了更多选择。现代信息技术的运用，可以充分实现以学生为中心的学习，受教育者的主动性、能动性被极大释放，让高等教育真正做到授之以渔。

一、慕课

慕课（Massive open online course，简称 MOOC），是一种大规模的在线开放式课程，是信息技术与教育教学深度融合的结晶，其基本特征见表 3-1。慕课打破了时空的限制，拓展了学校的边界，是"互联网＋教育"的产物。通过慕课的线上平台，知识可以跨越时空，实现无界限的传播。通过技术赋能，慕课为促进优质教育资源共享提供了新的方法路径。自2013 年学堂在线平台开通运营以来，爱课程（中国大学 MOOC）、学堂在线、智慧树、好大学在线、华文慕课、超星尔雅等主流平台逐步涌现。2014 年，总注册学生数量约为两百万，各平台上慕课总数约为 200 门。2016 年，国内慕课网站用户规模已突破 1 亿，上线慕课数量由 2017 年的 3200 门增加到 2019 年的 12500 门，增加近 3 倍，学习人数由 5500 万人次到 2亿多人次，增加近 3 倍。2020 年 12 月，世界慕课大会在清华大学召开，会议以"学习革命与高等教育变革"为主题，旨在凝聚发展共识、汇聚创新力量、分享实践经验、展现技术前景，以推动世界慕课与在线教育建设、发展和共享。时任中国教育部部长的陈宝生做了主旨报告，分享了中国慕课与在线教育的实践、创新与探索。中国慕课自 2013 年起步，从

"建、用、学、管"等多个层面全面推进，目前上线慕课数量超过 3.4 万门，学习人数达 5.4 亿人次。中国慕课从面广量大的公共课、通识课逐步拓展到专业基础课、专业课和实验课，建立起覆盖所有专业门类的慕课体系，数量与学习规模已位居世界第一，中国慕课为建设学习型国家做出了重要贡献。

表 3-1　慕课的基本特征

特征	描　述
大规模 Massive	是一种大规模网络开放课程，具有完整的课程结构、明确的课程目标、详细的课程内容规划、合理的教学安排。慕课教学科目多，资源量大，学习灵活自主，每门课程同时学习人数可达几十万
开放 Open	所有资源和信息都是完全开放的，通过互联网进行传播，不受上课地点、时间、人数等条件的限制，无论何时何地只要有网络便可以进入慕课平台进行学习，有学习愿望的人只需一个邮箱就可注册参与学习，世界各地的学习者都可以通过慕课平台进行课程学习
网上 Online	课程在网上完成学习，不受时空限制，学习者可以根据学习兴趣进行选择。参与慕课学习的人数是不确定的，可以是几个人、几百人甚至几万人，通过网络可以获取大量的学习资源，学生可以通过手机、计算机等终端设备随时随地学习自己感兴趣的科目
课程 Course	长度为 6~16 周，课程教学内容结束后，学生可以通过慕课平台进行讨论，将疑点、难点提出来与其他人交流，课程教学打破了学校的边界，协作探究和互动交流提高了学习的效率，易于实现共同学习、共同进步的目的

二、微课

微课（Micro lecture）是以微型教学视频为主要载体的视频小课程，是用于集中阐述一个问题、针对某个学科知识点或教学环节设计开发的一种情景化、支持多种学习方式的在线视频课程资源，是一种新型的、完整的教学环节设计。微课的核心组成内容是课堂教学视频，同时还包含与该教学主题相关的教学设计、素材课件、教学反思、练习测试及学生反馈、教师点评等辅助性教学资源，它们以一定的组织关系和呈现方式，共同营造了一个半结构化、主题式的资源单元应用小环境。微课有别于传统单一资源类型的教学课例、教学课件、教学设计、教学反思等教学资源，主要特点是主持人讲授时可以出镜、可以画外音，它可以基于网络流媒体播放，这使得微课资源具有视频教学案例的特征。教师和学生在这种真实的、具体的、典型案例化的教与学情景中可易于实现隐性知识、默会知识等高阶思维能力的学习，并实现教学观念、技能、风格的模仿、迁移和提升，学生在微课教学中可以拓展思维，提高创新能力。微课的基本特征见表 3-2。

表 3-2　微课的基本特征

特征	描　述
教学内容	针对强，突出某个学科知识点或技能点，教学内容精简、主题突出，阐述课堂教学中的某个知识点中重点、难点、疑点和考点，或教学活动中的实验、讨论、任务，将课本上的知识点进行归纳和总结，将复杂的内容简单化。微课教学应用在课堂上时，学生可以抓住学习重点，提高学习效率

（续）

特征	描　述
教学时间	以视频教学为主，视频时长通常为 5～10min，少的为 1min，最长不宜超过 20min。微课将教学的重要内容及知识难点以视频呈现，仅占用一小部分课堂时间，教师可以利用剩余的课堂时间进行教学反馈，增强师生之间的交流。相对于传统的 40 或 45min 的一节课的教学课例来说，微课可以称为课例片段或微课例
教学资源	视频容量大小通常在几十兆左右，学生可以将视频下载到手机、计算机等终端设备上进行自主学习，可以以视频、动画等形式基于网络流媒体播放。视频格式需支持网络在线播放的流媒体格式（如 rm、wmv、flv 等），师生可流畅地在线观摩课例，查看教案、课件等辅助资源，也可灵活方便地将其下载保存到终端设备
教学资源结构情景化	以视频片段为主线统整教学设计，教学内容主题突出，将文字转换为图片或动画，将教学内容转换成情节故事。课堂教学时使用到的多媒体素材和课件、教师课后的教学反思、学生的反馈意见及学科专家的文字点评等相关教学资源，构成了一个主题鲜明、类型多样、结构紧凑的主题单元资源包，营造了一个真实的微教学资源环境
教学反馈	参加者能及时获得反馈信息，较之传统的听课、评课活动具有即时性。网络评课较之常态会更加客观。视频信息精炼、占用课堂时间少，学生充分讨论后可将难点疑点在课堂上及时提出来，由教师进行深入讲解，教师也可以根据学生的提问情况，了解学生的知识掌握程度，使教师在制作课件时，更有针对性，促进学生提高学习成绩

三、翻转课堂

传统的教学模式是教师在课堂上讲解知识点，学生处于被动接受状态，学习自主性难以发挥，而教师对学生了解程度有限，教学设计缺乏针对性及精准性，教学效果差。翻转课堂（Flipped classroom）重新构建学习流程，重塑教学环节。在翻转课堂教学中，学生课前自主学习知识，通过预习完成部分知识点的学习，学生带着课前预习的疑点、难点走进课堂，在课堂上师生、生生一起完成疑点及重难点的解析、协作探究、互动交流和作业答疑等活动，教师在课堂中的作用是引导。翻转课堂打破了传统的教学观念，将学习的主动权交到学生手中，使学生达到自主学习的目的。其教学流程分课前导学、课堂教学、课后固学，运用课堂有限时间提高了学习效率，构建了线上、线下双空间，课前预习＋翻转课堂＋课后总结的全新混合教学模式。

（1）课前导学　设计针对性导学，让学生课前自主学习教师布置的以教学视频为主的课程资源，结合慕课资源课外学习灵活特点，实现学生自主有效预习，在预习过程中对学生进行底层学习能力、行为能力训练，帮助学生改变学习体验，促使高参与度的自主学习行为发生。

（2）课堂教学　分析 SPOC 平台学生预习数据，设计针对性更强、精准度更高的课堂讨论内容，促使学生主动参与、积极思考，同时培养学生解决问题、团队合作等系列能力。

（3）课后固学　引导学生自行进行知识总结、巩固学习成效、提升能力。

上述环节各负其责、相辅相成，形成循序渐进的学生能力培养路径。

四、慕课、微课和翻转课堂

慕课的出现，主要是针对社会学习者，促进教育公平性的产物。随着慕课的演变，学习者们逐渐发现，慕课资源已实现碎片化，可以很好地被用作翻转课堂的课前预习，慕课社区和 wiki 还可供学生在课前和课后继续开展深入讨论。慕课、微课都是在线网络课程，慕课是大规模开放在线课程，又称大规模网络视频课程，是以微视频为核心的在线教育新形式。微课是以微型教学视频为主要载体，针对某个学科知识点（如重点、难点、疑点、考点等）或教学环节（如学习活动、主题、实验、任务等）而设计开发的一种情景化、支持多种学习方式的新型在线网络视频课程，它的核心也是微视频。翻转课堂是在信息化环境中，课程教师提供以教学视频为主要形式的学习资源，学生在上课前完成对教学视频等学习资源的观看和学习，师生在课堂上一起完成作业答疑、协作探究和互动交流等活动的一种新型的教学模式，它的核心也是微视频。慕课、微课、翻转课堂的核心要素都是微视频。慕课与微课区别主要有三个方面，一是慕课是大规模的，而微课可以是小规模的；二是慕课是开放的，而微课可以是校本资源；三是慕课大多是免费的，而免费并不是微课的显著特征。相对于传统教学模式而言，慕课、微课和翻转课堂的共有优势是灵活性、自主性、可重复性、短小精悍、主题突出、传播广泛、交互性强。

第二节　精品类课程教学

精品类课程是集科学性、先进性、教育性、有效性和示范性于一体的优秀示范性课程。其建设目的是根据科学技术的发展调整并完善课程内容结构、明确教学目标，利用现代化教学设备更新教学方式和方法，针对教育对象设计教学方案，努力建立一种以学生为主体、教师为主导、以现代教育技术为工具、以培养学生适应能力和创新能力为目的的课程教育模式。其建设的导向重在促进教学理念的更新、教学方式的改革，同时带动一批课程的改革和创新，从而在不断调整和完善课程结构体系的前提下，重点加强课程内涵的建设和授课方式的改进，使学生在获取知识的同时，提高认知能力和研究能力。精品类课程建设旨在促进高等学校对教学工作的投入，加强科研与教学的紧密结合，整合各类教学改革成果，加大教学过程中使用信息技术的力度，大力提倡和促进学生自主学习。通过精品课程建设，逐步形成一批辐射强、影响力大的课程，以带动其他课程的建设，全面提高专业教学的质量和水平。

2003 年，《教育部关于启动高等学校教学质量与教学改革工程精品课程建设工作的通知》印发，启动了全国高校精品课程建设项目。2011 年，《教育部关于国家精品开放课程建设的实施意见》印发，启动了国家精品开放课程建设项目。2015 年，《教育部关于加强高等学校在线开放课程建设应用与管理的意见》印发，启动了国家精品在线开放课程建设项目工作。2019 年，《教育部关于一流本科课程建设的实施意见》印发，指出拟经过三年左右时间，建成万门左右国家级、万门左右省级一流本科课程（简称一流本科课程"双万计划"）。

一、国家级精品课程

国家级精品课程是具有一流教师队伍、一流教学内容、一流教学方法、一流教材、一流教学管理的示范性课程。第一，精品课建设要加强教师队伍建设，要由学术造诣较高、具有丰富教学经验的高级职称教师担任课程负责人，通过课程建设逐步形成一支年龄、职称、学历结构合理，人员稳定，教学水平高，具有改革创新意识，教学效果好的教师梯队。第二，国家级精品课程要进行教学内容和课程体系改革。教学内容要先进，要及时反映本学科领域的前沿科技成果，正确处理单门课程建设与系列课程改革的关系。第三，课程要重视教材建设。课程教材应选用国家级优秀教材和国外高水平原版教材。课程教学团队可将先进教学理念融入课堂，自行编写教材，鼓励建设一体化设计、多种媒体有机结合的立体化教材。第四，课程要使用先进的教学方法和手段，要采用信息技术等手段改革教学方法、教学手段和教学管理，使用网络进行教学与管理，教学大纲、教案、习题、工程案例、实验实训指导、网络课件授课录像、参考文献目录等均要上网开放，实现优质教学资源共享，带动其他课程的建设。第五，课程要建立健全精品课程评价体系，建立学生评教制度。教学管理评价制度要健全，教学文件档案要齐全规范。国家级精品课程结题验收参考标准见表3-3。国家级精品课程资源网（http://www.jingpinke.com）集中展示了4000多门国家级精品课程，部分省级精品课程和2400门国外开放课程，为师生提供了快捷检索、查看、存储服务，为教育资源共建共享和可持续发展夯实了基础，使高校师生可以分享国内外先进的教学内容和教学经验。

表3-3　国家级精品课程结题验收参考标准

一级指标	二级指标	标准	说明
教师队伍	课程负责人	教授或副教授（三年以上职称）	在本课程学科领域内有一定研究成果，学术造诣高，师德高尚，治学严谨
	整体结构和发展趋势	整体结构合理发展趋势良好	结构合理是本门课程教师队伍年龄、职称、学历结构符合课程建设规划要求，适应教学需要和课程发展；发展趋势良好是指有负责人、形成课程教学梯队、有科学合理的中青年骨干教师培养计划
	师德师风	有较高的师德修养与敬业精神	为人师表，教书育人，从严执教，有良好的敬业精神，重视学生全面素质的培养，严格执行学校各项规章制度，无教学事故
教学内容	教学大纲	符合培养目标要求	教学大纲要符合培养目标要求，反映学科发展新成就，满足课程教学需要
	课程内容设计	内容新颖、信息量大；基础性与先进性结合较好	教学内容要反映学科最新知识和发展动向，除旧纳新，不断整合，与相关课程关系处理恰当
	教学过程的组织与安排	理论联系实际，课内外相结合	整个教学过程的组织与安排科学合理，符合课程学习的认知规律，能充分调动学生的学习积极性和拓展学生视野
	作业习题	丰富多样、能巩固和丰富学生知识	建设本门课程作业习题库，作业习题应该包括思考题、讨论题、作业题等
	实践教学	培养学生能力、满足学生的学习需要	着重培养学生思考能力、动手能力、分析问题、解决问题能力、参与研究能力等
	考核办法	采取有所改革、富有成效的考核方式	必须建设本门课程的试题库、参考答案，或者课程论文题目要求和参考评分标准

（续）

一级指标	二级指标	标准	说明
教学条件	教材选用	符合课程发展需要	有符合课程教学目标的切实可行的教材建设计划，选用国家级规划教材、省部级优秀教材和国外高水平原版教材，学生使用教材满意，且有相对完备的参考资料和相关文献资料
	教学设施	教学设施齐备	有能够支撑整个教学过程的硬件设备和软件资源环境
教学方法与手段	教学方法与手段	有所改革、教学效果好，积极使用现代教育技术	能采用实现教育目标的各种有效教学手段和方法，积极使用计算机辅助教学，使用模型、挂具等，现场教学采用 CAI、CAD 课件等
教学管理	教学基本制度	基本制度健全，符合现代教育思想，执行情况良好	教学基本制度是指讲课、听课、辅导答疑、批改作业、教学检查、考教分离、成绩评定、双语教学、教学研究制度和教学大纲、教案及教材选用等制度
	教学档案	教学档案资料齐全规范	教学工作计划、总结、试卷分析、教学活动记录等
	资源共享	资料齐全，可上网公开	符合教学大纲要求、反映课程特色。资料齐全，可上网公开

二、国家级精品开放课程

国家精品开放课程包括精品资源共享课与精品视频公开课，是以普及共享优质课程资源为目的、体现现代教育思想和教育教学规律、展示教师先进教学理念和方法、服务学习者自主学习、通过网络传播的开放课程。

（一）精品资源共享课

精品资源共享课以原国家级精品课程为基础，主要以资源共享为主，向高校师生和社会学习者提供优质的教育资源服务。按照原国家级精品课程建设工作要求，持续更新和完善课程教学资源，通过校级、省级逐级遴选，形成国家、省、校多级，本科、高职和网络教育多层次、多类型的优质课程教学资源共建共享体系。精品资源共享课是以高校教师和学生为服务主体，同时面向社会学习者的基础课和专业课等各类网络共享课程，旨在推动高等学校优质课程教学资源共建共享，着力促进教育教学观念转变、教学内容更新和教学方法改革，提高人才培养质量，服务学习型社会建设。精品资源共享课建设以课程资源系统、完整为基本要求，以基本覆盖各专业的核心课程为目标，通过共享系统向高校师生和社会学习者提供优质教育资源服务，促进现代信息技术在教学中的应用，实现优质课程教学资源共享。土木学科专业基础课程与专业主干课程示范效应显著，部分立项国家级精品资源共享课程见表 3-4。

（二）精品视频公开课

精品视频公开课建设以高等学校为主体，以名师名课为基础，以选题、内容、效果及社会认可度为遴选依据，通过教师的学术水平、教学个性和人格魅力，着力体现课程的思想性、科学性、生动性和新颖性。课程类别主要包含科学文化素质教育类课程和专业导论类课程。专业导论类课程符合《普通高等学校本科专业目录》，旨在使大学生和社会大众了解相关本科专业内涵特点、专业与社会经济发展的关系、专业涉及的主要学科知识和课程体系、专业人才培养基本要求等，帮助高校学生形成较系统的专业认识，满足社会大众了解相关专业内涵和发展趋势。立项课程建设成果在爱课程网、中国网络电视台和网易以中国大学视频公开课形式免费向社会开放，产生了良好的社会反响，表3-5是土木工程部分立项学科类和双创类国家级精品视频公开课程。

表3-4　土木工程部分立项国家级精品资源共享课程

课程名称	课程负责人	学校
理论力学	李俊峰	清华大学
材料力学	殷雅俊	清华大学
水力学	余锡平	清华大学
土力学	张丙印	清华大学
弹性力学	冯西桥	清华大学
水文学原理与应用	杨大文	清华大学
水工建筑学	金峰	清华大学
建筑环境学	朱颖心	清华大学
建筑设计	朱文一	清华大学
钢结构基本原理	陈以一	同济大学
混凝土结构基本原理	顾祥林	同济大学
建筑结构抗震	吕西林	同济大学
结构力学	朱慈勉	同济大学
交通管理与控制	吴兵	同济大学
工程施工组织与管理	曹吉鸣	同济大学
工程项目管理	丁士昭	同济大学
土木工程施工	徐伟	同济大学
中国建筑史	陈薇	东南大学
工程结构抗震与防灾	叶继红	东南大学
建筑设计	王建国	东南大学
土木工程施工	郭正兴	东南大学
工程合同管理	李启明	东南大学
交通规划	陈学武	东南大学
桥梁工程	季文玉	北京交通大学
交通安全工程	肖贵平	北京交通大学
画法几何及工程制图	王殿龙	大连理工大学
建筑抗震设计	薛素铎	北京工业大学
流体力学	薛雷平	上海交通大学

表 3-5　土木工程部分立项学科类和双创类国家级精品视频公开课程

课程名称	主讲教师	学校
建筑概论——建筑设计前沿引论	张建龙　常青　卢永毅　吴长福等	同济大学
交通设计	杨晓光	同济大学
力学的奥秘	何小元　周志红　费庆国　洪俊等	东南大学
力学与工程	武清玺　杨海霞　杜成斌　邵国建等	河海大学
地震灾害与建筑结构防震设计	谢礼立	哈尔滨工业大学
建筑历史	吴庆洲　冯江	华南理工大学
走进时代的列车	沈志云　翟婉明　周仲荣　李芾等	西南交通大学
高速铁路纵横	聂磊　张星臣　杨浩	北京交通大学
盛京宫殿建筑	陈伯超　朴玉顺	沈阳建筑大学
科技建材构筑美好家园	陈正	广西大学
建筑文脉	刘克成	西安建筑科技大学
创造性思维与创新方法	冯林	大连理工大学
创业人生	梅强	江苏大学
创新——思维、方法、实践	吴昌林	华中科技大学
知识创新、知识经济与知识产权	吴汉东　曹新明	中南财经政法大学
创业管理	张玉利　牛芳　杨俊　薛红志	南开大学
创新方法（Triz）理论及应用	高国华	北京工业大学

三、国家精品在线开放课程

　　慕课、微课等新型在线开放课程和学习平台在世界范围迅速兴起，拓展了教学时空，增强了教学吸引力，激发了学习者的学习积极性和自主性，扩大了优质教育资源受益面，促进了教学内容、方法、模式和教学管理体制机制发生变革，给高等教育教学改革发展带来新的机遇和挑战。为进一步推动我国在线开放课程建设与应用共享，促进信息技术与教育教学深度融合，推动高等学校教育教学改革，提高高等教育教学质量，服务学习型社会建设，2017年国家精品在线开放课程名单立项 490 门，其中本科教育课程 468 门，专科高等职业教育课程 22 门。2018 年家精品在线开放课程名单立项 801 门，其中本科教育课程 690 门，专科高等职业教育课程 111 门。清华大学、同济大学、哈尔滨工业大学等以培养国际一流土木工程人才为目标的学校，课程建设优势凸显，表 3-6 是部分建设完成的国家精品在线开放课程。通过精品在线开放课程建设，可以逐步形成一批辐射强、影响力大的课程，以带动其他课程的建设，全面提高本科教学的质量和水平。

表 3-6　部分建设完成的国家精品在线开放课程

课程名称	负责人	主持单位	开课平台
工程制图	田凌	清华大学	学堂在线
中国建筑史	王贵祥	清华大学	edx
理论力学	高云峰	清华大学	学堂在线
有限元分析与应用	曾攀	清华大学	edx

（续）

课程名称	负责人	主持单位	开课平台
水力学	李玲	清华大学	学堂在线
土木工程施工原理	徐伟	同济大学	爱课程
工程项目管理	丁士昭	同济大学	爱课程
风景园林景观规划设计基本原理	刘滨谊	同济大学	爱课程
城市总体规划	彭震伟	同济大学	爱课程
结构力学	陈朝晖	重庆大学	爱课程
材料力学	甄玉宝	哈尔滨工业大学	爱课程
理论力学	孙毅	哈尔滨工业大学	爱课程
理论力学	鲁丽	西南交通大学	爱课程
材料力学	龚晖	西南交通大学	爱课程
结构力学（一）	罗永坤	西南交通大学	爱课程
高速铁路工程	易思蓉	西南交通大学	爱课程
高速铁路桥梁与隧道工程	王英学	西南交通大学	爱课程
高速铁路概论	彭其渊	西南交通大学	爱课程

四、国家级一流本科课程

国家级一流本科课程的总体目标是全面开展一流本科课程建设，树立课程建设新理念，推进课程改革创新，实施科学课程评价，严格课程管理，立起教授上课、消灭"水课"、取消"清考"等硬规矩，夯实基层教学组织，提高教师教学能力，完善以质量为导向的课程建设激励机制，形成多类型、多样化的教学内容与课程体系。2019年"双万计划"国家级一流本科课程的建设类型有线上一流课程、线下一流课程、线上线下混合式一流课程、虚拟仿真实验教学一流课程与社会实践一流课程共五种（见表3-7）。

表3-7　国家级一流课程的建设内容

课程类别	描　述
线上一流课程	主要指国家精品在线开放课程，突出优质、开放、共享，打造中国慕课品牌。完成4000门左右国家精品在线开放课程认定，构建内容更加丰富、结构更加合理、类别更加全面的国家级精品慕课体系
线下一流课程	主要指以面授为主的课程，以提升学生综合能力为重点，重塑课程内容，创新教学方法，打破课堂沉默状态，焕发课堂生机活力，较好发挥课堂教学主阵地、主渠道、主战场作用。认定4000门左右国家级线下一流课程
线上线下混合式一流课程	主要指基于慕课、专属在线课程或其他在线课程，安排20%～50%的教学时间实施学生线上自主学习，与线下面授有机结合，开展翻转课堂、混合式教学，打造混合式"金课"。大力倡导基于国家精品在线开放课程应用的线上线下混合式优质课程申报。认定6000门左右国家级线上线下混合式一流课程
虚拟仿真实验教学一流课程	主要着力解决真实实验条件不具备或实际运行困难，涉及高危或极端环境，高成本、高消耗、不可逆操作、大型综合训练等问题。完成1500门左右国家虚拟仿真实验教学一流课程认定，形成专业布局合理、教学效果优良、开放共享有效的高等教育信息化实验教学体系

（续）

课程类别	描　　述
社会实践 一流课程	主要是以培养学生综合能力为目标，通过"青年红色筑梦之旅""互联网＋"大学生创新创业大赛、创新创业和思想政治理论课社会实践等活动，推动思想政治教育、专业教育与社会服务紧密结合，培养学生认识社会、研究社会、理解社会、服务社会的意识和能力，认定1000门左右国家级社会实践一流课程

第三节　创新创业类通识课程

2012年，教育部高教司下发了《普通本科学校创新创业教育教学基本要求（试行）》的通知文件，教育部统一编写了《创业基础课程教学大纲（试行）》，这标志着我国大学生双创教育课程进入了有明确规范可依的发展阶段。创新创业类通识课程是大学生素质教育重要课程群，部分高校认为，创新创业类通识课程是素质教育必修课程。因此，部分高校要求学生修满2学分创新创业类通识课程必修或选修学分，课程开设方式有面授和慕课两类。

一、概述

创新创业类通识课程涵盖创新创业类理论课、创新创业实践类课程。创新创业类理论课是指创新创业基础理论、创新中的思维与方法、创新与创业能力、创新与创业精神、创意开发、创新管理、创业基础等课程。该类课程包括以新业态、新方法、新思路、新模式解决各领域的技术问题、社会问题、环境问题、能源问题、教育问题，前沿科学技术成果在各领域的应用等。创新创业实践课程是指设计性、综合性与创新性实验，大学生创新创业训练计划，学科竞赛，创新创业大赛等创新实践活动。踏入校园的大学生，朝气蓬勃，充满激情和梦想，在低年级通识类课程中开设创新创业类课程，可激发学生创新意识，启迪创新思维，植入创业基因，为后续专业课程学习和实践储备知识和能量。

我国创新创业通识课线上教育资源丰富，学生可在爱课程、超星雅尔等网络课程平台上自主学习走进创业、职业与创业胜任力、创业工程实践等优质创新创业类通识课程（见表3-8）。表3-9是南京邮电大学赵波教授主讲的创新与创业管理课程教学内容。表3-10是大连理工大学冯林教授开设的脑洞大开背后的创新思维课程的教学内容。

表3-8　创新创业类通识课程

课程名称	主持教师	课程获批学校	开放平台
职业与创业胜任力	费俊峰	南京大学	爱课程
走进创业	王自强	南京大学	爱课程
创践——大学生创新创业实务	乔宝刚	中国海洋大学	智慧树
创客培养	高云峰	清华大学	学堂在线
创业启程	陈劲	清华大学	学堂在线
创办新企业	高建	清华大学	学堂在线
大学生职业能力拓展	邢朝霞	哈尔滨工业大学	爱课程

（续）

课程名称	主持教师	课程获批学校	开放平台
创新工程实践	张海霞	北京大学	智慧树
职业探索与选择	金蕾莅	清华大学	学堂在线
创新中国	顾骏、顾晓英	上海大学	超星尔雅
大学生创业基础	吴满琳、宇振盛	上海理工大学	智慧树

表 3-9 创新与创业管理教学内容

序号	章节	教学内容
1	创新与创业活动	了解创新创业的意义、创业活动的内在规律及创业活动的独特性、创业的各种类型；掌握创业过程中的重要问题
2	创业者与创业机会	了解创业类型、创业机会的界定与识别、创业者的共同特征、创业伦理与社会责任的重要性；掌握创业机会的来源、理解创业机会识别和影响因素
3	资源运用及可行性分析	了解资源基础理论、组织可行性和财务可行性的内容和方法、创业资源使用方法；掌握整合资源的一些重要方法、产品服务可行性分析的内容和方法、行业市场可行性分析的内容和方法
4	组建创业团队	了解创业团队对创业的重要性、创业团队的构成、初创企业的特点；掌握创业团队组建中的各种问题、创业管理过程中经常遇到的问题、创业团队冲突及其管理
5	设计商业模式	了解商业模式、标准商业模式和破坏性商业模式的概况；掌握商业模式的关键模块和要素，学会利用工具构建商业模式
6	撰写创业计划书	了解创业计划书的撰写原则、创业计划书针对的群体和呈现方法；掌握创业计划书的基本结构、框架和内容
7	创业融资	了解主要的融资渠道；理解融资对于创业的重要性；掌握创新性的融资途径、融资过程及其选择策略
8	新企业建立与管理	了解新创企业的各种法律问题、新创企业缺陷及获得合法性的途径、新创企业的一些重要管理问题、新创企业的成长模式；掌握特许经营的特点、新创企业成长管理的重点

表 3-10 脑洞大开背后的创新思维教学内容

序号	章节	教学内容
1	导论	课程简介、困惑与思考、什么是创造、创造相关概念、创造学、创造力及其构成、创造力测评
2	创造性思维	创造性思维概念、创造性思维特征、什么是思维定式、思维定式类型、突破思维定式
3	方向性思维	发散思维与收敛思维、正向思维与逆向思维、横向思维与纵向思维
4	形象思维	形象思维及特点、想象思维、联想思维、直觉思维、灵感思维
5	头脑风暴法	头脑风暴概述、头脑风暴原则及规则、圆桌讨论、头脑风暴实施程序
6	设问法	学会提问、奥斯本检核表法、和田十二法
7	列举法	列举法概述、属性列举法、希望点列举法、缺点列举法、成对列举法、综合列举法
8	思维导图	思维导图概述、思维导图绘制、思维导图赏析
9	组合法	组合法概述、常见的组合方法、形态分析法、信息交合法和主体附加法、分解法
10	六顶思考帽	水平思考法、六顶思考帽的特征、六顶思考帽的应用
11	TRIZ	TRIZ 的由来、TRIZ 理论的体系结构、TRIZ 的理论专利等级划分、技术系统进化 S 曲线、物理矛盾及其解决原理、技术矛盾及其解决原理、案例分析

大连理工大学冯林教授主讲的创造性思维与创新方法、暨南大学张耀辉教授主讲的创业基础等优秀精品课示范课程点击率高，深受学生喜爱。西南交通大学张祖涛教授主讲的大学生科技创新课程之交通科技大赛、大学生科技创新课程之节能减排大赛、大学生科技创新课程之"互联网＋"大赛等系列课程，力图通过大赛主题、学生组队、比赛创意、方案设计、作品实现、方案优化、作品展示、网评决赛、国赛答辩、成果保护等方面提高大学生科技创新能力。万学教育集团主导研发的 CVC 大学生创新创业课程体系，内容包括基础课程、标准课程、高阶课程、深度教育与孵化系统。基础课程共 16 个学时。该课程基于系统理论框架，应用先进实训模型，帮助大学生激发创新创业精神，迅速认知创业关键环节，高效培育创业核心能力，从而在精彩与挑战并存的创业路上，顺利扬帆启航。

二、创新创业类通识课程教学示例

本小节以贵州师范大学创意思考与实践课程为例，系统介绍课内理论教学和第二课堂实践教学。

（一）课程简介

创意思考与实践为校级创新创业类通识选修课，共 32 学时，2 个学分，面向全校各专业本科生开设。同时，在课外时间开设了第二课堂，指导学生参加中国国际"互联网＋"大学生创新创业竞赛、全国大学生节能减排社会实践与科技竞赛等学科竞赛，大学生创新创业训练项目的实践教学活动。在此基础上，本课程教学内容包括理论教学和第二课堂的实践教学，采用以学生为中心的互动教学模式。

1. 理论课

第一模块：导论。

第二模块：如何让思考产生创意。

第三模块：思维导图。

第四模块：TRIZ 理论简介。

第五模块：创新创业训练——模拟。

第六模块：创新创业训练——课外实践（选修）。

2. 第二课堂实践教学

1）指导学生参加中国国际"互联网＋"大学生创新创业竞赛。

2）指导学生参加全国大学生节能减排社会实践与科技竞赛。

3）指导学生参加国家级省级大学生创新创业训练计划项目等。

（二）课程大纲

课内总学时：32 学时（2 学分，理论教学 16 学时，课内实践 16 学时）。

课外实践学时：64 学时。

适用专业与先修课程：不限。

1. 课程的性质、目的与任务

创意思考与实践课程为创新创业类校级通识选修课。通过本课程的学习，学生逐步掌握创意思考的基础理论知识，熟练使用思维导图工具辅助他们进行创意思考，初步了解并应用"发明问题解决方法 TRIZ"解决创新创业训练过程中的一些问题，模拟中国国际"互联网＋"大学生创新创业大赛、全国大学生节能减排社会实践与科技竞赛等学科竞赛，把学生置身于真实问题的情境之中，在学生头脑中植入创新创业的"种子"。本课程在课外时间开设了"第二课堂"，通过大学生创新创业训练项目和学科竞赛等课外实践活动，为"科研兴趣小组"完成课题提供必要的研究条件和指导；学生则通过参加中国国际"互联网＋"大学生创新创业竞赛等学科竞赛解决实际工程问题，从而激发探索热情，培养学生的创新意识、创新人格和创新能力，提升本科生解决实际问题的能力和创新创业能力等综合素质。

2. 教学进程安排

本课程的教学进程安排见表3-11，其中，第一模块至第五模块为必修内容，第六模块为选修内容。

表 3-11　教学进程安排

序号	章节名称	课内教学安排			课外学习安排	
		课堂教学学时	实践学时	总学时	课外学习时数	检查评价方式
1	第一模块：导论	2	2	4	4	作业
2	第二模块：如何让思考产生创意	4	4	8	8	作业
3	第三模块：思维导图	2	2	4	4	作业
4	第四模块：TRIZ 理论简介	4	4	8	8	作业
5	第五模块：创新创业训练——模拟	4	4	8	8	作业
6	第六模块：创新创业训练——课外实践	0	0	0	64	创新创业训练成果

3. 教学内容与要求

（1）第一模块导论

1）教学目标　通过理论教学，学生了解本课程的主要内容、授课模式和学习方法，理解思考的概念、思考的方法和创新的逻辑路径。通过实践教学，学生初步体验"解决问题模式"的方法。

2）教学重点和难点。教学重点：什么是思考、思考的方法；教学难点：创新的逻辑路径。

3）教学内容和要求。

① 了解本课程的主要内容、授课模式和学习方法。

② 了解什么是思考。

③ 理解思考的方法。

④ 熟悉创新的逻辑路径。

⑤ 实战，通过创意思考训练，初步体验"解决问题的模式"，提高解决问题的效率。

4）作业。在中国国际"互联网＋"大学生创新创业官网上查阅一项作品，你认为该作品的创新点是什么？该作品突破了哪些思维定式？从中可以获得哪些启发？

（2）第二模块如何让思考产生创意

1）教学目标。理论教学和实践教学，一是使学生掌握奥斯本检核表法和5W2H法两种典型的设问性创新方法，二是通过学习和实践头脑风暴法，使学生熟悉头脑风暴法的原理和特点，并掌握头脑风暴法的基本原则和实施程序，能够应用该方法产生新观念、激发新设想。

2）教学重点和难点。教学重点是奥斯本检核表法、头脑风暴法；教学难点是头脑风暴法的应用。

3）教学内容和要求。

① 掌握奥斯本检核表法。

② 熟悉 5W2H 法。

③ 理解头脑风暴法的原理。

④ 理解头脑风暴法的基本原则。

⑤ 掌握头脑风暴法的实施程序。

⑥ 实战，通过训练熟练掌握奥斯本检核表法、5W2H 法和头脑风暴法。

4）作业。简述头脑风暴法的基本程序和影响因素。

（3）第三模块思维导图

1）教学目标。理论教学和实践教学，使学生了解思维导图的概念，掌握思维导图的绘制规则和绘制流程，能够熟悉使用思维导图软件开展创造性思维训练、记笔记和制定计划等，从而充分调动左右脑的机能，开启大脑的无限潜能。

2）教学重点和难点。教学重点是思维导图的绘制规则和绘制流程；教学难点是使用思维导图整理课程知识点。

3）教学内容和要求。

① 了解思维导图简介。

② 掌握思维导图的绘制规则。

③ 掌握思维导图的绘制流程。

④ 理解思维导图的绘制误区。

⑤ 掌握用思维导图软件绘制思维导图。

⑥ 实战，通过训练掌握思维导图的绘制及其应用。

4）作业。

① 阅读东尼·博赞"思维导图"全系列图书（《思维导图》《快速阅读》《超级记忆》《启动大脑》《学习技巧》）的内容提要和目录。

② 自学一款思维导图软件，并绘制一幅思维导图。

（4）第四模块 TRIZ 理论简介

1）教学目标。理论教学和实践教学，使学生初步理解 TRIZ 理论的基本思想、理论体系、技术进化曲线和矛盾解决原理等基本知识，并能够应用该理论解决实际工作中遇到的一些新问题，有效提升学生的创新能力和迅速解决各行各业技术和管理难题的能力。

2）教学重点和难点。教学重点是 TRIZ 理论的理论体系及其解题思想；教学难点是矛盾及其解决原理。

3）教学内容和要求。

① 了解 TRIZ 理论的由来。

② 理解 TRIZ 理论的基本思想。

③ 熟悉 TRIZ 理论的体系结构。

④ 了解专利等级划分。

⑤ 理解技术进化曲线。

⑥ 掌握矛盾及其解决原理。

⑦ 实战，通过训练进一步熟悉 TRIZ 理论的解题方法。

4）作业。检索一个 TRIZ 理论的应用案例，以思维导图的形式呈现。

（5）第五模块创新创业训练——课外实践

1）教学目标。理论教学和实战模拟，使学生熟悉中国国际"互联网＋"大学生创新创业大赛、全国大学生节能减排社会实践与科技竞赛等学科竞赛的规则，能够综合应用本课程所学理论知识参加创新创业活动，从而培养他们的创新精神、创业意识和创新创业能力。

2）教学重点和难点。教学重点是中国国际"互联网＋"大学生创新创业大赛、全国大学生节能减排社会实践与科技竞赛；教学难点是商业计划书的撰写。

3）教学内容和要求。

① 了解学科竞赛种类。

② 熟悉全国大学生节能减排社会实践与科技竞赛规则。

③ 熟悉中国国际"互联网＋"大学生创新创业大赛规则。

④ 模拟实战，通过训练进一步熟悉全国大学生节能减排社会实践与科技竞赛规则和中国国际"互联网＋"大学生创新创业大赛的竞赛规则。

4）作业。在挑战杯全国大学生课外学术科技作品竞赛官网查阅一项作品，你认为该作品的创新点是什么？

（6）第六模块创新创业训练——课外实践

1）教学目标。在贵州师范大学校级开放平台创新创业基地开辟第二课堂，为科研兴趣小组完成一项课题提供必要的研究条件和指导。学生通过参加大学生创新创业训练计划项目和学科竞赛逐步提高解决实际工程问题的能力和创新创业能力。

2）教学重点和难点。教学重点是中国国际"互联网＋"大学生创新创业大赛、全国大学生节能减排社会实践与科技竞赛和大学生创新创业训练项目；教学难点是中国国际"互联网＋"中国大学生创新创业大赛。

3）教学内容和要求。

① 掌握大学生创新创业训练项目。

② 掌握中国国际"互联网＋"大学生创新创业大赛。

③ 掌握全国大学生节能减排社会实践与科技竞赛。

④ 其他学科竞赛，如全国混凝土 3D 打印创新大赛和全国大学生混凝土材料设计大赛等。

4）作业。在学校创新创业基地、创客空间、开放实验平台参加创新创业实践活动，参加一项大学生创新创业训练项目或一项学科竞赛。

（三）学习过程记录和考核要求

（1）课内教学

1）平时成绩包括在线学习、课堂互动、作业和出勤成绩等。

2）期末提交一份创新创业模拟训练成果。

3）总成绩由平时成绩和创新创业训练模拟训练成果两部分组成，平时成绩占 40%，创新创业训练模拟训练成果成绩占 60%。

（2）课外实践教学　课外实践教学成绩为各个学生科研团队在科研基金项目或学科竞

赛中获得的奖项或成果，学生可按照"贵州师范大学创新创业教育项目学分计算一览表（试行）"的相关规定申请素质拓展创新创业学分（见表 2-21～表 2-25）。

（四）教学条件建设

课程基于建构主义学习理论制定了实施方案和技术路线，利用超星学习通平台完成了创意思考与实践在线课程（https：//mooc1－1.chaoxing.com/course/205100478.html）的建设，已具备了开展线上线下混合式教学或翻转课堂教学的条件。同时，基于以往创新创业实践教学经验，课程开辟了第二课堂，可以为学生的创新创业训练提供实践平台和专业指导。

（五）课外阅读资料

1）克里斯·格里菲斯，创意思维手册，机械工业出版社，2020。

2）东尼·博赞，思维导图全系列，化学工业出版社，2015。

3）阿奇舒勒，寻找创意：TRIZ 入门，科学出版社，2013。

4）王滨，大学生创新实践，高等教育出版社，2017。

5）冯林，张葳，批判与创意思考，高等教育出版社，2015。

6）全国大学生创业服务网，http：//cy.ncss.org.cn/。

7）全国大学生节能减排社会实践与科技竞赛官网，http：//www.jienengjianpai.org/Default.asp。

8）挑战杯全国大学生课外学术科技作品竞赛，http：//www.tiaozhanbei.net/。

第四节　土木工程专创融合课程

教育由学科专业单一型向多学科融合型转变，创新创业教育生态链体现了多学科和跨学科相互渗透特征。创新创业教育与专业教育要各展所长、相辅相成，以整体目标去调适各要素之间的关系。通过开设跨学科的交叉融合课程，激发创意思维、培养创新意识，促进专业知识与创新创业知识的耦合。教师在授课时将创新方法、创新思维融入课程教学中。本节以土木工程材料课程示例，课程教学中打通课程理论教学、实验教学、学科竞赛、大学生科研项目的通道，专创融合开展课程教学改革。

一、课程教学改革理念

土木工程材料与双创教育的融合是通过优化教学内容，改革教学模式和考核方法等，将双创教育理念和双创教育环节有机融入、深度嵌入课程体系，旨在提升学生应用所学解决问题的能力和创新能力。授课模式实现了以教师为中心的单向灌输模式向以学生为中心的互动教学模式转变，促进了学生以学习知识为本向解决实际工程问题和提升创新能力为本的转变。

土木工程材料专创融合课程教学实施时间遵循"三原则＋五融合"，实现课堂教学向实验教学、学科竞赛和课外科技创新活动三个环节延伸，充分调动学生对专业课程学习的积极性，将培养学生创新能力的目标落到实处。

（一）三原则

1）土木工程材料课程为主的原则。

2）创造思维与土木工程材料课程深度结合的原则。

3）土木工程材料教学中实践创新能力培养的原则。

（二）五融合

1）从双创教育的视角讲解土木工程材料授课内容。建筑石灰、建筑石膏、水泥、混凝土、建筑砂浆、建筑钢材、砌筑材料和沥青等是本课程所授的主要内容，这些材料均经历过从创造到创新的迭代过程，其中不乏创新元素，均为极好的双创教育案例。因此，课程可以从双创教育的视角讲解土木工程材料授课内容，有机地将专业教育和双创教育进行融合。

2）双创教育理念深度嵌入教学内容的讨论环节。理论课不再使用以教师为中心的单向灌输模式，而是采用了以学生为中心的互动教学模式。课前，学生在线学习微课或阅读教师推荐的文献资料；课中，教师只讲解最根本、最核心的内容，引导学生分组讨论，讨论内容为典型的大学生创新创业项目或学科竞赛项目或真实的工程问题或某种土木工程新材料。课后，学生阅读教师推荐的文献资料或开展第二课堂。

3）传之工具授之方法。为了遵循土木工程材料课程为主的原则，教学团队建设的创意思考与实践这一创新创业类在线课程，为学生课后学习如下两类基本工具或方法提供了便利条件，学生也可以选择该课程进一步深入学习创新方法。

第一类，对本课程进行研究性学习的基本工具或方法。主要有：利用图书馆检索文献，NoteExpress 或 EndNote 参考文献管理器的使用，文献综述的写法，Matlab、SPSS、Origin 等数学工具，Setting goals and objectives 和 Monthly progress monitor 设定研究目标并进行月进度检查，学术论文和专利的撰写方法等。

第二类，创新方法。主要有：TRIZ 理论、奥斯本检核表法、5W2H 方法、头脑风暴法和思维导图等。

4）开发面向专业能力及创新创业能力培养的实践教学项目。实践教学内容包括水泥技术性质检验、水泥胶砂强度检验、混凝土骨料技术性质检验、影响混凝土和易性的因素研究和混凝土材料设计大赛。课程的教学内容均源自真实的工程项目或科研项目，实验前由指导教师简要地介绍试验原理、所用的仪器设备及实验中应注意的问题，试验时指导和帮助学生在真实问题的环境中主动探索和主动发现，学生在课后及时、独立完成实验报告的编写工作，从而培养学生解决际工程问题的能力、创新能力和综合素质。

5）第二课堂。在理论教学和实验教学的基础上，通过指导学生参加校级、省级和国家级大学生创新创业训练计划项目、中国国际"互联网＋"大学生创新创业大赛、全国大学生节能减排社会实践与科技竞赛和全国大学生混凝土材料设计大赛等，为学生创设真实问题的情境，开辟了课程教学的第二课堂。学生在立项后充分利用学校专业实验室、实训中心、图书馆等资源，在指导教师和同学的协作下做项目，提升解决实际工程问题的能力和创新创业能力。

二、课程教学大纲

（一）学时与学分

3 学分，48 学时（理论课 2 学分，32 学时，实验课 1 学分，16 学时）。

（二）适用专业与先修课程

适用专业：土木工程、工程管理、工程造价、建筑学。

先修课程：土木工程概论、土木工程制图。

（三）课程简介

土木工程材料是土木工程专业必修课的专业基础课，它与公共基础课及专业课程紧密衔接，起着承上启下的作用，是学习后续课程和将来从事土木工程设计、施工、科研和管理等专业技术工作的基础。本课程主要内容包括：土木工程材料的基本性质、建筑钢材、气硬性胶凝材料、水硬性胶凝材料、水泥混凝土、建筑砂浆、砌筑材料、沥青材料和实验教学等。本课程既要为学生将来解决工程中的实际问题提供一定的基本理论知识和实验技能，也要为学生学习专业课提供必要的基础知识。

（四）课程目的与任务

本课程的教学目的在于使学生掌握土木工程材料的性质、用途、制备和使用方法以及检测和质量控制方法，并了解工程材料性质与材料结构的关系，以及性能改善的途径。通过本课程的学习，应能针对不同工程合理选用材料、并能与后续课程密切配合，了解材料与设计参数及施工措施选择的相互关系。

本课程是理论密切联系实践的工程类课程，以理论和实验分析的方法研究土木工程材料，通过课堂教学，结合现行的技术标准，以土木工程材料的性能及合理使用为中心，进行系统讲述，使学生对各种土木工程材料的性能、生产工艺、使用特点及其适用范围能够有深入的了解和掌握，并利用材料理论的先进性与应用的技能性，培养学生的创新能力。同时本课程还将与后续的实验有机结合，通过实验设计与实验操作验证基本理论，学习实验方法，培养学生分析解决问题的能力和严谨的科学态度，并为今后从事专业技术工作能够合理选择和使用土木工程材料夯实基础。并在此基础上培养学生的发散性思维、批判性思维和创造性思维。

（五）课程教学条件建设

1. 教材选用与建设

课程采用了普通高等教育"十一五"国家级规划教材《建筑材料》（第7版），该书为高等学校水利类专业规范核心课程教材，由武汉大学的方坤河教授和何真教授主编。该教材主要讲述了工业与民用建筑工程、道路工程、水利水电建设工程、水运工程中常用的各种建筑材料的成分、生产过程、技术性质、质量检验、使用及运输保管等的基本知识，其中以技术性质、质量检验及合理使用为重点。该教材自1979年第1版出版以来，经过不断地修订，形成了鲜明的特色，主要有：

1）内容紧跟土木工程材料的发展，引入新型墙体材料、预拌砂浆和新型外加剂等内容，大量增加工程建设中所应用的新材料与新发展成果的介绍，引入新规范和新成果的应用效果，使教材尽可能反映国内外工程建设的新成果和新进展。

2）强化学生工程能力培养，教材凸显系统性、实用性和应用性，力争理论与实践相结合、方法与实例相结合，图表清晰，图文结合，方便学习使用。

2. 网络资源建设

为方便教师和学生开展线上教学活动，课程教学团队在"超星学习通"上建设了土木工程材料在线课程（网址：https：//mooc1 - 2. chaoxing. com/course/204235934. html）和土木工程材料实验在线课程（网址：https：//mooc1 - 2. chaoxing. com/course/204515680. html）。课程的网络资源主要有：土木工程材料课件、土木工程材料实验课件、土木工程材料微课、土木工程材料实验微课、土木工程材料试题库、双创教育案例等。

2019—2020学年第一学期，教学团队采用线上线下混合式教学模式对2018级土木工程专业的80位学生开展了教学活动，取得了良好的教学效果。目前课程网站运行情况良好，实现了课程资源的免费开放和共享，具有一定的示范辐射作用。

3. 实践教学建设

（1）实践教学条件建设 贵州师范大学拥有通过国家计量认证的工程材料研究所、分析测试中心、建筑材料实验室等，且具备了开展本课程实践教学的基本仪器设备，如全自动水泥压力试验机、全自动混凝土压力试验机、万能材料试验机、水泥净浆搅拌机、水泥胶砂搅拌机、水泥胶砂振实台、混凝土 3D 打印机、电子显微镜、混凝土干缩测试仪、混凝土绝热温升仪、混凝土抗渗仪、混凝土含气仪、砂浆稠度仪、砂浆含气仪、水泥混凝土标准养护室和恒温室等。而且学校同贵州省国家级新材料研究开发基地签署有长期合作协议，在科研仪器、信息技术、人力资源等方面能够共享，也可以用于课程的实践教学活动。此外，学校还与中建西部建设贵州有限责任公司、贵州源隆新型环保墙材有限公司等一些有影响力的建材企业建立了校外实习基地，校内外教学基地的结合与互补，全面提高了实践教学水平，极大地丰富了本课程实践教学资源。上述优质的实践教学资源也吸引了贵州省建设厅和贵州省预拌混凝土行业协会在实验室多次开展了"贵州省预拌混凝土试验员实操培训"，提升了贵州省预拌混凝土试验员的专业素养和实践能力。

（2）实践教学实施 课程将实验教学分为验证性实验、综合性实验、研究性实验和创新性实验四个层次。原来的验证性基础实验已提升为综合性实验，学生在查阅资料、自主设计实验方案的基础上方可完成。综合性实验和研究性实验在教学计划学时内完成，旨在培养学生的基本实验技能、巩固和加深对所学理论知识的理解，并培养学生分析问题和解决的能力。创新性实验在第二课堂开展，教学团队指导一部分学生开展大学生创新创业训练项目和学科竞赛（如中国国际"互联网＋"大学生创新创业大赛、全国大学生节能减排社会实践与科技竞赛和全国大学生混凝土材料设计大赛等），旨在培养学生的科研能力和创新能力，为学生将来的深造打下良好的基础。

（六）教学进程

课程的教学进程相关安排见表 3-12 ～表 3-14。

表 3-12　教学进程安排

序号	教学内容	授课学时	备注
1	理论教学	32	理论教学进程详见表 3-13
2	实践教学	20	实践教学进程详见表 3-14
3	第二课堂	课外实践教学时间	第二课堂教学进程详见表 3-14

表 3-13　理论教学进程安排

序号	章节名称	课内教学安排			课外学习安排	
		课堂教学学时	实验（上机）学时	总学时	课外学习时数	检查评价方式
1	绪论	1		1	1	在线学习、笔记、课堂互动、作业、期末考试成绩一起作为综合成绩评定的依据
2	第一章　土木工程材料的基本性质	3		3	3	
3	第二章　建筑钢材	2		2	2	
4	第三章　无机胶凝材料	8		8	8	
5	第四章　水泥混凝土	12		12	12	
6	第五章　建筑砂浆	2		2	2	
7	第六章　砌筑材料	2		2	2	
8	第七章　沥青材料	2		2	2	
	合计	32		32	32	

表 3-14　实践教学进程安排

教学内容		学时	实验性质				成果
			验证	综合	研究	创新	
实验一	水泥技术性质检验：细度、标准稠度用水量、凝结时间、体积安定性	2		√			检验报告 汇报（3分钟） 答辩（2分钟）
实验二	混凝土骨料技术性质检验：颗粒级配、视密度、堆积密度及空隙率	2		√			检验报告 汇报（3分钟） 答辩（2分钟）
实验三	水泥胶砂强度检验：试件的成型、拆模、养护、抗压强度、抗折强度	2		√			检验报告 汇报（3分钟） 答辩（2分钟）
实验四	混凝土和易性的影响因素研究：混凝土和易性研究（研究不同因素对混凝土和易性的影响）	2			√		研究报告 汇报（3分钟） 答辩（2分钟）
实验五	混凝土材料设计大赛：配合比设计、成型、和易性、表观密度、拆模、养护、抗压强度、PPT答辩	8				√	研究报告 PPT（限15页） 视频（限1分钟）
实验六（选做）	砂浆配合比设计：配合比设计、流动性、保水性、成型、拆模、养护、抗压强度、PPT答辩	4		√			研究报告 汇报（3分钟） 答辩（2分钟）
第二课堂	1　大学生创新创业训练项目	课外实践教学时间				√	研究报告、获奖、学术论文和专利等
	2　中国国际"互联网＋"大学生创新创业大赛						
	3　全国大学生节能减排社会实践与科技竞赛						
	4　全国混凝土3D打印创新大赛						
	5　全国大学生混凝土材料设计大赛						
	6　其他						

注：实践教学内容可根据不同的专业要求适当调整。

（七）教学内容与要求

1. 绪论

（1）教学目标　掌握土木工程材料的定义、分类；了解土木工程材料与建筑、结构、施工、预算的关系及其在国民经济建设中的地位和土木工程材料的现状及发展；熟悉土木工程材料课程的研究性学习方法。

（2）教学重点和难点　土木工程新材料的发展方向。

（3）教学内容和要求

1）掌握土木工程材料的分类、产品标准的划分。

2）了解课程的内容、特点和学习方法。

3）了解土木工程材料在国民经济建设中的作用，土木工程材料的历史、现状、发展及工程中广泛应用的部分新型材料的发展方向。

（4）课外阅读资料　在中国知网（CNKI）等数据库检索土木工程材料相关文献，了解土木工程材料的前沿发展动态。

（5）作业　自主学习中国知网电子资源的使用方法，重点掌握 CNKI 检索技巧。在 CNKI 数据库中检索土木工程材料相关的文献 10 篇，并阅读摘要。

2. 第一章土木工程材料的基本性质

（1）教学目标　通过材料基本性质的学习，要求了解材料科学的一些基本概念，并掌握材料各项基本力学性质、物理性质、化学性质、耐久性等材料性质的意义，以及它们之间的相互关系和在工程实践中的意义。

（2）教学重点和难点　重点是土木工程材料的基本物理性质与力学性质；难点是体积密度、密度、表观密度、堆积密度、空隙率、强度、耐水性、抗渗性准确计算。

（3）教学内容和要求

1）了解土木工程材料的组成和结构、结构构造与材料基本性质的关系。

2）掌握土木工程材料的基本物理性质。

3）掌握土木工程材料的基本力学性质。

4）掌握土木工程材料耐久性的测定。

（4）课外阅读资料　在中国知网等数据库检索土木工程材料基本性质的相关文献。

（5）作业　自主学习参考文献管理器（NoteExpress 或 EndNote）的基本使用方法，收集和整理土木工程材料耐久性相关的文献资料至少 10 篇。

3. 第二章建筑钢材

（1）教学目标　掌握建筑钢材的力学性能和工艺性能，理解化学元素对钢材性能的影响，并熟悉工程中钢材工作的条件及选用要求、低合金钢的性能特点及应用、热轧钢筋的分级及用途。

（2）教学重点和难点　重点是建筑钢材的力学性能和工艺性能，化学元素对钢材性能的影响；难点是钢材的技术性质（抗拉性能、冲击韧性和冷弯性能）。

（3）教学内容和要求

1）了解建筑钢材的分类，钢材的微观结构及其与性质的关系。

2）掌握建筑钢材的力学性能和工艺性能、测定方法及影响因素。

3）理解化学元素对钢材性能的影响。

4）熟悉建筑钢材的牌号、强化机理及强化方法与应用。

5）掌握土木工程中常用钢材的分类及其选用原则。

（4）课外阅读资料　在中国知网等数据库检索建筑钢材的相关文献。

（5）作业　自主学习教材中关于钢材的腐蚀与防护的相关内容，了解钢材腐蚀机理和常见的防护措施。

4. 第三章无机胶凝材料

（1）教学目标　掌握石灰的熟化和硬化，理解过火石灰的危害和石灰的陈伏；理解硅酸盐水泥的矿物组成与特性、水化产物、凝结、硬化，以及水泥石的结构；掌握硅酸盐水泥的细度、标准稠度用水量、凝结时间、体积安定性、强度等级和水化热等的技术性质；熟悉普通硅酸盐水泥的性质和应用。在此基础上，学生能够初步分析一些工程问题。

（2）教学重点和难点　重点是石灰的熟化和硬化，硅酸盐水泥的矿物组成、水化产物和水泥石的结构，硅酸盐水泥的细度、标准稠度用水量、凝结时间、体积安定性、强度等级、水化热等的技术性质。难点是硅酸盐水泥的技术性质、性能与应用。

（3）教学内容和要求

1）气硬性胶凝材料。

① 掌握石灰的生产工艺、熟化（消解）、硬化、技术指标及应用。

② 了解石膏的生产工艺，熟悉建筑石膏的主要用途。

③ 了解镁质胶凝材料的性能及应用。

2）水硬性胶凝材料。

① 掌握硅酸盐水泥的生产与矿物组成。

② 理解硅酸盐水泥的水化、凝结和硬化。

③ 熟悉硅酸盐水泥的主要技术性质。

④ 熟悉掺混合材的硅酸盐水泥。

⑤ 了解其他品种水泥。

（4）课外阅读资料

1）袁润章，胶凝材料学，武汉理工大学出版社，1996。

2）在中国知网等数据库检索气硬性胶凝材料和水硬性胶凝材料的相关文献。

（5）作业

1）磷石膏是磷化工企业采用湿法工艺，在磷酸生产中用硫酸处理磷矿时产生的固体废渣，其主要成分为二水硫酸钙。通常情况下，湿法生产 1t 磷酸就会副产 4.5～5.5t 磷石膏，环境负荷沉重。贵州省磷石膏产量位居全国第二，综合利用迫在眉睫。请为磷石膏的综合利用建言献策。请检索资料，制作 PPT 并汇报，汇报时间控制在 5 分钟之内。

2）撰写一篇读书报告，主题可以是气硬性胶凝材料，也可以是水硬性胶凝材料，题目自拟，字数不限，学会使用参考文献管理器（NoteExpress 或 EndNote）在正文中插入参考文献。

3）在中国知网上检索碱激发矿渣水泥的相关文献，重点关注激发剂及其激发机理，撰写一篇读书报告，字数不限。

4）检索"再生水泥"，了解再生水泥的生产途径和应用。制作 PPT 并汇报，汇报时间控制在 5 分钟之内。

5）水泥基新材料的研制过程中需要确定各组分和材料宏观性能之间的关系，我们可以采用试错法逐个试验。但是，传统思维方式试错法效率低下，可能经历多次失败，试验工作量较重。如何借用 TRIZ 理论找到一种有效的方法大幅度缩小探索范围，以较快地实现发明目标呢？

5. 第四章水泥混凝土

（1）教学目标　了解混凝土的分类、特点和组成材料；理解新拌混凝土和硬化混凝土的主要技术性质、影响因素和控制方法；熟悉混凝土骨料的技术性质、混凝土外加剂和混凝土掺合料；掌握混凝土配合比设计方法。在此基础上，部分学生能够应用水泥混凝土的基本理论开展绿色高性能混凝土的研究性学习，设计诸如自密实机制砂混凝土、3D 打印混凝土、透水混凝土和植生混凝土等新型混凝土材料。

（2）教学重点和难点　重点是新拌混凝土和硬化混凝土的主要技术性质，混凝土骨料的技术性质和混凝土配合比设计方法，泵送混凝土、高性能混凝土。难点是混凝土和易性和混凝土配合比设计方法。

（3）教学内容和要求

1）理解普通混凝土的主要技术性质。

2）熟悉普通混凝土的骨料及拌和、养护用水；掌握普通混凝土组成材料的品种、技术要求及选用，各种组成材料各项性质的要求、测定方法及对混凝土性能的影响。

3）掌握普通混凝土配合设计。

4）熟悉普通混凝土的组成材料、混凝土外加剂；熟悉混凝土掺合料。

5）掌握硬化混凝土的力学性质、变形性质、耐抗性质及其影响因素。

6）熟悉混凝土的质量控制。

7）了解其他品种水泥混凝土、混凝土技术的新进展及其发展趋势。

（4）课外阅读资料　在中国知网等数据库检索新型混凝土材料的相关文献。

（5）作业

1）再生骨料的生产过程中产生了大量的细粉，这些细粉可以用作混凝土掺合料吗？请在中国知网上检索相关文献，并用思维导图阐述你的理由。

2）某框架结构工程现浇钢筋混凝土梁，混凝土设计强度等级为 C30，施工要求混凝土坍落度为 50～70mm，根据施工单位历史资料统计，混凝土强度标准差 $\sigma = 5$MPa。

所用原材料情况如下：水泥是 42.5 级普通硅酸盐水泥，水泥密度为 $\rho_c = 3.10$g/cm^3，水泥强度等级标准值的富余系数为 1.08；砂是中砂，级配合格，表观密度 $\rho_{os} = 2.60$g/cm^3；石是 5～30mm 碎石，级配合格，表观密度 $\rho_{og} = 2.65$g/cm^3。请根据上述资料设计混凝土配合比。

3）和易性是指混凝土拌和物在一定的施工条件下，便于施工操作并获得质量均匀、密实混凝土的性能，包括流动性、黏聚性和保水性。工程师既希望新拌混凝土的流动性大一点，以便工人的施工操作，同时，工程师又希望它小一点，以便降低其离析泌水程度。但是，若增大混凝土拌合物的流动性，则不可避免地将降低其黏聚性和保水性。因此，混凝土拌合物的流动性既不能大又不能小。若在学习过程中遇到该难题，你将如何解决？当我们遇到"既要大，又要小"的问题时，只能采用折中方案吗？

6. 第五章砂浆

（1）教学目标　了解建筑砂浆的分类及组成材料，熟悉建筑砂浆的和易性和强度的影响因素，掌握建筑砂浆配合比的设计方法。

（2）教学重点和难点　重点是建筑砂浆的和易性和强度的影响因素，建筑砂浆配合比的设计方法，砌筑砂浆的技术性质与配合比设计。难点是砌筑砂浆配合比设计的准确计算。

（3）教学内容和要求

1）了解建筑砂浆的分类及组成材料。

2）熟悉抹面砂浆的主要品种、性能要求、配制方法及应用范围。

3）掌握砌筑砂浆的性质、组成、检测方法及其配合比设计方法。

4）掌握预拌砂浆的分类及组成材料、特点与技术要求。

5）掌握保温砂浆的分类、性能指标和适用范围。

（4）课外阅读资料　在中国知网等数据库检索建筑砂浆的相关文献。

（5）作业　采用某种低品质机制砂，根据本章基本理论知识和机制砂的特点设计一种防水砂浆。机制砂的特点请在中国知网或其他数据库中检索。

7．第六章砌筑材料

（1）教学目标　掌握砌筑材料的种类、主要技术性质和应用，部分学生能够应用土木工程材料的基本理论知识开展砌筑材料的研究性学习。

（2）教学重点和难点　重点是砌筑材料的主要技术性质；难点是建筑工程设计如何合理选用砌筑材料、砌筑材料与节能减排。

（3）教学内容和要求

1）熟悉烧结普通砖的主要技术性质及其应用。

2）了解蒸压灰砂砖、蒸养粉煤灰砖和炉渣砖等非烧结砖的技术性质及其应用。

3）掌握加气混凝土砌块和普通混凝土小型砌块的技术性质及其应用。

4）了解石材的分类、力学性质与测试方法。

5）了解新型墙体材料、建筑节能规范对砌筑材料的要求。

（4）课外阅读资料　在中国知网等数据库检索砌筑材料的相关文献。

（5）作业　请设计一种新型墙体材料，该材料应具有基本的力学性能，且具有显著的节能减排效果。请用思维导图软件绘制其技术路线图。

8．第七章沥青材料

（1）教学目标　熟悉石油沥青的组成与结构，掌握石油沥青的技术性质、工程性质及其测定方法，了解改性沥青制品及其应用。

（2）教学重点和难点　重点是石油沥青的组成与结构、石油沥青的技术性质；难点是石油沥青的物理性质、黏滞性和温度稳定性测试。

（3）教学内容和要求

1）熟悉石油沥青的组成与结构。

2）掌握石油沥青的特征常数、黏滞性、温度稳定性、延展性、黏附性、稳定性和施工安全性等，掌握延度、软化点、针入度实验测试。

3）了解石油沥青的技术标准。

4）了解石油沥青的老化原理，了解热塑性树脂改性沥青、橡胶类树脂改性沥青、共聚物改性沥青、SBS改性沥青防水卷材、APP改性沥青防水卷材等制品及其应用。

（4）课外阅读资料　在中国知网等数据库检索石油沥青再生技术的相关文献。

（5）作业　在中国知网检索"沥青老化和再生机理"的相关文献，采用思维导图软件梳理其研究成果。

9．实验教学　实验教学内容详见土木工程材料实验教学大纲。

（八）学习过程记录和考核要求

1）在线学习记录作为期末考试总成绩评定的参考依据。

2）课堂笔记纳入平时成绩，作为期末考试总成绩评定的参考依据。

3）课堂互动纳入平时成绩，作为期末考试总成绩评定的参考依据。

4）课外作业纳入平时成绩，作为期末考试总成绩评定的参考依据。

5）课程考核采用闭卷考试方式，其中平时成绩占总成绩的40%，期末考试占总成绩的60%。

（九）主要参考资料

略。

三、专创融合课程教学示例

（一）理论教学专创融合

1. 融合点

第三章无机胶凝材料，第一节气硬性胶凝材料。

2. 融合方式

1）从双创教育的视角讲解土木工程材料授课内容。

2）双创教育理念深度嵌入教学内容的讨论环节。

3. 学习目标

1）了解镁质胶凝材料的性能及应用。

2）培养学生解决问题的能力和创新能力。

4. 教学模式

以学生为中心的体验教学模式。

5. 教学设计

1）教师讲解镁质胶凝材料的性能，并指出镁质胶凝材料在工程应用中的痛点。镁质胶凝材料在工程应用中常常出现如下问题：①吸湿性大，耐水性差；②遇水或吸湿后易产生翘曲变形，表面泛霜；③强度大大降低。因此，不宜用于潮湿环境。

2）采用"头脑风暴法"课堂讨论如下两个问题：①如何提高镁质胶凝材料的耐水性？②镁质胶凝材料是一种气硬性胶凝材料，不宜用于潮湿环境，用在哪里合适呢？

头脑风暴法实施原则：一是延迟判断原则，在提出设想的阶段，只专心提出设想，而不马上进行评价和判断，以保证人们提出创意设想的持续性，保持创造思维的自由性和活跃性；二是数量－质量原则，由奥斯本在说明该原则时引用的调查结果可以发现，在同一时间内思考出 2 倍以上的设想的人，即使在同一会议中，会议后半期也可产生多达 78% 的好设想。

6. 教学成果

针对第一个问题，各小组应用本课程基础理论知识提出了一系列解决方案，如"增加涂层，与水隔绝""改善镁质胶凝材料的孔结构""降低开口孔的数量""和水硬性胶凝材料复合使用"等。还有一个小组提出了"采用外加剂改善镁质胶凝材料水化产物耐水性"的研究思路，基于该思路学生成功申请了项目"氯氧镁基 3D 打印胶凝材料工作性和力学性能研究"，并成功获批 2018 年国家级大学生创新创业训练项目。通过第二课堂的实践教学，学生科研团队已完成了研究任务，该学生团队还参加了第十二届全国大学生节能减排社会实践与科技竞赛（国家级），获三等奖。

针对第二个问题，大部分小组均提出将镁质胶凝材料用于干旱的沙漠之中，似乎再没有更好的应用场景了，但一位学生提出"月球上水分极少，何不在月球上建基地？"的设想，于是，"3D 打印月壤混凝土"项目的实践教学在第二课堂开展，并参加了第五届"互联网＋"贵州省大学生创新创业大赛，获创意组省赛银奖和最佳创意奖。

7. "3D 打印月壤混凝土"项目概况

（1）项目背景　伴随着世界科技的突破性进步，人类对自然的征服拓展到月球，征服月球对人类的可持续发展有着重大意义。在月球上建立稳固安全的月球基地尤为必要，但是月球没有空气和水，昼夜温差高达 300℃，常伴有陨石冲击，如果从地球运输建筑材料到月球表面建造月球基地，需要重型运载火箭多次发射，显然是目前不可能实现的。就地取材，即直接利用月球上的材料进行建设将是一个最好的选择，为了实现这一想法，科学家们一直在寻找合适的建筑材料。目前世界各国研制出了很多种模拟月壤，其中主要包括美国的 JSC - 1、MLS - 1、MLS - 2，日本的 MKS - 1、FJS - 1，中国科学院的 CAS - 1 和吉林大学研制的 JLU 系列模拟月壤。除了适合于月球的建筑材料外，适合于月球的建筑方式也一直备受关注。

（2）主要研究内容　项目以气硬性胶凝材料氯氧镁水泥作为新型的胶凝材料来代替普通水泥，模拟月球土壤（模拟月壤，其模拟成分与性能和月球相似），并作为建筑骨料代替砂使用。通过与现有的 3D 打印技术相结合，以实现未来月球建造就地取材的目的，为月球基地建设混凝土材料提供可靠的科学依据。

1）材料试验与分析。产品模拟月球表面土壤成分，利用最贴近月球土壤成分的吉林省靖宇地区火山灰作为主要成分，并添加石英砂、石灰石粉、金刚砂粉、漂珠等辅助材料模拟月壤。其中，材料的颗粒细度均不超过 1mm，粒径小于 0.08mm 的材料颗粒占比 60%。火山灰、石英砂粉、石灰石粉、金刚石粉的比例为 7:5:3:1。但是由于单独的模拟月壤不能当混凝土来使用，因此，本项目采用气硬性胶凝材料氯氧镁水泥代替普通水泥，加入纤维素和减水剂，与模拟月壤按照 6:4、5:5、5.5:4.5、7:3 的比例进行混合，通过验证不同配比的工作性和力学性能的优良最终确定混凝土的最佳配合比。

2）技术路径。项目对 3D 打印月壤混凝土的研发和打印系统进行了创新，并基于已有的 3D 打印技术与模拟月壤材料和氯氧镁胶凝材料进行技术融合，只需在三维建模软件的控制下，混凝土就能按照设计路径实现自我打印，无须人工振捣也能实现自密实效果。技术路径如图 3-1 所示。

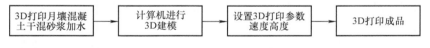

图 3-1　技术路径

（3）创新点　项目的混凝土区别于市场上普通商用混凝土，不掺入硅酸盐水泥、天然砂或机制砂，以模拟月壤作为基本建筑骨料，以氯氧镁材料作为建筑胶凝材料，模拟月球上的自然环境就地取材，打印适用于建设月球基地的建造混凝土，为人类登月、建造月球基地提供可行性参考和建筑材料。

（二）实践教学专创融合

1. 融合点

实验五：混凝土配合比设计大赛。

2. 融合方式

1）开发面向专业能力及创新创业能力培养的实践教学项目。

2）传之工具，授之方法。

3. 学习目标

1）掌握自密实机制砂混凝土配合比设计方法。

2）培养学生的实践操作能力。

3）培养学生基本的科研素养。

4）培养学生的团队精神、沟通协调能力。

5）培养学生解决问题的能力和创新能力。

4. 教学模式

以学生为中心的互动实践教学。

5. 教学设计

（1）课前

教师角色：在超星学习通发布任务和考核细则。

学生角色：自行组队、检索资料、自主深入学习自密实机制砂混凝土配合比设计方法。

任务：C35 自密实机制砂混凝土配合比设计。

工作性：坍落扩展度要求 550mm ± 20mm，黏聚性、保水性良好。

耐久性：室内正常环境下，混凝土板、墙等构件的设计使用年限为 50 年，体现有利于耐久性的原则。

生态性和经济性：体现低碳创新理念和经济性原则。

需要注意的是，与普通河砂相比，机制砂石粉含量高、颗粒级配和颗粒形貌不佳，因此采用机制砂配制自密实混凝土难度较大，同时也是实际工程应用中的一个痛点，学生还须阅读大量的文献并进行研究性学习方可实现设计目标。学生可以自主学习创意思考与实践等创新创业类在线课程中的科研工具或方法，如利用图书馆文献、NoteExpress 或 EndNote 参考文献管理器、TRIZ 理论、奥斯本检核表法、5W2H 方法、头脑风暴法和思维导图等，助力解决问题。学生也可以和教师沟通，在教师指导下掌握这些基本的科研工具和创新创业思维。

混凝土配合比设计大赛考核细则：大赛为鼓励创新思维，要求学生学习和理解现代混凝土配合比设计的新理念，方法不限，但应科学合理。而且混凝土配合比设计大赛弱化了严格按照规范的要求，鼓励学生创新设计方法，提出自己的技术路线。

1）配合比设计。

① 原材料的合理选用。主要原材料为 P·O 42.5 普通硅酸盐水泥、粉煤灰、矿渣微粉、硅灰、磨细石灰石粉、机制砂、5～10mm 和 10～20mm 两种单粒级碎石、聚羧酸系高效减水剂、引气剂、自来水等。

② 混凝土配合比设计的科学性和合理性。应同时满足强度、工作性、经济性和相应工程环境的耐久性要求。大赛鼓励机制砂和固体废弃物利用。配合比设计中选定的性能控制指标（如坍落度、坍落扩展度等）设计值将作为判断配制成功与否的重要依据。

③ 任务书完成的书面表达质量，如规范性、完整性、表达合理性和准确性、理论设计结果的分析与评估等。

2）实践操作。实践操作部分主要考核学生操作的规范性、严谨性、熟练程度、配合比调整能力、测试结果与设计的相符性等指标。主要考核原材料称量、混凝土拌和、工作性指标（坍落度、坍落扩展度）、配合比调整等操作和性能测试结果。实践操作中，现场评委将根据选手的表现按评分要点逐项打分，选手的学风、赛风、作风等非技术表现也在考核之列。

3）答辩。每组的答辩时间为 10min，其中汇报时间为 7min，答辩时间为 3min。评委将根据作品的科学性（技术方案的合理程度）、创新性、作品的完善程度、团队精神及学生的综合能力打分。

（2）课中

学生角色：分组讨论，初步确定混凝土配合比；试拌调整，测试 C35 自密实混凝土的坦落度和坦落扩展度等工作性能，确定基准配合比；整理和分析实验数据，答辩。

教师角色：讲解最基本的理论知识和实践操作技能，参与学生的小组讨论，提供建议供学生参考。

该实践教学的授课模式实现了以教师为中心的单向灌输模式向以学生为中心的互动教学模式转变，促进了学生以学习知识为本向解决实际工程问题和提升创新能力为本的转变。学生通过竞赛，提升了解决实际问题的能力和创新能力，并培养了学生的团队精神、交流沟通能力、演说能力等综合素质。

6. 教学成果

学生针对 C35 自密实机制砂混凝土在第二课堂深入学习，在第五届全国大学生混凝土材料设计大赛中获团体三等奖。一位学生参与了中建西部建设贵州有限公司的 C120 高性能机制砂混凝土 401m 超高泵送试验，成功将 C120 高性能机制砂混凝土泵送至 401m 高度，标志着机制砂混凝土技术取得了突破性进展，打破了国内机制砂混凝土泵送高度等行业纪录。

（三）科技创新活动之创新创业类学科竞赛——中国国际"互联网＋"大学生创新创业大赛

1. 融合点

以赛促教，开辟第二课堂，指导学生参加中国国际"互联网＋"大学生创新创业大赛。

2. 融合方式

1）"第二课堂"。

2）传之工具，授之方法。

3. 学习目标

1）研制一种绿色高性能 3D 打印混凝土。

2）培养学生的创造思维与能力。

4. 教学模式

以学生为中心的第二课堂实践教学模式如图 3-2 所示。

教师在真实的科研项目或实际工程问题中提炼题目，即抛锚；学生选择题目、组建团队，开展合作学习；教师讲授基本的资料检索方法及其阅读方法，学生团队在教师的引导下检索资料，归纳总结，撰写研究方案；方案获批后，学生团队自主设计详细的研究方案，提交教师审阅，若方案不可行，教师提出修改建议，学生团队修订研究方案，若方案可行，则进入实验室执行方案，方案执行期间教师不断训练学生团队的基本实验技能；学生团队自主学习解决难题，若不能突破瓶颈，则由教师提供建议，学生团队修改试验方法后进一步探索，直至难题解决；教师讲授实验数据的基本处理方法，学生团队处理实验数据；学生团队撰写研究报告，并提交教师审阅，直至学生团队结题。

5. 教学设计

（1）教师提炼传统建筑领域存在的问题

1）传统混凝土制造与浇筑自动化程度低。

2）大量使用木模板或钢模板，消耗森林与矿产且成本高。

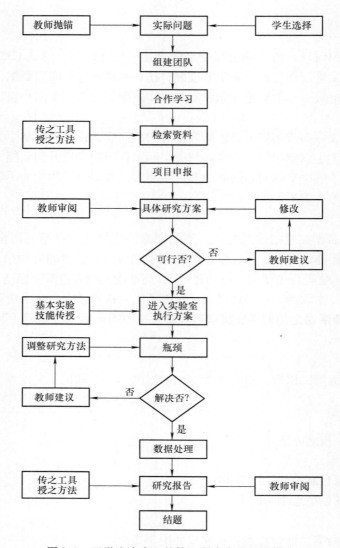

图 3-2　以学生为中心的第二课堂实践教学模式

3）贵州省磷矿渣堆积成山，环境负荷沉重。

4）天然河砂资源破坏生态，供需矛盾突出。

能否通过在建筑领域引入 3D 打印技术解决上述问题。

（2）执行以学生为中心的第二课堂实践教学模式　针对上述问题，教师引导本科生科研团队提出了"一种绿色高性能 3D 打印机制砂混凝土"的研究课题。

6. 教学成果

提炼课题，指导学生参加第四届"互联网＋"中国大学生创新创业大赛，以第四届"互联网＋"中国大学生创新创业大赛为抓手，通过第二课堂的实践教学，显著提升了学生的创新创业能力和综合素质。"一种绿色高性能 3D 打印混凝土"项目历经校赛、省赛和国赛的层层选拔，获得了第四届"互联网＋"中国大学生创新创业大赛铜奖。

7. "一种绿色高性能 3D 打印机制砂混凝土"专创融合竞赛作品概况

（1）项目背景　普通混凝土是由水泥、水、砂、石及根据需要掺入的各种外加剂与矿物混合材料组成的。生产传统胶凝材料水泥生产中排碳量巨大，污染严重，而天然砂的开采破坏了生态与环境，大量的基建工程让天然砂资源产生了供需矛盾，机制砂代替天然砂已经成为一种趋势。随着工业化进程的加快，磷矿渣大量闲置堆积，露天堆放占用土地资源污染环境。传统建筑施工成型混凝土结构时，需通过钢木模板浇筑、振捣、养护成型，工序繁杂，劳动量极大。项目以复合水泥、磷渣为胶凝材料，高石粉含量机制砂作为 3D 打印标准砂，添加高效外加剂，研制出了工作性良好、力学性能优异的绿色高性能 3D 打印机制砂混凝土。

（2）实验

1）原材料准备。

3D 打印标准砂制备：采用高石粉含量机制砂，最大粒径为 2.50mm，粒径为 1.25 ~ 2.5mm、0.63 ~ 1.25mm、0.315 ~ 0.63mm、0.16 ~ 0.315mm、0.075 ~ 0.16mm 和小于 0.075mm 的颗粒分别占 25%、25%、20%、5%、5%、20%，其基本性质见表 3-15。

表 3-15　3D 打印标准砂基本性质

序号	机制砂最大粒径/mm	堆积密度/(g/mL)	表观密度/(g/mL)	孔隙率(%)	细度模数
1	2.5	1.65	2.71	39.11	2.35

3D 打印胶凝材料：3D 打印胶凝材料包括以下质量份数的原料：普通硅酸盐水泥 70 ~ 80 份，辅助胶凝材料 15 ~ 25 份，硫铝酸盐水泥 3 ~ 5 份，晶种 0 ~ 2 份。

高效外加剂：所述高效外加剂为甲基丙烯酸为主链接枝 EO 或 PO 支链聚羧酸 8 份。

2）配合比设计。经过预实验确定基本水胶比，设计不同胶砂比作为对比实验，采用控制变量法的实验方法，通过实验结果反馈指导实验，从而确定 3D 打印胶凝材料的各组分量，配合比设计见表 3-16。

表 3-16　绿色高性能 3D 打印机制砂混凝土配合比设计

编号	水泥/g	辅助胶凝材料 I/g	辅助胶凝材料 II/g	机制砂/g	超塑化剂/g	水/g
M-1	472.1 (70%)	168.75 (25%)	33.75 (5%)	1350 (胶砂比1:2)	1.08 (0.16%)	256.5 (0.38)
M-2	540.0 (80%)	101.25 (15%)	33.75 (5%)	1350 (胶砂比1:2)	1.08 (0.16%)	256.5 (0.38)
M-3	540.0 (80%)	114.75 (17%)	20.25 (3%)	1350 (胶砂比1:2)	1.08 (0.16%)	256.5 (0.38)
M-4	432.0 (80%)	81.00 (15%)	27.00 (5%)	1350 (胶砂比1:2.5)	1.08 (0.16%)	216.0 (0.4)
M-5	378.0 (70%)	135.00 (25%)	27.00 (5%)	1350 (胶砂比1:2.5)	1.08 (0.16%)	216.0 (0.4)

3）3D 打印机制砂混凝土制备。准备已调配好的原材料，按设计的配合比计算并称取原料，将称好的原料倒入砂浆搅拌机中进行搅拌，搅拌完成后取下搅拌锅静置，然后将静止了

设计时间后的混凝土倒入打印设备中进行打印成型，待试件露天养护24h后拆模并送入标准养护室进行养护。此步骤的关键点：搅拌后静止时间的确定，打印过程保持喷嘴和平台的水平、竖直距离，控制定量的打印速度、层数、长度、宽度、高度等变量，喷嘴形状与口径大小设计。

4）3D打印混凝土工作性测试方法。打印条长度20cm，跳桌实验取互相垂直的两个值的平均值，所有定性分析项均需拍照取证记录。

黏聚性：定性观察记录，由黏聚性好到差分为上、中、下三级。

保水性：定性观察记录，由保水性好到差分为上、中、下三级。

挤出性：定性观察记录，由挤出性好到差分为上、中、下三级。

建造性Ⅰ：（理论高度－实际高度）×100/理论高度，并结合定性观察综合评判。

建造性Ⅱ：（理论宽度－实际宽度）×100/理论宽度，并结合定性观察综合评判。

凝结性能：可打印时间作为其测试指标，其确定方法为从搅拌停止开始计时，每隔5min测试一次微坍落度，直至微坍落度降至0为止所消耗的时间。

5）力学性能测试。将养护至7d、14d、28d后的试件取出，用混凝土切割机和打磨机将试件切割打磨成标准尺寸试件（40mm×40mm×160mm）后，再用抗折试验机和抗压试验机进行强度测试。

6）细观结构分析。取保留完整的试件断面，把每组试件断面放大至10倍后观察并拍照，在照片上的断面位置处标出层面结合部位，并对层面结合部位的大气泡进行标定，与本体进行对比分析。

7）微观结构分析。将每组层面结合部位的混凝土研磨至粉末状进行SRD分析，与本体进行对比，研究关系。取层面处的光滑试块进行扫描电镜分析，研究水化产物。

8）实验设备。根据实验设计与试验方法的要求，材料探究过程中使用到的主要实验设备有标准筛、摇筛机、混凝土切割机、抗压试验机、抗折试验机、搅拌机、混凝土抛光机、扫描电镜图、3D打印机、坍落度测试仪等设备。

（3）实验结果

1）工作性成果。通过数据及定性观察可知，作品具有优异的工作性（见表3-17），能够满足基本打印要求，并且为3D打印混凝土的规范制定提供一定的实验基础。

表3-17　作品的工作性

时间/min	0	20	40	备注
黏聚性	上	上	上	定性观察
保水性	上	上	上	定性观察
挤出性	上	上	上	定性观察
建造性（%）	6~20			
微坍落度/mm	45±2	30±2	22±2	
跳桌流动度/mm	180±5	155±5	140±1	
凝结性/min	>60			

2）打印试件成品，图3-3所示为3D打印混凝土试件。

图 3-3　3D 打印混凝土试件

3）将试件切割成标准试块，测试其力学性能，得到抗压与抗折强度（见图 3-4 和图 3-5）。由于切割造成部分数据丢失。由测试结果可知，3D 打印磷矿渣混凝土抗压强度符合中高强混凝土要求（40～60MPa），抗折强度大于同龄期普通 C425 水泥成型的试件，可广泛用于建筑结构中，用于承重结构整体成型打印。

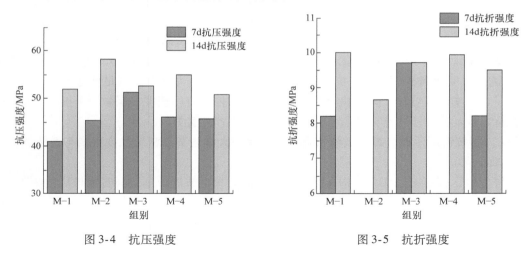

图 3-4　抗压强度　　　　　　　　图 3-5　抗折强度

4）细观分析。取切割后的界面放大十倍进行标定和分析，如图 3-6 所示。

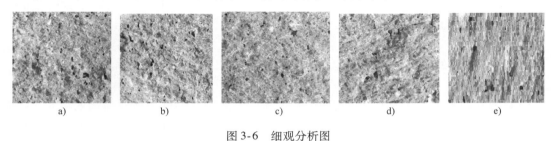

图 3-6　细观分析图

a）M-1　b）M-2　c）M-3　d）M-4　e）M-5

5）微观分析。制品 X 射线衍射分析（X-ray diffraction，简称 XRD）和扫描电镜分析（Scanning electron microscope，简称 SEM），分析结果如图 3-7 和图 3-8 所示。

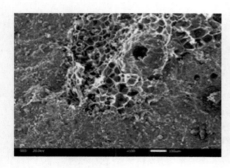

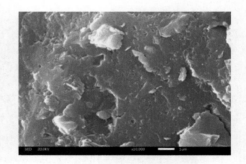

图 3-7　XRD 图　　　　　　　　　　　　　　　图 3-8　SEM 图

（4）创新点

1）用磷渣代替部分水泥作为辅助胶凝材料，消纳了大量磷矿渣，为废弃磷渣资源化提供了一个有效的途径。高石粉含量机制砂代替天然砂，可有效缓解天然砂供需矛盾。

2）采用 3D 打印技术无模增材制造，制造工艺与前沿制造技术接轨，实现了建筑业的无模增材制造，节省人力成本，同时缩短生产时间，提高了工程的施工效率与安全性。

（5）结论　制品以复合水泥、磷渣为胶凝材料，高石粉含量机制砂作为 3D 打印标准砂，添加高效外加剂，研制出了工作性良好、力学性能优异的绿色高性能 3D 打印机制砂混凝土。细观微观分析表明制品水化产物分布均匀，层间结合紧密。切割试块进行强度测试，7d 平均抗折强度达到 9.12MPa，抗压强度达到 45.94MPa，力学性能满足建造要求。通过试验确定了最佳实验配合比，并以机器进行打印，定量控制打印速度、层数、高度、长度、宽度等指标，成功打印了多组试块，实验证明产品的工作性良好。

（四）科技创新活动之综合类学科竞赛——全国大学生节能减排社会实践与科技竞赛

1. 融合点

以赛促教，开辟第二课堂，指导学生参加全国大学生节能减排社会实践与科技竞赛。

2. 融合方式

1）第二课堂。

2）传之工具，授之方法。

3. 学习目标

1）免压蒸太阳能养护生态混凝土预制构件。

2）培养学生的创造思维与能力。

4. 教学模式

以学生为中心的第二课堂实践教学模式。

5. 教学设计

（1）教师提炼生态混凝土预制构件生产中存在的问题　装配式建筑所用的混凝土一般使用蒸汽养护，也叫压蒸养护，该方法养护周期长，蒸汽消耗量大，使得混凝土造价提高 50~80 元/m³。蒸汽养护的能量主要源于煤炭燃烧，污染严重，抵消了节能减排的效果。如果限制燃煤，就无法及时提供蒸汽养护，产品无法达到强度要求而不能按期交付，极大地降低生产效率。蒸汽养护的方法相对落后，且养护质量不稳定，强度增长不均匀，如果温度控制不严格，经常会造成混凝土的开裂，一旦开裂，就很难进行修补，往往会作为废品处理。

随着城镇化建设步伐的加快，建筑垃圾与日俱增，其主要成分是无机材料或是经高温焙烧制造出来的材料和制品，在自然条件下很难消解，若采用传统无害化处理填埋，不仅占用大量的土地资源，而且对环境影响很大。另外，配置 $1m^3$ 混凝土需 1700～2000kg 砂石骨料，开采、运输砂石骨料的能耗与费用高，对环境的破坏也十分严重。我国大多数城市由于建设规模急剧膨胀，普遍存在建设原料短缺状况，粉煤灰、炉渣已经成为紧俏资源，实现建筑垃圾再生利用可以有效地弥补建设资源短缺现状，为此研究绿色节能新型墙材已成为世界各国科研的重点。建筑垃圾资源化是我国建设行业循环经济发展必须突破的难点。

请用建筑垃圾研制一种生态混凝土预制构件，利用太阳能进行养护，达到节能减排的目的。

（2）执行以学生为中心的第二课堂实践教学模式 针对上述问题，教师引导本科生团队提炼出了"免压蒸太阳能养护生态混凝土预制构件"的研究课题，经过教师指导，本科生科研团队经过大量的试验，取得了阶段性研究成果，以此为基础，"免压蒸太阳能养护生态混凝土预制构件"作品参加第十二届大学生节能减排社会实践与科技竞赛，获得了三等奖。课题以再生骨料微粉代替部分胶凝材料，并用再生骨料和复配外加剂研制出了一种生态混凝土预制构件。该作品突破了传统蒸压养护局限，合理回收使用建筑垃圾，改善了预制构件生产工艺流程，适用于各种要求周期短、造价低的经济型工程及一系列复杂装配式建筑的生产。该作品可投入住房保障项目使用，可带来显著的经济收益，可大批量推广应用在环保高效的装配式建筑中。

6."免压蒸太阳能养护生态混凝土预制构件"作品概况

（1）作品设计 装配式快速地推进了新型建筑工业化的发展，但其使用的预制构件生产效率相对较低，主要体现在传统蒸压养护存在养护质量不稳定、强度增长不均匀、耗用煤炭资源等局限性。作品用再生骨料微粉代替部分水泥，利用再生骨料和复配专用外加剂研制出了一种"免压蒸太阳能养护态混凝土预制构件"和混凝土新型养护装置。

（2）设计思路

1）制品材料。采用颚式破碎机破碎处理的废弃混凝土作为再生骨料、再生骨料微粉，搭配普通硅酸盐水泥，再采用聚羧酸减水剂、羟丙基甲基纤维素、早强剂、减水剂进行复配，并添加适量消泡剂。

2）混凝土配合比设计。通过预实验确定基本胶砂比、水胶比，并寻找到合适拌和规律。设计不同梯度微粉含量、外加剂掺量作为对比实验，用控制变量法确定生态混凝土的配合比。

3）研制免压蒸养护装置 装置主要包含太阳能供电系统、采光吸热系统、加热加湿系统、控制系统与外挂水箱、操作控制箱等。

4）技术路径 如图3-9所示。

5）实验分析。

① 养护对比结论。在一定的水温和装置内部温度范围内，装置养护与普通养护比较，3d 时抗折强度可以提升 1～1.5MPa，抗压强度可以提升 5～

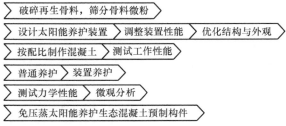

图 3-9 技术路径

9MPa（见图 3-10），相比普通养护预制构件，成品密致均匀。日照光线充足时，养护装置内部温度可达 40℃ 以上，湿度可达 98% 以上。此时，4d 便可以达到标准养护 7d 的强度等级（见图 3-11），不同的四个受热温度条件下养护，同样的龄期，混凝土的抗压强度随养护的温度升高而增加，特别是 28d 前的影响较为显著。这说明该装置更适合阳光充足季节，更适合养护有早强要求高的装配式建筑。

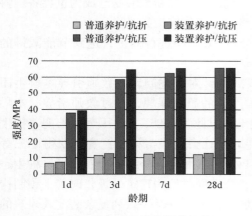

图 3-10　养护对比试件强度结果　　　图 3-11　太阳能养护装置受热温度对构件强度的影响

② 力学性能。单独添加高效减水剂或早强剂 3d 抗折强度可达 10MPa，抗压强度可达 50MPa 以上，但作用效果不是很明显，7d 的强度还有部分回缩。而 GM-6 使用复合型外加剂后强度效果显著提高，1d 抗折强度可达 7.5MPa。数据显示作品有很好的力学性，最终配比的生态混凝土构件 7d 抗折强度高达 11MPa，抗压高达 65MPa，早强效果显著，抗折、抗压强度如图 3-12 和图 3-13 所示。

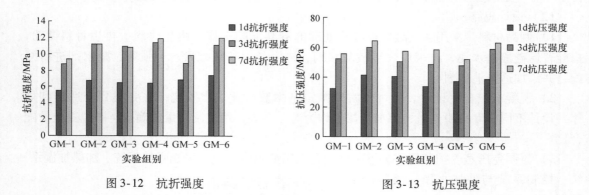

图 3-12　抗折强度　　　　　　　　　　图 3-13　抗压强度

③ 微观性能分析。XRD 和 DSC（Differential scanning calorimetry，简称 DSC）结果显示掺微粉的 M2-WCD2-1 中未水化水泥颗粒的衍射峰低于 M2，而质量损失峰高于 M2，说明微粉加速了水泥的水化反应。电镜分析结果显示 3d 时，添加了微粉后，样品的微观结构也更为密实，也表明，再生微粉可优化水泥的水化产物、细化混凝土孔结构，从而提升了混凝土的耐久性。加入拥有一定活性的材料可以显著提升水泥砂浆的早期强度（见图 3-14 ~ 图 3-17）。

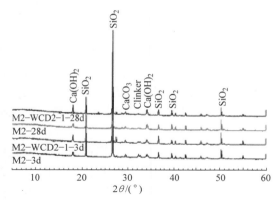

图 3-14　样品的 XRD 图

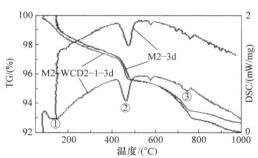

图 3-15　样品的 DSC 图

图 3-16　不掺微粉的 M2 3d SEM 图

图 3-17　掺微粉 M2 – WCD2 – 13d SEM 图

（3）创新点

1）技术创新。使用清洁的太阳能供电，突破了压蒸养护局限，不需要人为浇水附膜，改善养护工艺流程，使得预制构件生产周期缩短，减少了人力资源浪费，实现预制构件生产养护一体化，节能减排效果显著。

2）材料创新。利用建筑垃圾制备再生骨料和微粉，减少传统胶凝材料的需求量和能耗。既保护了环境，也提高资源的利用率，满足节能减排与可持续性发展的要求。

（4）技术关键　生态混凝土预制构件的配合比设计；太阳能养护装置的研制。

（5）主要技术指标

1）预制构件在 3d 时的抗折强度可达 11MPa，抗压强度约 60MPa。

2）与标准养护相比，预制构件 1d 抗折强度可提高 0.5MPa，抗压强度可提高 8MPa。

3）装置内部温度最高可达 40℃，湿度 98%，白天内部平均温度可保持在 30℃。夜间利用集热系统收集的能量继续维持养护装置工作，水温可保持在 50℃。

（6）作品科学性和先进性　一方面，利用再生骨料微粉的晶核效应和填充效应，改善了预制混凝土的微观结构，制品早强效果显著，3d 时抗折强度为 11.5MPa，抗压强度则为 58.0MPa，7d 时力学性能满足建造需求。同时，学生团队研制出了太阳能混凝土养护装置用于预制构件养护，3d 时抗压强度能比普通养护提高 4.0 ~ 9.0MPa。另一方面，突破了传统蒸压养护局限，改善了预制构件生产工艺流程，初步解决了预制构件生产效率低和建筑垃圾处理困难的难题，通过太阳能进行免压蒸养护可大幅提高混凝土的力学性能，且满足设计的要求。

1）节能减排效果。作品采用建筑垃圾制备再生骨料和再生骨料微，吃渣利废。2018 年我国生产水泥总量 21.77 亿 t，生产时排放二氧化碳 21.55 亿 t。作品使用再生骨料微粉代替了 12% 的水泥，一年内可节约水泥 2.61 亿 t，减少二氧化碳排放 2.59 亿 t。养护装置充分利用太阳能可做到零能耗排放，免压蒸太阳能养护装置内部的水可以循环利用，可按养护混凝土耗水量为 $500L/m^3$ 计算。

2）经济效益。2017 年我国产生的建筑垃圾约为 23.79 亿 t，但进行了资源化利用的仅有 1.19 万 t，作品提高处理利用率，一年可节约处理建筑垃圾费用约 85.6 亿元。以 2 台 2t 砌块产量 $5000m^3$ 的燃煤蒸汽锅炉装置计算，装置一年节省养护费用 60 万元。若按耗电量计算，单班可节约电费 2.82 万元。一台装置按日养护 $200dm^3$ 砌块计算，年生产期按 300 天结算可节水 1650t。

（7）作品推广应用的可行性分析　"免压蒸太阳能养护生态混凝土预制构件"利用建筑垃圾制备再生骨料与微粉，原料价格低廉且吃渣利废，养护装置低能耗、零排放，缩短了建造周期，贴合精准扶贫保障住房政策要求，工作性和力学性能满足装配式建筑的技术要求，安全实用，应用前景广阔。

第四章
土木工程学科竞赛实践创新

学科竞赛是高等院校科研育人的重要组成部分，它是以大学生自主性、群体性科技活动为主的教学活动。竞赛类实践教学活动为学生搭建了从理论到实践的平台，让学生能将所学知识运用到解决具体问题的实际操作，加深对课堂知识的理解、巩固和应用，是课堂教学的延伸，是促进大学生增强创新精神、提高创造能力的有效途径和重要载体，也是展示大学生创意及创新成果的重要舞台。学科竞赛激发了大学生们的学习热情，创造激情。学生在竞赛中交流碰撞、分析研讨、彼此启发、共同提高，在实践中促进创意转化为创新的能力，养成了科学的思维。古希腊学者普罗塔戈（Plutarch）曾说过，学生的头脑不是用来填充知识的容器，而是一支需要被点燃的火把。学科竞赛就是点燃火把的"火种"，是激活学生学习的有效手段。学科竞赛不仅是高校创新人才培养的重要手段，也是用人单位选拔人才的重要依据。

第一节　学科竞赛概述

自改革开放以来，高校学科竞赛实现了从无到有、从零星到繁荣的发展历史。《全国普通高校大学生竞赛白皮书》将我国40年来高校学科竞赛发展的脉络划分为萌芽期、初兴期和发展期三个阶段。

萌芽期（1980—1990年）：20世纪80年代，由于我国高等教育长期在高度集中的计划经济体制下运行，高校学科竞赛一直处于可有可无的状态。1985年，中共中央颁布了《关于教育体制改革的决定》，高等教育自主权开始释放，高等教育办学活力开始激发，特别是在1989年，由共青团中央、中国科协、教育部、全国学联组织的"挑战杯"全国大学生课外学术科技作品竞赛拉开了高校学科竞赛的序幕，这段时间也被称为学科竞赛的萌芽期。

初兴期（1991—2006年）：在这一时期，陆陆续续有全国性大赛出现，但总体而言数量不多，据不完全统计，共产生全国性学科竞赛34项，不少竞赛至今仍呈现旺盛的生命力，如全国大学生数学建模竞赛（首届年份为1992年，下同）、全国大学生电子设计竞赛（1994年）、"挑战杯"中国大学生创业计划大赛（1999年）、全国大学生机械创新设计大赛（2004年）、全国大学生结构设计竞赛（2005年）、"飞思卡尔"杯全国大学生智能汽车竞赛（2006年）等。

发展期（2007年至今）：2007年1月，教育部、财政部联合发文决定实施质量工程，同年印发《教育部关于进一步深化本科教学改革全面提高教学质量的若干意见》，高等教育进入巩固发展与深化改革时期。学科竞赛作为创新人才培养的重要手段越来越被重视。据不完全统计，2006—2010年，新增全国性学科竞赛数量达85项，包括全国三维数字化创新设计大赛（2007 年）、全国大学生节能减排社会实践与科技竞赛（2008 年）、全国大学生先进图形技能与创新大赛（2008 年）、全国大学生工程训练综合能力竞赛（2009 年）、全国大学生机器人大赛（亚太赛，2009 年）、全国计算机仿真大赛（2010 年）等。伴随着学科竞赛项目数量的增加，学科竞赛相关研究也得到重视。2018 年 4 月，中国高等教育学会"高校竞赛评估与管理体系研究"专家工作组（以下简称"专家组"）正式出版了《全国普通高校大学生竞赛白皮书（2012—2017）》（以下简称《白皮书》）。《白皮书》涵盖了我国高校学科竞赛发展脉络和现状、评估思路和方法、竞赛项目简介、高校大学生竞赛状态数据等多方面内容，全面反映了我国大学生竞赛情况。

一、竞赛项目级别

基于我国高等教育现状，学科竞赛主办单位在很大程度上决定了竞赛的影响面和覆盖面，通常将竞赛主办方作为确定竞赛项目级别的主要依据，一般认为，竞赛主办单位层级越高，竞赛的覆盖面越广，综合考虑多方面因素，决定将竞赛项目级别细分为 A 类、B 类、C 类、D 类与 E 类五级（见表 4-1）。竞赛根据参与对象可以分为学生竞赛、教师竞赛（如青年教师教学竞赛、工程应用技术教师大赛），根据专业类型还可以分成理农医类竞赛、文法社科类竞赛和综合类竞赛，根据内容可以分为创新创业类竞赛、综合实践类竞赛、知识类竞赛和技能类竞赛等。

表 4-1　学科竞赛项目级别

等级	描　述
A 类竞赛	主要指竞赛项目主办方为国家部委（教育部除外），如中国国际"互联网＋"创新创业大赛等，简称"部委"
B 类竞赛	主要指由教育部明确发文资助的竞赛，简称"教育部"
C 类竞赛	主要指由高等教育学会或教育部高等学校教学指导委员会主办的竞赛，简称"教指委"
D 类竞赛	主要指省级或行业主办的竞赛
E 类竞赛	主要指企业或协会主办的竞赛

二、竞赛项目形式

学科竞赛组织过程中，按照参加全国总决赛的数量是否有限额和是否有下一级选拔，可以将竞赛项目形式分为四种类型：限额且有选拔、限额无选拔、不限额有选拔、不限额无选拔。限额且有选拔的全国性竞赛项目如"挑战杯"全国大学生课外学术科技作品竞赛，限额无选拔的竞赛如各类邀请赛，不限额有选拔的竞赛如大学生广告艺术大赛，不限额无选拔的竞赛如全国大学生节能减排社会实践与科技者竞赛等。

学科竞赛包含主题、时间、空间、模式四个要素，主题即竞赛的内容；时间即竞赛从开始到结束的间隔；空间即竞赛所需要的场所；模式即解决竞赛问题所采取的方法，如手工制作、计算机编程、口头表述等。根据时间、空间要素，学科竞赛可分为开放式、半开放式、半封闭式、封闭式四类。开放式学科竞赛是指不定时间，有决赛空间的学科竞赛，如大学生机械设计竞赛、大学生智能汽车竞赛等。半开放式学科竞赛是指不定时间半定决赛空间的学科竞赛，如大学生结构设计竞赛、大学生工程训练综合能力竞赛等。半封闭式学科竞赛是指该类竞赛时间做统一规定，竞赛场地分散于不同地点，如大学生数学建模竞赛、大学生电子设计竞赛、全国周培源大学生力学竞赛等。封闭式学科竞赛是指该类竞赛时间统一，场地实行全封闭，如大学生程序设计竞赛等。

三、竞赛项目遴选

近年来竞赛在高校和企业的共同推动下蓬勃发展。面对层出不穷、数量众多的学科竞赛，高校虽然参赛热情持续上涨，但是也面临着如何选择高质量竞赛的难题。考虑学科竞赛存续年限、类型、学科依托、主办单位等多因素，高校进行竞赛项目遴选通常从权威性与影响力方面考虑。根据《教育部财政部关于实施"高等学校本科教学质量与教学改革工程"的通知》（教高〔2007〕1号），教育部从2007年开始组织全国大学生竞赛资助项目申报工作，通过申报、评选确定资助项目。2007年、2008年和2010年，教育部、财政部曾发文批准大学生竞赛资助项目累计共23项，其中学科竞赛20项（见表4-2）。

表4-2　教育部资助的全国大学生竞赛榜单项目

序号	项目名称	2007 年	2008 年	2010 年
1	全国大学生电子设计竞赛	√	√	
2	全国大学生智能汽车竞赛	√	√	√
3	全国高等医学院校临床基本技能竞赛	√	√	
4	全国大学生结构设计竞赛	√		√
5	全国大学生机械创新设计大赛	√	√	√
6	全国大学生数学建模竞赛	√	√	
7	全国大学生物流设计大赛	√		√
8	全国大学生广告艺术大赛	√		
9	全国大学生节能减排社会实践与科技竞赛		√	√
10	全国大学生电子商务"创新、创意及创业"挑战赛		√	√
11	全国大学生工程训练综合能力竞赛		√	√
12	第四届美新杯 MEMS 传感器应用大赛			√
13	全国高校学生 DV 作品大赛			√
14	全国大学生化学实验竞赛			√
15	全国大学生软件创新大赛			√
16	全国大学生交通科技大赛			√
17	全国大学生控制仿真挑战赛			√
18	全国大学生物理实验竞赛			√
19	Autodesk Revit 杯全国大学生可持续建筑设计竞赛			√
20	全国高职高专实用英语口语大赛			√
21	全国大学生桥牌锦标赛	√		
22	2008 全国大学生大型校园文艺会演		√	
23	"五月的鲜花"全国大学生大型校园文艺会演			√

为了进一步规范管理，推动和发挥学科竞赛类活动在教育教学、人才培养等方面的重要

作用，规范、引导和协调竞赛机制，中国高等教育学会于 2017 年 2 月启动高校竞赛评估与管理体系研究项目，对我国高校学科竞赛的开展、组织和实施情况进行调研、分析、评估。2020 年 2 月 21 日，中国高等教育学会"高校竞赛评估与管理体系研究"专家工作组发布2015—2019 年入围全国普通高校学科竞赛榜单项目（见表 4-3）、2012—2019 年入围教师教学竞赛项目（见表 4-4），以此为依据中国高等教育学会（http：//www.hie.edu.cn/）评估并发布各高校学科竞赛水平与位次，2015—2019 年全国普通高校学科竞赛状态数据统计、2012—2019 年教师教学竞赛状态数据统计、2019 年全国普通高校学科竞赛排行结果、2012—2019 年全国普通高校教师教学竞赛分析报告、2012—2019 年全国普通高校教师教学竞赛分析报告等数据资料。

表 4-3　2015—2019 年入围全国普通高校学科竞赛榜单项目

序号	竞赛名称	备注
1	中国国际"互联网＋"大学生创新创业大赛	每年一届
2	"挑战杯"全国大学生课外学术科技作品竞赛	奇数年举办
3	"挑战杯"中国大学生创业计划大赛	偶数年举办
4	ACM－ICPC 国际大学生程序设计竞赛	每年一届
5	全国大学生数学建模竞赛	每年一届
6	全国大学生电子设计竞赛	奇数年举办
7	全国大学生化学实验竞赛	偶数年举办
8	全国高等医学院校大学生临床技能竞赛	每年一届
9	全国大学生机械创新设计	偶数年举办
10	大赛全国大学生结构设计竞赛	每年一届
11	全国大学生广告艺术大赛	每年一届
12	全国大学生智能汽车竞赛	每年一届
13	全国大学生交通科技大赛	每年一届
14	全国大学生电子商务"创新、创意及创业"挑战赛	每年一届
15	全国大学生节能减排社会实践与科技竞赛	每年一届
16	全国大学生工程训练综合能力竞赛	奇数年举办
17	全国大学生物流设计大赛	每两年一届
18	外研社全国大学生英语系列赛（英语演讲、英语辩论、英语写作、英语阅读）	每年一届
19	全国职业院校技能大赛	每年一届只纳入高职排行
20	全国大学生创新创业训练计划年会展示	每年一届
21	全国大学生机器人大赛－RoboMaster、ROBOCON、ROBOTAC	其中，ROBOTAC 只纳入高职排行
22	"西门子杯"中国智能制造挑战赛	
23	全国大学生化工设计竞赛	
24	全国大学生先进成图技术与产品信息建模创新大赛	

表 4-4　2012—2019 年入围教师教学竞赛项目

序号	竞赛名称	主办单位	开始年份
1	全国高校青年教师教学竞赛	中国教科文卫体工会全国委员会	2012
2	全国高校辅导员素质能力大赛	教育部思想政治工作司	2012
3	全国高校多媒体课件大赛	中国教育战略发展学会、教育部教育管理信息中心、教育信息专业化委员会	2001
4	水利类专业青年教师讲课竞赛	中国水利教育协会和教育部高等学校水利类专业教学指导委员会	2009
5	"外教社杯"全国高校外语教学大赛	教育部高等学校外国语言文学类专业教学指导委员会、教育部高等学校大学外语教学指导委员会、教育部职业院校外语类专业教学指导委员会、上海外语教育出版社	2010
6	全国医学（医药）院校青年教师教学基本功比赛	中华医学会医学教育分会和中国高等教育学会医学教育专业委员会	2011
7	全国高校微课教学比赛	教育部全国高校教师网络培训中心	2013
8	全国高等学校自制实验教学仪器设备评选活动	中国高等教育协会	2013
9	全国高等学校教师图学与机械课程示范教学与创新教学法观摩竞赛	教育部高等学校工程图学课程教学指导委员会、中国图学学会制图技术专业委员会和中国人民解放军院校图学与机械基础教学协作联席会	2013
10	"中医药社杯"全国高等中医药院校教师教学基本功竞赛	教育部高等学校中医学类专业教学指导委员会	2013
11	全国高校 GIS 青年教师讲课竞赛	教育部高等学校地理科学类专业教学指导委员会	2013
12	全国高等学校建筑材料青年教师讲课比赛	全国高等学校建筑材料学科研究会、CCPA 教育与人力资源委员会	2013
13	全国高等学校物理基础课程青年教师讲课比赛	教育部高等学校大学物理基础课程教学指导委员会、教育部高等学校物理学类专业教学指导委员会和中国物理学会物理教学委员会	2014
14	全国高等院校工程应用技术教师大赛	中国高等教育学会	2015
15	中国外语微课大赛	中国高等教育学会、高等教育出版社	2015
16	全国高校教学微课程教学设计竞赛	教育部高等学校大学数学课程教学指导委员会、教育部全国高等学校教学研究中心	2015
17	全国高等学校青年教师电子技术基础、电子线路课程授课竞赛	教育部高等学校电工电子基础课程教学指导委员会、中国电子学会电子线路教学与产业专家委员会、全国高等学校电子技术研究会、北京航空航天大学和高等教育出版社	2016
18	全国高校自动化专业青年教师实验设备设计"创客"大赛	教育部高等学校自动化类专业教学指导委员会	2016
19	高等学校物理基础课程（实验课）青年教师讲课比赛	教育部高等学校大学物理基础课程教学指导委员会、教育部高等学校物理学类专业教学指导委员会和中国物理学会物理教学委员会	2017
20	全国高等学校药学类青年教师教学能力大赛	教育部高等学校药学类教学指导委员会和中国药学会药学教育专业委员会	2017

（续）

序号	竞赛名称	主办单位	开始年份
21	全国高等学校电子信息类专业青年教师授课竞赛	教育部高等学校电子信息类专业教学指导委员会	2017
22	全国高校钢琴大赛	中国高等教育学会	2017
23	全国高等学校测绘类专业青年教师讲课竞赛	教育部高等学校测绘类专业教学指导委员会	2001
24	全国高等学校结构力学及弹性力学青年教师讲课竞赛	教育部高等学校力学基础课程教学指导委员会、结构力学和弹性力学课程教学指导小组	2004
25	外研社"教学之星"大赛	教育部高等学校大学外语教学指导委员会、教育部高等学校英语专业教学指导分委员会、外语教学与研究出版社	2013
26	全国基础医学青年教师讲课大赛	中国高等教育学会医学教育专业委员会	2014
27	全国电工电子基础课程实验教学案例设计竞赛	教育部电工电子基础课程教学指导委员会、国家级实验教学示范中心联席会	2014
28	全国高等学校中药学类专业青年教师教学设计大赛	教育部高等学校中药学类专业教学指导委员会	2015
29	全国高等学校青年教师电路、信号与系统、电磁场课程教学竞赛	教育部高等学校电工电子基础课程教学指导委员会	2015
30	全国高等学校青年教师电工学课程竞赛	教育部电工电子基础课程教学指导委员会、中国高等学校电工学研究会	2015
31	全国《麻醉学》独立开课讲课比赛	中国高等教育学会医学教育专业委员会	2016
32	全国高校城市地下空间工程专业青年教师讲课大赛	中国岩石力学与工程学会	2016
33	全国高等院校英语教师教学基本功大赛	高等学校大学外语教学研究会、全国高等师范院校外语教学与研究协作组	2016
34	全国高校经管类实验教学案例大赛	高等学校国家级实验教学示范中心联席会经管学科组、中国高等教育学会高等财经教育分会	2016
35	全国医学影像专业青年教师教学基本功竞赛	中国高等教育学会医学教育专业委员会、全国卫生职业教育教学指导委员会	2017
36	全国大学青年教师地质课程教学比赛	中国地质学会、教育部高等学校地质学专业教学指导委员会、教育部高等学校地质类专业教学指导委员会、中国地质学会地质教育研究分会	2017
37	全国职业院校技能大赛职业院校教学能力比赛	教育部职业教育与成人教育司	2010
38	全国农业职业院校教学能力大赛	中国职业技术教育学会、农村与农业职业教育专业委员会、中国农业出版社	2012
39	全国职业院校教师微课大赛	中国职业技术教育学会信息化工作委员会	2015
40	全国基础力学青年教师讲课比赛	教育部高等学校力学基础课程教学指导分委员会	2004

（续）

序号	竞赛名称	主办单位	开始年份
41	全国高校混合式教学设计创新大赛	上海交通大学	2019
42	西浦全国大学教学创新大赛	西交利物浦大学	2016
43	全国高校思想政治理论课教学展示活动	教育部社科司	2019
44	"高校辅导员年度人物"推选展示活动	教育部思政司	2009
45	全国普通高等学校美术教育专业教师基本功展示	教育部体育卫生与艺术教育司	2019
46	全国普通高等学校音乐教育专业教师基本功展示	教育部体育卫生与艺术教育司	2019

四、学科竞赛评估

（一）评估模型的设计

根据评估理念和评估目的，专家组从获奖贡献、组织贡献和研究贡献三个维度构建高校学科竞赛评估的概念模型（见图4-1）。获奖贡献主要指高校在各级各类学科竞赛中的获奖情况，体现高校学科竞赛成果。由于不同的竞赛项目有不同的级别、历史和形式，不同竞赛项目的获奖等级体现不同的含金量。因此，将获奖贡献的算法确

图4-1　学科竞赛评估的概念模型

定为：获奖贡献＝获奖等级×竞赛项目权重。组织贡献主要指高校在管理竞赛、组织竞赛和参与竞赛中的过程性表现，体现高校的组织管理能力。同理，高校在组织和参与不同竞赛项目时的组织管理能力也呈现一定的差异，因此，在考虑组织贡献中同样需要关注竞赛项目的差异。因此，将组织贡献的算法确定为：组织贡献＝组织管理×竞赛项目权重。研究贡献主要指高校基于学科竞赛而延伸的教育教学改革研究。组织学科竞赛并不仅仅是为竞赛而竞赛，最终目的在于通过竞赛培养学生的创新能力。要鼓励高校以竞赛为抓手开展教育教学研究，深化人才培养改革，提升人才培养质量。显性的测量指标为基于竞赛延伸的教学成果奖和教育教学改革研究论文情况。

（二）学科竞赛评估指标体系

专家组综合项目权重设计、获奖等级评估指标和组织评估指标三方面的内容，形成学科竞赛评估指标体系（见图4-2）。通过梳理每个竞赛所颁发的奖项等级发现，虽然名称有差别，但奖项等级基本可以细分为"杯奖""特等奖""一等奖"，同时竞赛可设优秀组织奖。

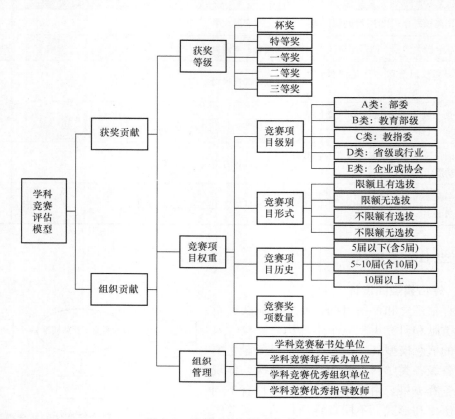

图 4-2　学科竞赛评估指标体系

第二节　土木工程专业学科竞赛体系

土木工程学科竞赛体系主要包含文化素质类竞赛、学科综合类竞赛与专业学科知识类竞赛。学科综合类竞赛不限于固定学科学生参加，也称跨学科竞赛，如中国国际"互联网＋"大学生创新创业大赛、"挑战杯"全国大学生课外学术科技作品竞赛、全国大学生工程训练综合能力竞赛等。专业学科知识类竞赛也称强学科竞赛，如全国周培源大学生力学竞赛、全国大学生结构设计竞赛和全国大学生交通科技大赛等与学科紧密度高的竞赛。

学生在进入高年级阶段，可参加学科综合类竞赛与学科知识竞赛，教师教学过程中还可进行教学改革，打通课程、实验与毕业设计等实践教学环节与竞赛的通道，打通学生科研项目与竞赛的通道。表 4-5 是推荐土木工程学生参加的权威性高、参与面广、影响力大、学生受益面大的部分竞赛。

表 4-5　推荐土木工程学生参加的学科竞赛

序号	竞赛名称	类别
1	全国大学生数学建模竞赛	文化素质类竞赛
2	美国大学生数学建模竞赛	
3	外研社全国大学生英语系列赛（英语演讲、英语辩论、英语写作、英语阅读）	
4	全国大学生化学实验邀请赛	
5	全国大学生物理竞赛	
6	中国大学生公共关系策划大赛	
7	全国大学生市场调查与分析大赛	
8	中国高校计算机大赛－大数据挑战赛	
9	全国三维数字化创新设计大赛（大学生组）	
10	深圳非遗周之非遗创意设计大赛	
11	TRIZ 杯大学生创新方法大赛	
12	中国国际"互联网＋"大学生创新创业大赛	学科综合类竞赛
13	"挑战杯"全国大学生课外学术科技作品竞赛	
14	"挑战杯"全国大学生创业计划大赛	
15	全国大学生工程训练综合能力竞赛	
16	全国大学生节能减排社会实践与科技竞赛	
17	全国大学生先进成图技术与产品信息建模创新大赛	
18	全国大学生电子商务"创新、创意及创业"挑战赛	
19	全国大学生水利创新设计大赛	
20	两岸新锐设计竞赛"华灿奖"	
21	中国（小谷围）"互联网＋交通运输"创新创业大赛	
22	全国大学生结构设计竞赛	专业学科知识类竞赛
23	全国周培源大学生力学竞赛	
24	全国大学生交通科技大赛	
25	世界大学生桥梁设计大赛	
26	全国大学生混凝土材料设计大赛	
27	全国大学生岩土工程竞赛	
28	"华西设计杯"第三届全国大学生全国大学生"茅以升公益桥－小桥工程"设计大赛	
29	全国大学生结构设计信息技术大赛	
30	"斯维尔杯"BIM－CIM 创新大赛	
31	"斯维尔杯"建筑信息模型（BIM）应用技能大赛	
32	优路杯全国 BIM 技术大赛	
33	国际高速铁路建造技术设计大赛	
34	"创新杯"建筑信息模型（BIM）应用大赛	
35	"龙图杯"全国（BIM）建筑信息模型大赛	
36	全国高校 BIM 毕业设计大赛	

一、文化素质类竞赛

文化素质类竞赛主要是指在丰富学生课外活动的科普、文艺和征文类素质拓展的竞赛，如全国大学生数学建模竞赛、美国大学生数学建模竞赛、全国大学生物理竞赛、外研社全国大学生英语系列赛（英语演讲、英语辩论、英语写作、英语阅读大赛、全国英语辩论赛）、全国大学生市场调查与分析大赛、中国计算机设计大赛、全国大学生化学实验邀请赛等，主要目的是提高学生的知识水平与人文素养，宽基础、强能力是工科学生可持续发展综合素质需求，学生在低年级学习通识课阶段，就可以参加文化素质类竞赛。

（一）全国大学生数学建模竞赛

全国大学生数学建模竞赛（官网 http：//www. mcm. edu. cn/）是中国工业与应用数学学会主办的面向全国大学生的群众性科技活动，目的在于提高学生学习数学的积极性，提高学生建立数学模型和运用计算机技术解决实际问题的综合能力，鼓励广大学生踊跃参加课外科技活动，开拓知识面，培养创造精神及合作意识，推动大学数学教学体系、教学内容和方法的改革。竞赛自 1993 年开展以来，每年举行一届。

1. 竞赛组织

全国大学生数学建模竞赛下设全国大学生数学建模竞赛组织委员会，负责每年组织报名、拟定赛题、组织全国优秀答卷的复审和评奖、印制获奖证书、举办全国颁奖仪式等工作。竞赛分赛区组织进行，每个赛区建立组织委员会，负责本赛区的宣传发动及报名、监督竞赛纪律和组织评阅答卷等工作。未成立赛区的各省院校的参赛队可直接向全国组委会报名参赛。

2. 竞赛题目

竞赛题目一般来源于工程技术和管理科学等方面经过适当简化加工的实际问题，有较大的灵活性供参赛者发挥其创造能力。参赛者应根据题目要求，完成包括模型的假设、建立和求解，计算方法的设计和计算机实现，结果的分析和检验，模型的改进等方面的论文（答卷）。

3. 竞赛形式

1）大学生以队为单位参赛，每队 3 人（须属于同所学校），专业不限。

2）竞赛一般在每年 9 月上中旬（连续三天 72 小时）举行。竞赛不分专业，但分本科、专科两组。本科组竞赛所有大学生均可参加，专科组竞赛只有专科生（高职、高专生）可以参加。研究生不得参加此竞赛。

3）全国统一竞赛题目，采取通讯竞赛方式，以相对集中的形式进行。竞赛期间参赛队员可以使用各种图书资料、计算机和软件，在国际互联网上浏览，但不得与队外任何人（包括在网上）讨论。竞赛开始后，赛题将公布在指定的网址供参赛队下载，参赛队在规定时间内完成答卷，并准时交卷。

4. 评奖办法

竞赛评奖以假设的合理性、建模的创造性、结果的正确性和文字表述的清晰程度为主要标准。

1）各赛区组委会聘请专家组成评阅委员会，评选本赛区的一等奖、二等奖（也可增设三等奖），获奖比例一般不超过三分之一，其余凡是完成合格答卷者可获参赛奖。

2）各赛区组委会按全国组委会规定的数量将本赛区的优秀答卷送全国组委会。全国组委会聘请专家组成全国评阅委员会，按统一标准从各赛区送交的优秀答卷中评选出全国一等奖、二等奖。全国与各赛区的一、二等奖均颁发获奖证书。

（二）全国大学生化学实验邀请赛

全国大学生化学实验邀请赛（官网 http：//nuclt. fzu. edu. cn/）是我国高等学校化学学科最高级别赛事，由教育部高等学校化学教育研究中心主办。该赛事旨在推动我国高等学校化学实验学模式、教学内容、教学方法的改革，探索培养创新型化学人才的思路、途径和方法，以提高我国化学实验教学总体水平。

邀请赛秉承了"检验化学实验教学改革的成果，加强交流，总结经验，探索培养和提高本科生创新能力的思路、途径和方法"的宗旨，把"重参与，淡名次"的精神贯穿到了邀请赛当中。1998—2019 年，全国大学生化学实验邀请赛每两年举办一次，已先后在南开大学、吉林大学、北京大学、厦门大学、中山大学、浙江大学、武汉大学、复旦大学、兰州大学、南京大学和福州大学成功举办。

1. 赛事内容

竞赛内容主要包括实验理论笔试和实验操作考试。实验理论笔试的考察范围主要是化学实验理论知识、化学实验操作规范、化学实验室安全知识等。实验操作考试的考察范围主要是化学实验基本技能、实验设计与操作、数据采集分析、常规和大型仪器的使用、图谱解析、实验总结与报告等。

竞赛所考察的实验能力包括按给定步骤进行实验的能力，正确进行基本操作的能力，局部实验设计能力（包括方法的选择、组合和修改），观察、测量、分析和判断能力，选择仪器、试剂、技术和条件的能力，处理数据、表达结果及对结果进行评价的能力。

2. 竞赛方式

该竞赛邀请40 余所高校参赛，每个参赛高校由 3 名化学类专业学生和 1 ~ 2 名带队教师组成。竞赛分实验和笔试两部分，成绩权重分别为 0.7 和 0.3，笔试由全体选手参加，操作竞赛分无机化学和分析化学、有机化学、物理化学三个方向进行，各队的 3 名选手分别参加3 个方向的操作竞赛。

3. 奖项设置

不评学校集体奖，只评个人奖。作为承办单位代表队不参加评奖，组委会专为承办单位代表队的 3 位参赛选手颁发特别奖。

4. 竞赛安排

一般在隔年的 7 月份进行，学校轮流承办。

（三）"外研社杯"全国英语演讲大赛

"外研社杯"全国英语演讲大赛（官网 http：//uchall enge. unipus. cn/）是由外语教学与研究出版社、教育部高等学校大学外语教学指导委员会、教育部高等学校英语专业教学指导分委员会和中国外语与教育研究中心联合主办，北京外研在线教育科技有限公司和中国外语测评中心联合承办的公益大赛。大赛创办于 2002 年，每年举行一届，以演讲能力的提高为驱动力，全面提升学生的外语综合应用能力。赛题将以国际化人才要求为标准，融入思辨性、拓展性和创造性等关键要素，增强学生的跨文化交际意识，开拓其国际视野，提升其国际素养。

1. 参赛资格

（1）地面赛场　全国具有高等学历教育招生资格的普通高等学校在校本、专科学生或研究生，35 岁以下，中国国籍。

（2）网络赛场　全国具有高等学历教育招生资格的普通高等学校在校本、专科学生，研究生和外籍留学生，35 岁以下。曾获得往届"外研社杯"全国英语演讲大赛、"外研社杯"全国英语辩论赛出国及港澳交流奖项的选手不能再次参赛。

2. 竞赛形式

大赛包括地面赛场和网络赛场两种形式。地面赛场初赛由院校组织，选拔选手参加省（市、自治区）级复赛，每个地区复赛前 3 名选手参加全国决赛。网络赛场在大赛官网进行，在网络赛场评选中，网络投票环节所获票数前 3 名及成绩排名前 87 名的选手晋级全国决赛。主办单位还将邀请海外选手参赛，与地面赛场晋级的 90 名选手、网络赛场晋级的 90 名选手共同角逐决赛奖项。

3. 大赛赛程

5 月，大赛启动仪式，网络赛场报名，提交定题演讲视频。

6 月，各省（市、自治区）确定比赛程序与章程，发布比赛通知。

9 月，各省（市、自治区）确定复赛承办单位，发布复赛通知。

10 月、11 月，各省（市、自治区）完成复赛，网络赛公布比赛结果。

12 月，决赛。

4. 奖项设置

决赛设冠军、亚军、季军、一等奖、二等奖、三等奖及其他单项奖，决赛分四个阶段。进入决赛第四阶段的选手，设冠军 1 名、亚军 2 名、季军 5 名；第三阶段设一等奖 13 名；第二阶段设二等奖 69 名；第一阶段设三等奖。同时，为比赛过程中某一方面表现突出的选手设单项奖。

二、学科综合类竞赛

跨学科竞赛是不限于固定学科学生参与的竞赛，主要有创新创业类和综合类竞赛。近年来，培养学生科学精神、创新思维、创业意识和团队协作精神，提升创新创业能力的创新创业类竞赛应运而生，本小节分别介绍中国国际"互联网＋"大学生创新创业大赛、全国大学生电子商务"创新、创意及创业"挑战赛两项创新创业类竞赛，以及"挑战杯"竞赛、全国大学生节能减排社会实践与科技竞赛、全国大学生工程训练综合能力训练三项与土木学科关联度较高的综合竞赛。

（一）中国国际"互联网＋"大学生创新创业大赛

中国国际"互联网＋"大学生创新创业大赛（官网：https://cy.ncss.org.cn/）是为了贯彻落实《国务院办公厅关于深化高等学校创新创业教育改革的实施意见》，进一步激发高校学生创新创业热情，展示高校创新创业教育成果，搭建大学生创新创业项目与社会投资对接平台而创办的。自 2015 年起，每年举办一次。

第七届中国国际"互联网＋"大学生创新创业大赛总决赛于 2021 年 10 月 12 日在南昌大学拉开序幕，共有来自国内外 121 个国家和地区、4347 所院校的 228 万余个项目、956 万余人次报名参赛，基本囊括了哈佛大学、麻省理工学院、牛津大学、剑桥大学等世界排名前

100 的大学。中国国际"互联网＋"大学生创新创业大赛是目前国内高等教育界规格最高、影响面、覆盖面最大的竞赛，是综合性的创新创业实践课。2015—2021 年，参赛人数从首届不足 20 万大学生到第七届 956 万大学生（表4-6）。大赛中涌现出一大批科技含量高、社会效益好、产业化前景广阔的高质量项目，展现了当代大学生奋发有为、昂扬向上的精神风貌。大赛既是一场"双创"能力的展示与比拼，更是一次高校创新创业教育、人才培养模式的改革。大赛举办以来，各高校创新创业教育得到有力推动，改革活力得到进一步释放；高等教育人才培养模式呈现新格局，部部、部校、校校、校企、校所等各种渠道的协同育人模式更加成熟。

表4-6　2015—2021 年中国国际"互联网＋"大学生创新创业大赛数据分析

竞赛年份	参赛学校/所	参赛学生/万人
2015 年	1878	20
2016 年	2110	55
2017 年	2257	150
2018 年	2278	265
2019 年	4093	457
2020 年	4186	631
2021 年	4347	956

1. 大赛目的与任务

大赛旨在深化高等教育综合改革，激发大学生的创造力，培养"大众创业、万众创新"的生力军。大赛作为深化创新创业教育改革的重要抓手，引导各地各高校主动服务国家战略和区域发展，积极开展教育教学改革探索，切实提高高校学生的创新精神、创业意识和创新创业能力；推动创新创业教育与思想政治教育紧密结合、与专业教育深度融合，促进学生全面发展，努力成为德才兼备的有为人才；推动赛事成果转化和产学研用紧密结合，促进"互联网＋"新业态形成，服务经济提质增效升级，以创新引领创业、以创业带动就业，努力形成高校毕业生更高质量创业就业的新局面。

2. 组织机构

大赛由教育部牵头，相关部委和承办学校所在省共同主办，每年指定高校承办。各省（区、市）可根据实际成立相应的机构，或与相关机构加强合作，开展本地初赛和复赛的组织实施、项目评审和推荐等工作。

3. 参赛项目要求

参赛项目要求能够将移动互联网、云计算、大数据、人工智能、物联网等新一代信息技术与经济社会各领域紧密结合，培育基于互联网新时代的新产品、新服务，新业态、新模式；发挥互联网在促进产业升级及信息化和工业化深度融合中的作用，促进制造业、农业、能源、环保等产业转型升级；发挥互联网在社会服务中的作用，创新网络化服务模式，促进互联网与教育、医疗、交通、金融、消费生活等深度融合。

4. 参赛组别

大赛共设高教主赛道、"青年红色筑梦之旅"赛道、职教赛道、萌芽赛道。根据参赛项目所处的创业阶段、已获投资情况和项目特点等，分为本科生创意组、研究生创意组、初创组、成长组、师生共创组。

5. 大赛赛制

大赛采用校级初赛、省级复赛、全国总决赛三级赛制（不含萌芽赛道及国际参赛项目）。校级初赛由各院校负责组织，省级复赛由各地负责组织，总决赛由各省（区、市）按照大赛组委会确定的配额择优遴选推荐项目。大赛组委会将综合考虑各地报名团队数（含邀请国际参赛项目数）、参赛院校数和创新创业教育工作情况等因素分配全国总决赛名额。大赛共产生 3200 个项目入围总决赛（港澳地台地区参赛名额单列），其中高校主赛道 2000个（国内项目 1500 个，国际项目 500 个）、"青年红色筑梦之旅"赛道 500 个、职教赛道500 个、萌芽赛道 200 个。高教主赛道每所高校入选总决赛项目总数不超过 5 个，"青年红色筑梦之旅"赛道、职教赛道、萌芽赛道每所院校入选总决赛项目各不超过 3 个。

6. 赛程安排

（1）参赛报名（3~5 月）　参赛团队可通过登录"全国大学生创业服务网"（http：//cy. ncss. cn）或微信公众号（名称为"全国大学生创业服务网"或"中国国际'互联网+'大学生创新创业大赛"）任一方式进行报名。

（2）初赛复赛（6~9 月）　各省（区、市）各高校登录"全国大学生创业服务网"进行报名信息的查看和管理。省级管理用户使用大赛组委会统一分配的账号进行登录，校级账号由各省级管理用户进行管理。初赛复赛的比赛环节、评审方式等由各高校、各省（区、市）自行决定。各省（区、市）组织完成省级复赛，遴选参加全国总决赛的候选项目。

（3）总决赛（10 月）　大赛设金奖、银奖、铜奖和各项单项奖；另设高校集体奖、省市组织奖和优秀导师奖等。大赛专家委员会对入围全国总决赛项目进行网上评审，择优选拔项目进行现场比赛。大赛组委会通过"全国大学生创业服务网、教育部大学生就业服务网（新职业网）"为参赛团队提供项目展示、创业指导、投资对接、人才招聘等服务，各项目团队可登录上述网站查看相关信息，各地可利用网站提供的资源，为参赛团队做好服务。华为技术有限公司将为参赛团队提供多种资源支持。

7. 评审规则

各组评审要点及规则见表 4-7 ~ 表 4-12。

表 4-7　高教主赛道项目评审要点：本科生创意组、研究生创意组

评审要点	评审内容	分值
创新维度	1. 具有原始创新或技术突破，取得一定数量和质量的创新成果（专利、创新奖励、行业认可等） 2. 在商业模式、产品服务、管理运营、市场营销、工艺流程、应用场景等方面取得突破和创新	30
团队维度	1. 团队成员的教育、实践、工作背景、创新能力、价值观念等情况 2. 团队的组织构架、分工协作、能力互补、人员配置、股权结构以及激励制度合理性情况 3. 团队与项目关系的真实性、紧密性，团队对项目的各类投入情况，团队未来投身创新创业的可能性情况 4. 支撑项目发展的合作伙伴等外部资源的使用以及与项目关系的情况	25
商业维度	1. 商业模式设计完整、可行，项目已具备盈利能力或具有较好的盈利潜力 2. 项目目标市场容量及市场前景，项目与市场需求匹配情况、项目的市场、资本、社会价值情况，项目落地执行情况 3. 对行业、市场、技术等方面有翔实调研，并形成可靠的一手材料，强调实地调查和实践检验 4. 项目对相关产业升级或颠覆的情况；项目与区域经济发展、产业转型升级相结合情况	20

（续）

评审要点	评审内容	分值
就业维度	1. 项目直接提供就业岗位的数量和质量 2. 项目间接带动就业的能力和规模	10
引领教育	1. 项目的产生与执行充分展现团队的创新意识、思维和能力，体现团队成员解决复杂问题的综合能力和高级思维 2. 突出大赛的育人本质，充分体现项目成长对团队成员创新创业精神、意识、能力的锻炼和提升作用 3. 项目充分体现多学科交叉、专创融合、产学研协同创新等发展模式 4. 项目所在院校在项目的培育、孵化等方面的支持情况 5. 团队创新创业精神与实践的正向带动和示范作用	15

表 4-8　高教主赛道项目评审要点：初创组、成长组

评审要点	评审内容	分值
商业维度	1. 商业模式设计完整、可行，产品或服务成熟度及市场认可度 2. 经营绩效方面，重点考察项目存续时间、营业收入（合同订单）现状、企业利润、持续盈利能力、市场份额、客户（用户）情况、税收上缴、投入与产出比等情况 3. 成长性方面，重点考察项目目标市场容量大小及可扩展性，是否有合适的计划和可靠资源（人力资源、资金、技术等方面）支持其未来持续快速成长 4. 经营管理方面，是否有科学、完备的研发、销售、运营、管理、人力等制度和体系支撑项目发展 5. 现金流及融资方面，关注项目已获外部投资情况、维持企业正常经营的现金流情况、企业融资需求及资金使用规划是否合理 6. 项目对相关产业升级或颠覆的情况；项目与区域经济发展、产业转型升级相结合情况	30
团队维度	1. 团队成员的教育和工作背景、创新能力、价值观念、分工协作和能力互补情况，重点考察成员的投入程度及团队成员的稳定性 2. 团队的组织构架、股权结构、人员配置以及激励制度合理性情况 3. 支撑项目发展的合作伙伴等外部资源的使用以及与项目关系的情况	25
创新维度	1. 具有原始创新或技术突破，取得一定数量和质量的创新成果（专利、创新奖励、行业认可等） 2. 在商业模式、产品服务、管理运营、市场营销、工艺流程、应用场景等方面取得突破和创新	20
就业维度	1. 项目直接提供就业岗位的数量和质量 2. 项目间接带动就业的能力和规模	10
引领教育	1. 项目充分体现多学科交叉、专创融合、产学研协同创新等发展模式 2. 突出大赛的育人本质，充分体现项目成长对团队成员创新创业精神、意识、能力的锻炼和提升作用 3. 项目所在院校对项目发展的支持情况或项目与所在院校的互动、合作情况 4. 团队创新创业精神与实践的正向带动和示范作用	15

表 4-9　高教主赛道项目评审要点：师生共创组

评审要点	评审内容	分值
商业维度 （未注册公司）	1. 商业模式设计完整、可行，项目已具备盈利能力或具有较好的盈利潜力 2. 项目目标市场容量及市场前景，项目与市场需求匹配情况、项目的市场、资本、社会价值情况，项目落地执行情况 3. 对行业、市场、技术等方面有翔实调研，并形成可靠的一手材料，强调实地调查和实践检验 4. 项目对相关产业升级或颠覆的情况；项目与区域经济发展、产业转型升级相结合情况	30
商业维度 （已注册公司）	1. 商业模式设计完整、可行，产品或服务成熟度及市场认可度 2. 经营绩效方面，重点考察项目存续时间、营业收入（合同订单）现状、企业利润、持续盈利能力、市场份额、客户（用户）情况、税收上缴、投入与产出比等情况 3. 成长性方面，重点考察项目目标市场容量大小及可扩展性，是否有合适的计划和可靠资源（人力资源、资金、技术等方面）支持其未来持续快速成长 4. 经营管理方面，是否有科学、完备的研发、销售、运营、管理、人力等制度和体系支撑项目发展 5. 现金流及融资方面，关注项目已获外部投资情况、维持企业正常经营的现金流情况、企业融资需求及资金使用规划是否合理 6. 项目对相关产业升级或颠覆的情况；项目与区域经济发展、产业转型升级相结合情况	30
团队维度	1. 团队成员的教育和工作背景、创新能力、价值观念、分工协作和能力互补情况，重点考察师生分工协作、利益分配情况及合作关系稳定程度 2. 项目的组织构架、股权结构、人员配置以及激励制度合理性情况 3. 支撑项目发展的合作伙伴等外部资源的使用以及与项目关系的情况	25
创新维度	1. 具有原始创新或技术突破，取得一定数量和质量的创新成果（专利、创新奖励、行业认可等） 2. 在商业模式、产品服务、管理运营、市场营销、工艺流程、应用场景等方面取得突破和创新	20
就业维度	1. 项目直接提供就业岗位的数量和质量 2. 项目间接带动就业的能力和规模	10
引领教育	1. 项目展现了师生共创对团队成员特别是学生的创新创业能力的提升 2. 项目充分体现多学科交叉、专创融合、产学研协同创新等发展模式 3. 突出大赛的育人本质，充分体现项目成长对团队成员创新创业精神、意识、能力的锻炼和提升作用 4. 项目所在院校对项目发展的支持情况或项目与所在院校的互动、合作情况 5. 团队创新创业精神与实践的正向带动和示范作用	15

表 4-10　"青年红色筑梦之旅"赛道项目评审要点：公益组

评审要点	评审内容	分值
项目团队	1. 团队成员的基本素质、业务能力、奉献意愿和价值观与项目需求相匹配 2. 团队的组织架构与分工协作合理 3. 团队权益结构或公司股权结构合理 4. 团队的延续性或接替性	20
公益性	1. 项目以社会价值为导向，以解决社会问题为使命，不以营利为目的，有可预见的公益成果，公益受众的覆盖面广 2. 在公益服务领域有良好产品或服务模式	15
实效性	1. 项目对巩固脱贫攻坚成果、乡村振兴和社区治理等社会问题的贡献度 2. 在引入社会资源方面对农村组织和农民增收、地方产业结构优化等的效果 3. 项目对促进就业、教育、医疗、养老、环境保护与生态建设等方面的效果	20

（续）

评审要点	评审内容	分值
创新性	1. 鼓励技术或服务创新、引入或运用新技术，鼓励高校科研成果转化 2. 鼓励组织模式创新或进行资源整合	20
可持续性	1. 项目的持续生存能力 2. 创新研发、生产销售、资源整合等持续运营能力 3. 项目模式可复制、可推广、具有示范效应等	10
引领教育	1. 项目充分展示了创业团队扎根中国大地了解国情民情，运用创新思维和创业能力服务社会 2. 项目充分体现专业教育与创新创业教育的有机融合，充分体现思政教育与创新创业教育的有机融合 3. 突出大赛的育人本质，充分体现项目成长对团队成员的社会责任感、创新精神、实践能力的锻炼和提升作用 4. 项目所在院校对项目发展的支持情况或项目与所在院校的互动、合作情况 5. 团队创新创业、社会服务精神的正向带动和示范作用	15
必要条件	参加由学校、省市或全国组织的"青年红色筑梦之旅"活动，符合公益性要求	

表 4-11 "青年红色筑梦之旅" 赛道项目评审要点：创意组

评审要点	评审内容	分值
项目团队	1. 团队成员的基本素质、业务能力、奉献意愿和价值观与项目需求相匹配 2. 团队的组织架构、股权结构、人员结构与分工协作合理 3. 团队外部资源引用及与项目关系结构清晰，逻辑合理	20
创新性	1. 鼓励高校科研成果和文创成果在乡村或社区进行产业转化落地与实践应用 2. 鼓励技术或服务创新、引入或运用新技术在乡村和社区生产生活中的实践应用 3. 鼓励组织和协作模式的创新或进行资源有效性优化和整合	20
实效性	1. 项目商业模式设计完整、可行，产品或服务对巩固脱贫攻坚成果、乡村振兴和社区治理等社会问题的贡献度 2. 项目对农民增收、农村组织、社区服务和地方产业结构优化的效果 3. 项目对促进文化、教育、医疗、养老、环境保护与生态建设等方面的效果	20
可持续性	1. 项目的持续生存能力，在创新研发、生产销售、资源整合等方面具备良性成长能力 2. 项目具备模式可复制性、产业可推广性、成果可示范性等 3. 项目的成长与区域经济发展、地方产业升级高度融合，经济价值和社会价值适度融合	15
带动就业	1. 项目直接提供就业岗位的数量和质量 2. 项目间接带动就业的能力和规模	10
引领教育	1. 项目充分展示了创业团队扎根中国大地了解国情民情，运用创新思维和创业能力服务社会 2. 项目充分体现专业教育与创新创业教育的有机融合，充分体现思政教育与创新创业教育的有机融合 3. 突出大赛的育人本质，充分体现项目成长对团队成员的社会责任感、创新精神、实践能力的锻炼和提升作用 4. 项目所在院校对项目发展的支持情况或项目与所在院校的互动、合作情况 5. 团队创新创业、社会服务精神的正向带动和示范作用	15
必要条件	参加由学校、省市或全国组织的"青年红色筑梦之旅"活动	

表 4-12 "青年红色筑梦之旅"赛道项目评审要点：创业组

评审要点	评审内容	分值
项目团队	1. 团队成员的基本素质、业务能力、奉献意愿和价值观与项目需求相匹配 2. 团队的组织架构与分工协作合理 3. 团队权益结构或公司股权结构合理	20
实效性	1. 项目商业模式设计完整、可行，产品或服务对巩固脱贫攻坚效果、乡村振兴和社区治理等社会问题的贡献度 2. 在引入社会资源方面对农村组织和农民增收、地方产业结构优化的效果 3. 项目对促进文化、教育、医疗、养老、环境保护与生态建设等方面的效果 4. 项目的成长性与区域经济发展、产业转型升级相结合	20
创新性	1. 鼓励技术或服务创新、引入或运用新技术，鼓励高校科研成果转化 2. 鼓励在生产、服务、营销等方面创新 3. 鼓励组织模式创新或进行资源整合	20
可持续性	1. 项目的持续生存能力 2. 经济价值和社会价值适度融合 3. 创新研发、生产销售、资源整合等持续运营能力 4. 项目模式可复制、可推广，具有示范效应	15
带动就业	1. 项目直接提供就业岗位的数量和质量 2. 项目间接带动就业的能力和规模	10
引领教育	1. 项目充分展示了创业团队扎根中国大地了解国情民情，运用创新思维和创业能力服务社会 2. 项目充分体现专业教育与创新创业教育的有机融合，充分体现思政教育与创新创业教育的有机融合 3. 突出大赛的育人本质，充分体现项目成长对团队成员的社会责任感、创新精神、实践能力的锻炼和提升作用 4. 项目所在院校对项目发展的支持情况或项目与所在院校的互动、合作情况 5. 团队创新创业、社会服务精神的正向带动和示范作用	15
必要条件	参加由学校、省市或全国组织的"青年红色筑梦之旅"活动	

8. 奖项设置

高教主赛道：中国大陆地区参赛项目设金奖 150 个、银奖 350 个、铜奖 1000 个，中国港澳台地区参赛项目设金奖 5 个、银奖 15 个、铜奖另定，国际参赛项目设金奖 50 个、银奖 100 个、铜奖 350 个；设置最佳带动就业奖、最佳创意奖、最具商业价值奖、最具人气奖等若干单项奖；设置高校集体奖 20 个、省市优秀组织奖 10 个（与职教赛道合并计算）和优秀创新创业导师若干名。

青年红色筑梦之旅赛道：设置金奖 50 个、银奖 100 个、铜奖 350 个；设置乡村振兴奖、社区治理奖等若干单项奖；设置高校集体奖 20 个、省市优秀组织奖 8 个和优秀创新创业导师若干名。

职教赛道：设置金奖 50 个、银奖 100 个、铜奖 350 个；设置院校集体奖 20 个，省市优秀组织奖 10 个（与高教主赛道合并计划），优秀创新创业导师若干名。

萌芽赛道：设置创新潜力奖 20 个、单项奖若干个。

（二） 全国大学生电子商务"创新、创意及创业"挑战赛

全国大学生电子商务"创新、创意及创业"挑战赛（官网 http：//3chuang.fsbuc.com/，以下简称三创赛）是激发大学生兴趣与潜能，培养大学生创新意识、创意思维、创业能力及团队协同实战精神的学科性竞赛，促进了大学生的就业和创业。竞赛对开展创新教育和实践教学改革、加强产学研之间联系起到积极示范作用。竞赛由教育部高等学校电子商务类专业教学指导委员会主办，竞赛分为校赛、省赛和全国总决赛三级赛事，首届竞赛从 2009 年开始。

1. 项目要求

挑战赛采取主题赛方式，强调理论与实践相结合、校企合作办竞赛。竞赛题目来源可以为国内外企业、行业出题及学生自拟题目。竞赛鼓励大学生围绕竞赛主题自选题目参加，提倡不拘一格选题参赛，鼓励创新思维、创意设计和创业实施。根据全国大赛要求，确定主题有三农电子商务、工业电子商务、跨境电子商务、电子商务物流、互联网金融、移动电子商务、旅游电子商务、校园电子商务、电商抗疫与其他类电子商务等领域。

2. 作品要求

赛事强调参赛项目的原创性，所有参赛项目必须为参赛团队未公开发表的原创作品，并不得在之前参加过其他公开比赛。对于继承（迭代）创新的作品，要有显著的内容创新，并在商业计划书中明确说明创新点，如涉及侵权，参赛队要自行承担相应的责任。

3. 参赛资格和指导原则

1）凡是经国家教育部批准的普通高等学校的在校大学生，每位选手经本校教务处等机构证明都有资格参赛，高校教师既可以作为指导老师（在学生队中）也可以作为参赛选手（在混合队中做队长或队员）组成师生混合队参赛。

2）参赛选手有两种组队方式（分两类竞赛）。① 学生队：在校大学生作为队长，学生作为队员组队；②混合队：高校教师作为队长，但本队中老师人数不得多于学生人数。

3）参赛选手每人每年只能参加一个题目的竞赛，一个题目最少 3 个人参加，最多 5 个人参加，其中一位为队长，提倡合理分工，学科交叉，优势结合，可以跨校组队，以队长所在学校为该队报名学校。

4）一个题目最多可以有 2 名教师和 2 名企业界导师指导。

5）大赛鼓励亲友助赛，一个参赛选手可以提供 2 名亲友助赛，大赛将采取摇奖的方式邀请部分亲友到现场助赛，进一步吸收社会力量，提高参赛队的参赛水平和获得社会更多的关注及帮助。

6）大赛鼓励参赛选手的创新思维、创意设计和创业实施。

4. 赛程与报名

大赛采用校级初赛、省级复赛、全国总决赛三级赛制。校级初赛一般安排在 4 月底前完成，省级复赛安排在 6 月份完成，全国总决赛在 7 月举行。

（1）承办学校（校赛、省赛）注册　承办学校（校赛、省赛）都必须在官方网站上注册（由承办单位负责人或联系人注册）。承办学校必须将承办申请（校级赛《校级备案书》，省级赛《分省级赛承办申请书》）按时在官方网站提交，经大赛竞组委审核通过后方可确认为有效承办单位。

（2）参赛队报名　在确认本校已经注册为承办学校之后，参赛队伍到官方网站上统一注册（由队长注册），以便规范管理和提供必要的服务。报名时首先选择所在省份及（已经注册并审核通过的）学校并填写参赛队员、指导老师及助赛亲友情况，参赛题目可以在报名时间截止前确定。所有参赛队伍必须由本校三创赛承办负责人在官网上对参赛队伍进行审核通过，在报名审核结束之前由本校三创赛承办负责人将该校所有参赛团队信息盖章（教务处或校章）扫描发送到组委会邮箱，大赛秘书处查验通过后才能确认为有效参赛队。

5. 参赛作品评分参考标准与奖项设置

三创赛参赛作品评分标准见表4-13。

表4-13 三创赛参赛作品评分标准

评分内容	描 述	分值
创新	项目具备了明确的创新点，新产品、新技术、新模式、新服务等至少有一个明确创新点	25
创意	进行了较好的创新项目的商务策划和可行性分析。商务策划主要是业务模式、营销模式、技术模式、财务支持等。项目可行性分析主要是经济、管理、技术、市场等可行性分析	25
创业	开展了一定的实践活动，包括（但不限于）创业的准备、注册公司或与公司合作、电商营销、经营效果等。需要提供相关项目的证明材料	25
演讲	团队组织合理，分工合作、配合得当；服装整洁，举止文明，表达清楚；有问必答，回答合理	15
文案	提交文案和演讲PPT的逻辑结构合理，内容介绍完整、严谨，文字、图表清晰通顺，附录充分	10

1）根据校赛、省级赛、全国总决赛竞赛的具体情况可以分为学生队和混合队两类设置奖项。全国总决赛各等级奖项名额要求：特等奖10%（可空缺）、一等奖15%、二等奖25%、三等奖40%。在特等奖中还可评选出前三名，作为特别资助对象，鼓励其创业。大赛另设单项奖：最佳创新奖、最佳创意奖、最佳创业奖等。

2）校赛、省级选拔赛的获奖队名额要求：特等奖5%（可空缺）、一等奖10%、二等奖20%、三等奖30%，还可设置单项奖。

（三）"挑战杯"竞赛

"挑战杯"竞赛（官网http：//www.tiaozhanbei.net/）有两个类别并列项目，一个是"挑战杯"全国大学生课外学术科技作品竞赛（简称"大挑"），另一个是"挑战杯"中国大学生创业计划竞赛（简称"小挑"）。这两个项目的全国竞赛交叉轮流开展，每个项目每两年举办一届。1988年，清华大学首次设立校内"挑战杯"竞赛，竞赛于1989年在清华大学举行。次年，在国家教委的支持下，清华大学等34所高校和全国学联、中国科协及部分媒体联合发起举办了首届"挑战杯"大学生课外科技活动成果展览暨技术交流会，第二届竞赛于1991年在浙江大学举行。2019年11月第十六届"挑战杯"全国大学生课外学术科技作品竞赛终审决赛在北京航空航天大学举办，该届大赛，全国共有1573所高校的约300万大学生参加竞赛，经过各校赛、省赛层层选拔共有1513件作品入围国赛。"挑战杯"竞赛始终坚持"崇尚科学、追求真知、勤奋学习、锐意创新、迎接挑战"的宗旨，在促进青年创新人才成长、深化高校素质教育、推动经济社会发展等方面发挥了积极作用，在高校乃至社会上产生了广泛而良好的影响，被誉为当代大学生科技创新的"奥林匹克"盛会。

1. "挑战杯"大学生课外学术科技作品竞赛

（1）竞赛的基本方式 高等学校在校学生申报自然科学类学术论文、哲学社会科学类社会调查报告和学术论文、科技发明制作三类作品参赛，组委会聘请专家评定出具有较高学术理论水平、实际应用价值和创新意义的优秀作品，给予奖励，并组织学术交流和科技成果的展览、转让活动。

（2）参赛资格与作品申报　凡在举办决赛的当年 7 月 1 日以前正式注册的全日制非成人教育的各类高等院校在校专科生、本科生、硕士研究生和博士研究生（均不含在职研究生）都可申报作品参赛。申报参赛的作品必须是决赛当年 7 月 1 日前两年内完成的学生课外学术科技或社会实践活动成果，可分为个人作品和集体作品。每个学校参赛的作品总数不得超过 6 件，每人限报 1 件，作品中研究生的作品不得超过作品总数的 1/2，其中博士研究生的作品不得超过 1 件。

（3）竞赛赛程　大赛采用校级初赛、省级复赛、全国总决赛三级赛制。11 月，下发通知，是组织发动阶段；3 月至 6 月，是省级初评和组织申报阶段；7 月至 10 月，是全国复赛和参赛准备阶段；10 月，是全国决赛和表彰阶段。

（4）奖项设置　全国评审委员会对各省级组织协调委员会和发起高校报送的参赛作品进行预审，评出 80% 左右的参赛作品入围获奖作品。其中 40% 获得三等奖，其余 60% 进入终审决赛，再评出特等奖、一等奖、二等奖，其余部分获得三等奖。参赛的自然科学类学术论文、哲学社会科学类社会调查报告和学术论文、科技发明制作三类作品各设特等奖（3%）、一等奖（8%）、二等奖（24%）、三等奖（65%）。本专科生、硕士研究生、博士研究生三个学历层次作者的作品获奖数与其入围作品数成正比。竞赛设 10 个左右省级优秀组织奖和获得入围作品高校数 30% 左右的高校优秀组织奖。

2. "挑战杯"中国大学生创业计划竞赛

（1）竞赛的基本方式　高等学校在校学生通过申报商业计划书参赛，有条件的团队可在此基础上进行商业运营实践，组委会聘请专家评定出具备一定操作性、应用性及良好市场潜力和发展前景的优秀作品，给予奖励，并组织作品和成果的交流、展览、转让活动。

（2）参赛资格与作品申报　凡在举办决赛的当年 7 月 1 日以前正式注册的全日制非成人教育的各类高等院校在校专科生、本科生、硕士研究生和博士研究生（均不含在职研究生）都可参赛。参加竞赛作品分为已创业（甲类）与未创业（乙类）两类；分为农林、畜牧、食品及相关产业，生物医药，化工技术，环境科学，电子信息，材料，机械能源，服务咨询七组。作品实行分类、分组申报。

参赛形式以学校为单位统一申报，以创业团队形式参赛，原则上每个团队人数不超过 10 人。对于跨校组队参赛的作品，须事先协商明确作品的申报单位。每个学校选送参加主体竞赛的作品总数不得超过 3 件（专项竞赛名额另计），每个人（团队）限报 1 件。

（3）竞赛赛程　竞赛采取学校、省（自治区、直辖市）和全国三级赛制，分预赛、复赛、决赛三个赛段进行。参赛作品须经过本省（区、市）组织协调委员会进行资格及形式审查和本省（区、市）评审委员会初步评定后，方可上报全国组织委员会办公室。

（4）奖项设置　全国评审委员会对各省（自治区、直辖市）报送的参赛作品进行复审，评出参赛作品总数的 90% 左右进入决赛。决赛设金奖（10%）、银奖（20%）、铜奖（70%），各组参赛作品获奖比例原则上相同。全国评审委员会将在复赛、决赛阶段，针对已创业（甲类）与未创业（乙类）两类作品实行相同的评审规则，计算总分时，将视已创业作品的实际运营情况，在其实得总分基础上给予 5% ~ 15% 的加分。竞赛设 20 个左右的省级优秀组织奖和进入决赛高校数 30% 左右的高校优秀组织奖，奖励在竞赛组织工作中表现突出的省份和高校。专项赛事单独设置奖项。

（四）全国大学生节能减排社会实践与科技竞赛

全国大学生节能减排社会实践与科技竞赛（官网 http：//jnjp. hit. edu. cn/，简称节能减排大赛）是教育部为落实国家节能减排全民行动计划的重要举措，也是教育部节能减排学校行动计划的重要组成部分。竞赛充分体现了"节能减排、绿色能源"的主题，紧密围绕国家能源与环境政策，紧密结合国家重大需求，起点高、规模大、精品多、覆盖面广。通过竞赛可以增强大学生节能环保意识、科技创新意识和培养团队协作精神，扩大大学生科学视野，提高大学生创新设计能力、工程实践能力和社会调查能力。

首届全国大学生节能减排社会实践与科技竞赛于 2008 年在浙江大学成功举办，共有 88 所高校的 505 件作品参加了此次竞赛，参赛作品类型多、专业性强、涵盖面广，涉及了能源、机械、资源、建筑、电气、海洋、社会、经济、矿业等多个领域。最终入围决赛的 100 件优秀作品来自 55 所高校。2019 年 8 月，第十二届全国大学生节能减排大赛在华北理工大学举行，大赛吸引了来自全国 30 个省份的 393 所高校参加，收到正式申报作品 4102 件，参赛高校数量、作品数量、决赛规模均创历史新高。

1. 组织机构

全国大学生节能减排社会实践与科技竞赛由教育部高等教育司主办，委托教育部高等学校能源动力学科教学指导委员会组织，高校轮流承办。竞赛设竞赛委员会，竞赛委员会下设专家委员会和组织委员会。

2. 竞赛主题

参赛作品应体现"节能减排，绿色能源"主题，以增强大学生节能环保意识、科技创新意识和团队协作精神为目的。作品应为体现新思维、新思想的实物制作（含模型）、软件、设计和社会实践调研报告。作品内容涉及各行业，如能源、机械、资源、建筑、电气、海洋、社会、经济、矿业等。作品通过评审、展示，有效地促进了节能减排技术及相关领域的学术交流和学科交融。

3. 参赛资格

参赛学校为普通高等院校。申报参赛的作品以小组申报，每个小组不超过 7 人。参赛队员应为在竞赛报名起始日前正式注册的全日制非成人教育的高等院校在校中国国籍专科生、本科生、研究生（不含在职研究生）。

4. 竞赛安排

原则上各校申报作品时间为每年 1 月份，全国决赛时间为 8 月份。各校根据全国组委会分派的参赛作品名额在官方网站进行申报，申报的作品通过网评选拔全国决赛作品。进入全国决赛的作品进行集中场展览或演示，专家委员会进行现场答辩与评审决定获奖作品。

5. 奖项设置

竞赛设立特等奖、一等奖、二等奖、三等奖和优秀奖、单项奖及优秀组织奖，获奖比例由竞赛委员会根据参赛规模的实际情况确定。为保证全国竞赛评奖工作的公正性，对全国竞赛的评奖初步结果执行异议制度，异议期自评审初步结果公示之日起为期 15 天。

（五）全国大学生工程训练综合能力竞赛

全国大学生工程训练综合能力竞赛（官网 http：//www. gcxl. edu. cn/）是基于国内各高校综合性工程训练教学平台，突出能力，强化实践，注重创新，提升大学生工程创新意识、实践能力和团队合作精神，促进创新人才培养而开展的一项公益性科技创新实践活动。竞赛以"重在实践，鼓励创新"为指导思想，旨在加强大学生工程实践能力、创新意识和合作精神的培养，激发大学生进行科学研究与探索的兴趣，挖掘大学生的创新潜能与智慧，为优秀人才脱颖而出创造良好的条件；同时，推动高等教育人才培养模式和实践教学的改革，不断提高人才培养的质量。通过竞赛活动，加强教育与产业、学校与社会、学习与创业之间的联系。竞赛每两年举办一届，自 2009 年首届至 2019 年已举办 6 届。

1. 参赛资格与赛制

竞赛面向全国各类本科院校在校大学生，实行校、省（自治区、直辖市）、全国三级竞赛制度，以校级竞赛为基础，逐级选拔进入上一级竞赛。凡在全国竞赛举办当年为正式注册的全国各类高等院校在校全日制本科学生均可报名参赛。

2. 竞赛报名

参赛方式以队为基本单位，每个参赛学校不超过一队，每队学生人数不超过 3 人，指导教师和领队合计不超过 2 人，均以所在学校名义报名参加。参赛选手需填写报名表，报名表须加盖所在学校和省级教育行政部门的公章。报名表需通过邮寄和 E – mail 两种方式寄给全国竞赛组委会。

3. 参赛要求

1）在集中竞赛阶段的现场竞赛过程中，参赛学生可以使用各种图书资料和计算机，但不得与本参赛队之外的人员进行交流，也不可以与指导教师交流。

2）参赛小组应统一按照全国竞赛组委会发布的命题及其规则，在参加竞赛前向秘书处提交所要求的设计报告及实物等材料。

3）要求参赛学生提交设计报告和实物作品。设计报告包括命题要求的功能方案设计、结构方案设计、控制方案设计、工艺方案设计、经济成本分析和操作流程管理与模拟等。

4. 评审原则

评审组对参赛作品的选题、综合分析能力、创新设计能力、工艺综合设计能力、实际动手操作能力和工程管理综合应用能力等方面进行综合评价，依据比赛成绩评定标准对参赛作品进行评分。每个作品的得分由评审组给出的分数综合得出，按照得分高低，确定作品的获奖等级。

5. 奖项设置

全国竞赛设特等奖、一等奖、二等奖、三等奖及优秀奖、优秀组织奖、优秀指导教师奖。每届全国竞赛设特等奖一项（可空缺），其余奖项的数量和比例由全国竞赛组织委员会根据每届竞赛实际情况确定，并在赛前公布。

三、专业学科知识类竞赛

土木工程学生可参加的专业学科知识类竞赛主要有全国周培源大学生力学竞赛（以下简称力学竞赛）、全国大学生结构设计竞赛（以下简称结构设计竞赛）、全国大学生交通科技大赛（以下简称交通科技大赛）、全国大学生混凝土材料设计大赛、"中交公规院杯"世界大学生桥梁设计大赛、全国大学生先进制图技能大赛、全国"斯维尔杯"BIM 应用技能大赛等竞赛。全国大学生"茅以升公益桥——小桥工程"设计大赛等。

（一）力学竞赛

力学竞赛（官网 http：//zpy. cstam. org. cn）是一项促进高等学校力学基础课程的改革与建设，增进青年学生学习力学的兴趣的科技活动，也是一项加强理工科高校学生的素质教育和培养学生的动手能力、创新能力和团队协作精神的赛事，更是一项考验广大青年学生灵活运用课堂力学知识、发现和选拔后继创新人才的课外活动。1988 年至 2021 年，力学竞赛已连续举办了 13 届，设有竞赛章程。

1. 组织机构

由教育部高等学校力学教学指导委员会、力学基础课程教学指导分委员会、中国力学学会和周培源基金会共同主办，中国力学教育工作委员会、科普工作委员会、各省（自治区、直辖市）力学学会与一所高校协办，并委托《力学与实践》编委会承办，协办高校每届轮换。

2. 竞赛内容和方式

力学竞赛分为个人赛和团体赛。力学竞赛的基础知识覆盖理论力学与材料力学两门课程的理论和实验，着重考核灵活运用基础知识、分析和解决问题的能力。考试范围可参考教育部基础力学课程教学指导委员会所颁布的理论力学和材料力学的教学大纲。竞赛包括个人赛和团体赛，个人赛采用闭卷笔试方式，理论力学和材料力学综合为一套试卷。团体赛分为"理论设计与操作"和"基础力学实验"两部分，采取团体课题研究（实验测试）的方式。

3. 参赛对象与报名方式

（1）各省（自治区、直辖市）及港澳台地区年龄在 30 周岁（含）以下（竞赛当年 12 月底不满 31 周岁）的在校大学专科生、本科生及研究生均可报名参加。

（2）由高等学校（研究所）直接向所在省（自治区、直辖市）或特区竞赛分组织委员会报名。具体报名事宜见当年通知或竞赛网站。为了吸引更多的学生参赛，竞赛内容精简为只含理论力学和材料力学两门工科学生普遍学习的课程。为了保证平等竞争，竞赛采用了闭卷方式，在全国各考点同一时间用统一试卷。

4. 奖励办法

1）由竞赛组织委员会组织专家根据个人赛成绩评出全国竞赛个人特等奖 5 名，一等奖 0.3%（不少于 15 名），二等奖 0.5%（不少于 25 名），全国三等奖和优秀奖以各省（市）分赛区报名人数为基数，以各省（市）阅卷成绩评选出三等奖 5%，优秀奖 15%。

2）获奖者名单将在周培源大学生力学竞赛网站和《力学与实践》杂志上公布，由全国竞赛组委会授予证书。有关竞赛的消息和竞赛试题、答案将在《力学与实践》杂志上陆续刊出。

5. 第八届力学竞赛试题分享（出题学校：清华大学）

（1）看似简单的小试验（30 分）　某学生设计了三个力学试验，其条件和器材很简单。如图 4-3 所示，已知光滑半圆盘质量为 m，半径为 r，可在水平面上左右移动。坐标系 Oxy 与半圆盘固结，其中 O 为圆心，x 轴水平，y 轴竖直。小球 P_i（$i=1$，2，3）的质量均为 m。重力加速度 g 平行于 y 轴向下，不考虑空气阻力和小球尺寸。每次试验初始时刻半圆盘都处于静止状态。

1）如果她扔出小球 P_1，出手的水平位置 $x_0 \geqslant r$，但高度、速度大小和方向均可调整，问小球 P_1 能否直接击中半圆盘边缘最左侧的 A 点？证明你的结论（6 分）。

2）如果她把小球 P_2 从半圆盘边缘最高处 B 点静止释放，由于微扰动小球向右边运动。求小球 P_2 与半圆盘开始分离时的角度 φ（12 分）。

3）如果她让小球 P_3 竖直下落，以 v_0 的速度与半圆盘发生完全弹性碰撞（碰撞点在 $\varphi = 45°$ 处），求碰撞结束后瞬时小球 P_3 与半圆盘的动能之比（12 分）。

（2）组合变形的圆柱体（20 分）　圆柱（见图 4-4）AB 的自重不计，长为 L，直径为 D，材料弹性模量为 E，泊松比为 ν，剪切屈服应力为 τ_s。其中圆柱 A 端固定，B 端承受引起 50% 剪切屈服应力的扭矩 M_T 作用。

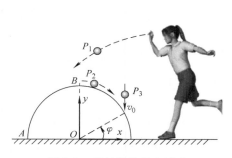
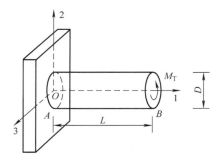

图 4-3　看似简单的小试验　　　　　　　　　图 4-4　组合变形的圆柱体

1）求作用于圆柱上的扭矩 M_T（6 分）。

2）应用第三强度理论（最大剪应力理论），求在圆柱 B 端同时施加多大的轴向拉伸应力而不产生屈服（6 分）。

3）求在第二个问题情况下圆柱体的体积改变量（8 分）。

（3）顶部增强的悬臂梁（30 分）　如图 4-5 所示，有一模量为 E_1 的矩形截面悬臂梁 AB，A 端固定，B 端自由。梁长为 L，截面高度为 h_1，宽度为 b。梁上表面粘贴模量为 $E_2 = 2E_1$ 的增强材料层，该层高度 $h_2 = 0.1h_1$，长度和宽度与梁 AB 相同。工作台面 D 距离 B 端下表面高度为 Δ。在 B 端作用垂直向下的荷载 F_P。不考虑各部分的自重。

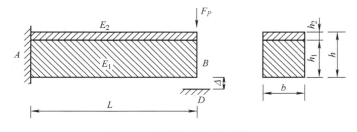

图 4-5　顶部增强的悬臂梁

1）求组合截面中性轴的位置（6 分）。

2）求使梁 B 端下表面刚好接触 D 台面所需的力 F_P（8 分）。

3）求此时粘贴面无相对滑动情况下的剪力（6 分）。

4）计算梁的剪应力值并画出其沿梁截面高度的分布图（10 分）。

（4）令人惊讶的魔术师（20 分）　如图 4-6 所示，一根均质细长木条 AB 放在水平桌面上，已知沿着 AB 方向推力为 F_1 时刚好能推动木条。但木条的长度、质量和木条与桌面间的摩擦因数均未知。魔术师蒙着眼睛，让观众把 n 个轻质光滑小球等间距地靠在木条前并顺序编号（设 n 充分大），然后在任意位置慢慢用力推木条，要求推力平行于桌面且垂直于 AB。当小球开始滚动时，观众只要说出运动小球的最小号码 $n_{\min}$ 和最大号码 $n_{\max}$，魔术师就能准确地说出推力的作用线落在某两个相邻的小球之间。魔术师让观众撤去小球后继续表演，观众类似前面方式在任意位置推动木条，只要说出刚好能推动木条时的推力 F_2，魔术师就能准确地指出推力位置。

图 4-6 令人惊讶的魔术师

1）简单说明该魔术可能涉及的力学原理（4 分）。

2）如何根据滚动小球的号码知道推力作用在哪两个相邻小球之间（12 分）？

3）如果观众故意把 F_2 错报为 $1/2F_2$，魔术师是否有可能发现（4 分）？

（5）对称破缺的太极图（20 分） 如图 4-7 所示，某宇航员在太空飞行的空闲时间，仔细地从一块均质薄圆板上裁出了半个太极图形，并建立了与图形固结的坐标系 Oxz。他惊奇地发现虽然该图形不具有对称性，但仍具有很漂亮的几何性质，惯性矩 $I_x = I_z$。他质疑上述性质是否具有普遍性，于是随意地将 Oxz 坐标系绕 O 点转动 α 角，得到新的坐标系 $Ox'z'$，仍然发现 $I_{x'} = I_{z'}$。

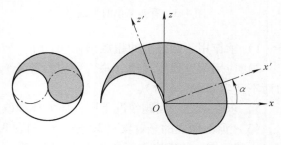

图 4-7 对称破缺的太极图

接着他发现该图形在太空失重情况下不可能绕 z 轴平稳地旋转。看到手边正好有一些钢珠，质量分别为 $m_i = 1/16m \times i, (i = 1, 2, \cdots, 16)$，其中 m 是半太极图形的质量，他想尝试把钢珠粘贴在图形上。

1）试证明该图形 $I_x = I_z = I_{x'} = I_{z'}$ 是否成立（10 分）。

2）不考虑钢珠的尺寸和黏结剂的质量，是否可能在某处粘贴上一颗钢珠后，图形就能平稳地绕 z 轴旋转？简要说明理由（10 分）。

（二）结构设计竞赛

结构设计竞赛（官网：http：//www.structurecontest.com）是教育部确定的全国九大大学生学科竞赛之一，竞赛确立了"3C"宗旨，即创造（Creativity）、协作（Cooperation）、实践（Construction）；遵循"公平、公正、公开"原则；践行"展示才华、提升能力、培养协作、享受过程"理念。作为教育个性化的一种有效手段和科技实践活动，结构设计竞赛是土建类院校一项极富创造性、挑战性的科技竞赛。大赛旨在通过大学生动手制作结构模型并参与竞赛现场交流，以赛促学、深化交流，让创意和灵感在结构的世界里汇聚、碰撞并升华。它的组织开展与现场竞技是土木学科办学综合实力检验，已成为国内土木工程专业最具影响力的大学生科技创新活动赛事，是国内高校土木工程学科最高水平竞赛。竞赛的规模和影响力在国内大学生学科竞赛中位居榜首，被誉为"土木皇冠上最璀璨的明珠"，为大学生科技创新活动起到积极示范与推动作用。结构设计竞赛设有竞赛章程。

1. 组织机构

结构设计竞赛由中国高等教育学会工程教育专业委员会、高等学校土木工程学科专业指导委员会、中国土木工程学会教育工作委员会和教育部科学技术委员会、环境与土木水利学部共同主办，设全国大学生结构设计竞赛组织委员会（简称组委会）和秘书处，各省（自治区、直辖市）成立分赛区和相应机构。首届结构竞赛是2005年由浙江大学等11所高校倡导发起的。

2. 竞赛安排

竞赛分省（自治区、直辖市）分区赛和全国竞赛两个阶段进行。全国竞赛时间安排在每年10月中下旬举行。省（自治区、直辖市）分区赛一般由省（自治区、直辖市）教育等行政部门或委托相关学会主办，由各省（自治区、直辖市）竞赛秘书处组织完成分区赛任务，每年4月至7月上旬举行分赛区竞赛。

前十届是单一全国竞赛组织形式，自2017年采用各省（自治区、直辖市）分区（东北、华北、华东、华中、华南、西北、西南）与全国竞赛两个阶段的全新竞赛组织模式，扩大了参赛高校和学生受益面。参加全国竞赛高校总数（或队数）控制在120所以内，同时邀请部分境外的高校。2005年至2021年，全国大学生结构竞赛已举办14届。

3. 竞赛与参赛要求

参赛队由3名学生组成，指导教师1~2名（3名及以上署名指导组），参赛学生必须属于同一所高校在籍的全日制本科生、大专生，指导教师必须是参赛队所属高校在职教师。

全国竞赛原则上采用统一题目，在同一时间和地点，使用统一规格的材料、工具、加载测试设备（仪器）进行，也可视命题形式采用其他方式。全国竞赛环节包括报名、报到、提交宣传资料、提交理论方案、参加开幕式、参加赛前说明会、参加领队会、现场模型制作、陈述答辩、加载测试和参加闭幕式（颁奖仪式）等，参赛队必须全程参与，方可取得评奖资格与获奖成绩。

4. 结构竞赛内容

结构竞赛是一种模型竞赛模式，其主要内容为方案设计与理论分析、结构模型制作、作品介绍与答辩、模型加荷试验。针对给定某种结构和制定的材料，要求学生在规定的时间（通常为3天）内现场设计并制作结构模型，进行现场模型加载试验。其目的在于通过方案设计、力学分析、模型制作、加载试验和现场答辩等一系列过程，培养大学生的创新意识、合作精神，提高大学生的创新设计能力、动手实践能力和综合素质。

5. 命题发布与评分标准

命题应结合社会领域需求和实际工程背景，注重问题导向，突出考查土木工程结构概念与体系问题，且难度适中。制作材料一般应选用材质相对稳定与安全性，且加工方便的材料。计算公式指标的设定应考虑其科学性与合理性。测试仪器的选用应考虑测试简便、易于操作性、经济性和实效性。加载测试的指标应可量化，加载测试过程应可观性，体现客观、公平、公正、公开的原则。承办全国竞赛高校一般应提前一年成立命题组，并提交两个命题方案在全国竞赛专家会上商讨和确定最终方案，经在一定范围内组织模拟比赛，并进一步修改完善，于竞赛当年1月底前将赛题方案提交全国竞赛秘书处，2月经全国竞赛专家再次审定和修改通过后，3 月上旬由全国竞赛秘书处通知省（自治区、直辖市）竞赛秘书处，并在全国竞赛官方网站公布赛题和相关通知。结构设计竞赛评分标准见表 4-14。

表 4-14　全国大学生结构设计竞赛评分标准

内容	分值	标准	备注
理论方案	5	计算内容的科学性、完整性、准确性和图文表达的清晰性与规范性等评分	主观分
现场制作模型	10	模型结构的合理性、创新性、制作质量、美观性和实用性等评分	
现场陈述与答辩	5	内容表述、逻辑思维、创新点和回答等	
现场加载测试	80	一般由模型自重和计算公式科学计算得分组成	客观分

6. 参赛与奖项设置

全国竞赛设立等级奖、单项奖、优秀组织奖和突出贡献奖四大类奖项。等级奖中设立特等奖（可空缺）、一等奖（10%）、二等奖（20%）和三等奖（30%）若干项，比例控制在参赛队数的 60% 左右；单项奖中设立最佳创意奖和最佳制作奖各 1 项；优秀组织奖设若干项，比例控制在参赛高校的 25% 左右；突出贡献奖设若干名（可空缺）。结构设计竞赛统计见表 4-15。其中第十一届分区赛由全国 31 个省（自治区、直辖市）506 所高校的 1182 个参赛队组成，总决赛由 107 所高校、108 支参赛队伍组成。第十二届分区赛由 542 所高校、1236 支参赛队组成，参赛师生超 10000 余人次第十三届分区赛由 600 所高校、1100 多支参赛队组成，参赛师生超 10000 余人次。第十四届分区赛由 550 所高校、1148 支队伍组成，总决赛由 111 所高校、112 支参赛队组成。

表 4-15　全国大学生结构设计竞赛统计

届次	比赛题目	承办学校	举办时间
第一届	高层建筑结构模型设计与制作	浙江大学	2005.06
第二届	两跨双车道桥梁结构模型设与制作	大连理工大学	2008.10
第三届	定向木结构风力发电塔的设计与制作	同济大学	2009.11
第四届	体育场看台上部悬挑屋盖结构	哈尔滨工业大学	2010.11
第五届	带屋顶水箱的竹质多层房屋结构	东南大学	2011.10
第六届	吊脚楼	重庆大学	2012.10
第七届	设计并制作一双竹结构高跷模型，并进行加载测试	湖南大学	2013.11
第八届	三重檐攒尖顶仿古楼阁结构模型制作与抗震测试	长安大学	2014.09
第九届	传承－山地桥梁结构设计及手工与 3D 打印装配制作	昆明理工大学	2015.10
第十届	大跨度屋盖结构	天津大学	2016.10
第十一届	渡槽支承系统结构设计与制作队	武汉大学	2017.10
第十二届	承受多荷载工况的大跨度空间结构模型设计与制作	华南理工	2018.12
第十三届	承受多荷载工况的大跨度空间结构模型设计与制作	西安建筑科技大学	2019.10
第十四届	变参数桥梁结构模型设计与制作	上海交通大学	2021.10

7. 第十届结构设计竞赛试题分享

赛题名称：大跨度屋盖结构（出题学校：天津大学）。

（1）赛题背景　随着国民经济的高速发展和综合国力的提高，我国大跨度结构的技术水平也取得了长足的进步，正在赶超国际先进水平。改革开放以来，大跨度结构的社会需求和工程应用逐年增加，在各种大型体育场馆、剧院、会议展览中心、机场候机楼、铁路旅客站及各类工业厂房等建筑中得到了广泛的应用。借北京成功举办 2008 奥运会、申办 2022 冬奥会等国家重大活动的契机，我国已经或即将建成一大批高标准、高规格的体育场馆、会议展览馆、机场航站楼等社会公共建筑，这给我国大跨度结构的进一步发展带来了良好的契机，同时也对我国大跨度结构技术水平提出了更高的要求。

（2）总体模型　总体模型由承台板、支承结构、屋盖结构三部分组成（见图 4-8）。

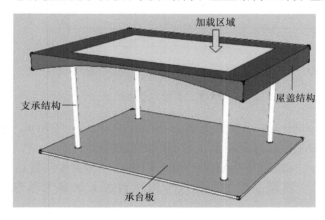

图 4-8　总体模型示意

1）承台板。承台板采用优质竹集成板材，标准尺寸为 1200mm × 800mm，厚度为 16mm，柱底平面轴网尺寸为 900mm × 600mm，板面刻设各限定尺寸的界限：①内框线，平面净尺寸界限为 850mm × 550mm；②中框线，柱底平面轴网（屋盖最小边界投影）尺寸为 900mm × 600mm；③外框线，屋盖最大边界投影尺寸为 1050mm × 750mm。承台板板面标高定义为 ± 0.00m。承台板平面尺寸如图 4-9 所示。

2）支承结构。仅允许在 4 个柱位处设柱，如图 4-9 中阴影区域所示，其余位置不得设柱。柱的任何部分（包括柱脚、肋等）必须在平面净尺寸（850mm × 550mm）之外，且满足空间检测要求（要求柱设置于四角 175mm × 125mm 范围内）。柱顶标高不超过 + 0.425m（允许误差 5mm），柱轴线间范围内 + 0.300m 标高以下不能设置支撑，柱脚与承台板的连接采用胶水黏结。

3）屋盖结构。

① 屋盖结构的具体形式不限，屋盖结构的总高度不大于 125mm（允许误差 5mm），即其最低处标高不得低于 0.300m，最高处标高不超过 0.425m（允许误差 5mm）。

② 平面净尺寸范围（850mm × 550mm）内屋盖净空不低于 300mm，屋盖结构覆盖面积（水平投影面积）不小于 900mm × 600mm，也不大于 1050mm × 750mm，如图 4-10 所示。选手不需制作屋面。

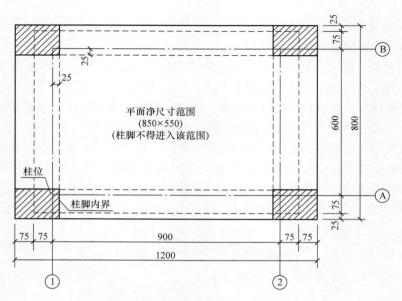

图 4-9　承台板平面尺寸

③ 屋盖结构覆盖面积（水平投影面积）不小于 900mm × 600mm，也不大于 1050mm × 750mm。但不限定屋盖平面尺寸是矩形，也不限定边界是直线。

④ 屋盖结构中心点（轴网 900mm × 600mm 的中心）为挠度测量点。

4）剖面尺寸要求。模型高度方向的尺寸以承台板面标高为基准，尺寸如图 4-11 和图 4-12所示。

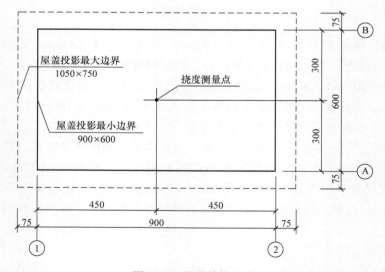

图 4-10　屋盖结构尺寸

（3）模型材料及制作工具　模型材料包括竹林、黏结胶水、测试附件、屋面材料等。

1）竹材。竹材规格及数量见表 4-16，竹材参考力学指标见表 4-17。

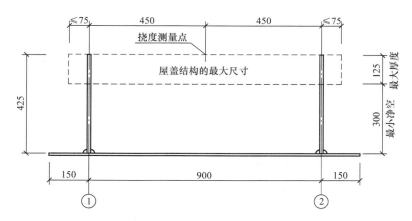

图 4-11　结构纵剖面图

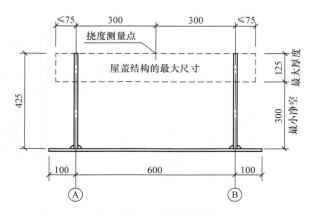

图 4-12　结构横剖面图

表 4-16　竹材规格及数量

竹材规格		竹材名称	数量
竹皮	1250mm×430mm×0.50mm	本色侧压双层复压竹皮	4 张
	1250mm×430mm×0.35mm	本色侧压双层复压竹皮	4 张
	1250mm×430mm×0.20mm	本色侧压单层复压竹皮	4 张
竹条	900mm×6mm×1mm		40 根
	900mm×2mm×2mm		40 根
	900mm×3mm×3mm		40 根
	900mm×6mm×3mm		40 根

注：竹条实际长度为 930mm。

表 4-17　竹材参考力学指标

密度	顺纹抗拉强度	抗压强度	弹性模量
0.789g/cm³	150MPa	65MPa	10GPa

2）黏结胶水。502 胶水 12 瓶（规格 30g/瓶）。

3）制作工具。

① 每队配置工具：美工刀（3 把），3.0m 卷尺（1 把），1m 钢尺（1 把），1.2m 丁字尺（1 把），45cm 三角板（1 套），16cm 弯头带齿镊子（1 把），砂纸（6 张，粗砂、细砂各 3 张），5 件套锉刀（1 套）、剪刀（2 把）、棉手套（3 副）、签字笔（3 支）、HB 铅笔（2 支）、透明胶带（1 卷）、6 寸模型剪钳（2 把）、切割垫块（1 块）、工具收纳筐（1 个）。

② 公用工具：裁纸刀 A3（10 台）、空间木星模型检测块（4 个）。

4）测试附件。测试附件为 100mm×100mm×0.8mm 的铝片，质量为 17.5g，用于挠度测试，如图 4-13 所示，质量不计入模型质量。铝片中心刻有直径 10mm 及直径 50mm 的圆痕。

5）屋面材料。屋面材料采用柔软的塑胶网格垫，厚度约 3mm。尺寸为 1.5∶1 的矩形，四周切为弧形，具体尺寸长约 108cm，宽约 72cm，切弧半径为 175mm，以满足质量 1kg 为准（误差 0.5g），中间位置开直径 80mm 的圆孔（用于挠度测试），如图 4-14 所示。

图 4-13　测试附件

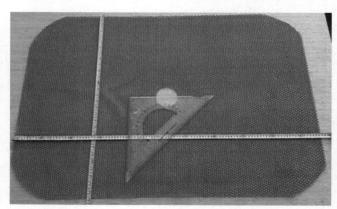

图 4-14　屋面材料

6）加载材料。加载材料采用软质塑胶运动地板（见图 4-15），尺寸 950mm×650mm，四周切为弧形，中央开直径 80mm 的圆孔（用于挠度测试）。加载材料厚度约 2.4mm。单块质量 2kg，误差控制在 1g 以内，大于 2kg 的部分通过均匀开小孔（孔径 10mm）的方式减去，小于 2kg 的粘贴小块材料补足。

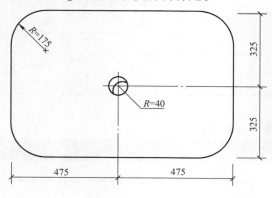

图 4-15　加载材料

（4）模型制作要求

1）模型的承台板由竞赛主办方统一提供，板长边中点处标注承台板自重（质量精确到1g）。各参赛队不得对其进行任何导致质量改变的操作，如打磨、挖空、削皮、洒水等，否则视为违规，取消比赛资格。

2）模型的其余部分由参赛队制作。模型结构的所有杆件、节点及连接部件均采用给定材料与黏结胶水手工制作完成。

3）测试附件粘贴要求：

① 测试附件（铝片）粘贴于屋盖结构中心处，且铝片中心区域（直径50mm）表面应平行于承台板面。屋面材料铺设后，必须能与铝片接触。

② 铝片必须直接牢固粘贴在与屋面网垫接触的杆件上，第一阶段加载过程中出现脱落、倾斜而导致的位移计读数异常，各参赛队自行负责。

③ 若中心区域无杆件，则需由参赛队自行增加杆件连接，增加的杆件计入模型质量。

4）模型提交时应组装为整体，即将承台板、支承结构和屋盖结构用胶水装配成整体。

5）模型制作时间为14小时。模型应在规定的制作时间内组装为整体，此后不能再有任何实质性的操作。

6）比赛中提供的制作台尺寸为1220mm×2440mm，台面高度为720~750mm。

（5）模型净空检测及称重

1）模型净空间检测。用标准净空模块（长×宽×高为850mm×550mm×300mm）沿纵向及横向穿越模型内部，如不能通过，则视为模型不合格。

2）屋盖平面尺寸及高度检测。用激光水平仪和卷尺检测屋盖平面尺寸及高度，存在下列情况之一者视为不合格：

① 屋盖平面尺寸最大处超过允许值（1050mm，750mm）+10mm（每侧+5mm）。

② 屋盖平面尺寸最小处低于允许值（900mm，600mm）-10mm（每侧-5mm）。

③ 屋盖厚度超过允许值125mm+5mm。

3）模型称重。模型整体称重后，减去承台板及测试附件（铝片）的质量，即为参赛模型的质量 m_i。

（6）模型加载及评判

1）加载方式与加载准备。模型加载采用静加载的形式完成，所加荷载为屋面全跨均布荷载，荷载用软质塑胶运动地板模拟。

① 模型置于加载台上，调试位置。使位移计激光投射于铝片中心直径为10mm的圆痕区域内，完成定位。

② 调整激光位移计高度。使激光位移计底面至铝片中心的垂直距离为（100±25）mm范围内。

③ 布置摄像头。模型净空范围内设置摄像头，观测受力过程中结构的变形。

2）加载过程。先铺屋面材料，作为预加载，然后位移计读数清零。模型加载分为两个阶段。

① 第一阶段：标准加载14kg（七张胶垫）。先加第一级，6kg（三张胶垫逐张加载），完成后持荷20s，测试并记录测试点挠度值。再加第二级，8kg（四张胶垫逐张加载），完成后持荷20s，测试并记录测试点挠度值。第一阶段加载时的允许挠度为 $[w]=4.0mm$。

② 第二阶段：最大加载。第二阶段的最大加载量由各参赛队根据自身模型情况自行确定，可报两个级别（定义为第三级和第四级），并应在加载前上报。荷载级别为胶垫的数量（2kg 的倍数）。先加第三级，按上报加载量一次完成加载，持荷 20s，如结构破坏，终止加载，且本级加载量不计入成绩；如结构不破坏，继续加载。再加第四级，按上报加载量一次完成加载，持荷 20s，加载结束。如结构破坏，本级加载量不计入成绩；如结构不破坏，本级加载量计入成绩。第二阶段加载时不进行挠度测试。

③ 加载过程由参赛队队员完成。

④ 自预加载开始，至加载结束，时间控制在 6min 以内。（第四级加载后的持荷时间不计入 6min 内）

3）评判标准。

① 第一阶段。加载过程中，出现以下情况，则终止加载，本级加载及以后级别加载成绩为零，即第二级加载出现此情况，加载项成绩算第一级加载成功的成绩。终止加载情况包括模型结构发生整体倾覆、垮塌；屋面杆件脱落；挠度超过允许挠度限值 $[w]$ 的 1.10 倍。

② 第二阶段。加载过程中，若模型结构发生整体倾覆、垮塌，则终止加载，本级加载及以后级别加载成绩为零，即第三级加载出现此情况，加载项成绩算第二级加载成功的成绩；加载过程中，若模型结构未发生整体倾覆、垮塌，但有局部杆件的破坏、脱落或过大变形，则可继续加载。

③ 每队加载成绩由各级加载成功时，计算所得荷重比分数和刚度分数组成。

（7）评分项及评分标准

1）模型评分项及分值。模型评分项共五项，总分 100 分，其中包括计算书及设计说明（10 分）、结构选型与制作质量（10 分）、现场表现（5 分）、模型承载力（60 分）、模型刚度（15 分）。

2）评分标准。

① 计算书以及设计说明（10 分），包括计算内容的完整性、准确性（6 分），图文表达的清晰性、规范性（4 分）。

② 结构选型与制作质量（10 分），包括结构合理性与创新性（5 分）、模型制作质量与美观性（5 分）。

③ 现场表现（5 分），包括赛前陈述（3 分）、现场答辩（2 分）。

④ 模型承载力（60 分），包括第一阶段加载（35 分）、第二阶段加载（25 分）。

⑤ 模型刚度（15 分），仅第一阶段加载。

（8）计算书要求　计算书应包括以下内容：赛题解读、结构选型分析及结构方案、构件尺寸、计算分析、第二阶段加载所需的质量（两级）、必要的图纸。

（三）交通科技大赛

交通科技大赛（官网 http://www.nactrans.com.cn/）以交通运输科学技术问题为载体，培养大学生科学精神和科学素养、发现和解决问题的能力及团队协作精神，促进大学生学术活动开展，加强大学生科技文化交流，促进交通科学和技术的发展，是在教育部高等学校交通运输类教学指导委员会支持下，由交通工程教学指导分委员会主办的全国性大学生科技竞赛。大赛以"科学、创新、协同"为宗旨。全国大学生交通科技大赛是国内举办的以大学生为主体参与者的全国性、学术型的交通科技创新竞赛项目，也是第一个由诸多在交通运输工程领域拥有优势地位的高校通力合作促成的竞赛项目。该竞赛是目前国内最具专业性、权威性的大学生交通科技大赛。大赛每年举办一次，2006 年举办第一届，至 2021 年已举办了十六届大赛。

1. 参赛资格与作品要求

大赛面向全国普通高等学校在读本科生，参赛作品选题可为交通运输规划、设计、管理、控制及服务类作品或学术研究成果，并符合大赛主题。大赛只接受以参赛单位名义推荐的作品，不接受个人的参赛申请。2021 年首次增设研究生赛道。每一参赛高校，按照本科生赛道（7 个竞赛类）和研究生赛道（1 个竞赛类）推荐作品，推荐到每一竞赛类的作品数量不超过 3 件。同一作品不得重复推荐。

2. 参赛作品评审

1）初评阶段评审：由大赛执委会从专家委员会中选取评审专家，采用双向匿名的方式通讯评审，每件作品应有 3～5 位专家的评审意见。

2）决赛阶段评审：采用现场公开答辩方式进行。分组举行时，各答辩小组的评委数量 5～7 人。同一答辩小组内不得有 2 人来自同一单位的专家担任评委。

3）复赛阶段评审：采用现场公开答辩方式进行，由全体参加决赛阶段的评委无记名投票表决，得票数量超过总票数三分之二及以上的作品入选特等奖。

以上各阶段中，专家对有利害关系的参赛作品实行回避制。获奖作品当场予以公示，并同步在大赛网站上公示。

3. 赛程安排

交通科技大赛赛程安排见表 4-18。

表 4-18 交通科技大赛赛程安排

阶段	赛程内容	参考时间	组织者
报名	向大赛执行委员会提出参赛申请	11 月 10 日～30 日	参赛单位
提交作品	各参赛单位向大赛承办秘书处推荐作品	次年 4 月 20 日前	参赛单位
初评	采用双向匿名通讯评审的方式，确定决赛入围作品	5 月 10 日前	承办单位
决赛	决赛以答辩形式，确定各等级奖项作品	5 月下旬	承办单位
复赛	从一等奖中产生特等奖	决赛结果产生后	承办单位
颁奖	同时决定下一届承办单位	全部结果产生后	承办单位

4. 奖项设置

进入决赛的作品数量应不超过推荐作品总数的 70%，且总数应不超过 80 件。大赛设一等奖（10%）、二等奖（20%）、三等奖（40%）和优秀作品奖。大赛设特等奖 1 项，特等奖通过复赛的形式从一等奖中产生，特等奖可以空缺。表 4-19 是第十四届全国大学生交通科技大赛部分获奖作品。

5.“新国线杯”第十五届交通运输科技大赛实施方案

为培养大学生的科技创新精神和实践能力，提高大学生科学素养，促进高校大学生学术活动开展，加强高校间大学生文化交流，提高本科教学质量，根据“全国大学生交通运输科技大赛章程”（以下简称章程）制定了此次大赛的实施方案。

（1）大赛主题：互联共享、综合发展 迈入新时代，交通基础设施建设日臻完善，如何实现交通运输战略转型，已成为现代化综合交通体系建设的重点。通过建设综合交通枢纽和物流园区，将公路、铁路、水运、航空、管道等多种运输方式有效衔接、综合发展，能够提高交通运输的整体效率和服务水平，优化运输结构，降低物流成本，从而形成互联互通的综合立体交通网络，并使人民共享建设成果。互联共享、综合发展，将掀开新时代交通运输的新篇章，为建设交通强国发挥重要作用。

表 4-19　第十四届全国大学生交通科技大赛部分奖作品

获奖项目名称	参赛学校	备注
基于车辆轨迹数据分析的城市交叉口关联度研究	北京工业大学	一等奖
面向自动驾驶的城市道路驾驶环境复杂度评估	同济大学	
铁路货场道口连锁控制与智能防护系统	西南交通大学	
城市公交心理医生	同济大学	
循环耦合式动态无线充电车路系统优化设计	合肥工业大学	
兼具融雪、缓解"城市热岛"效应和发电的多功能沥青路面	长安大学	
高速公路事故预警及自主求救智能行走警示牌	兰州交通大学	
汽车紧急状况报警自救座椅	东北林业大学	
考虑网联自动驾驶车辆换道博弈的自治交叉口设计与仿真	长沙理工大学	二等奖
移动的智慧可变限速：高速公路智能网联车辆引导的多车协同主线控制方法及策略	东南大学	
基于虚拟仪器的光纤分布式高速公路边坡落石监测预警系统	北京交通大学	
移动互联的定制公交线路智能优化技术	吉林大学	
基于 ROS 的灾后救援通道智能检测机器人	上海海事大学	
面向医院交通的自动导航智能轮椅	厦门大学	
自动驾驶环境下城市道路交通系统设计	同济大学	
一种弯道集成滚珠式铁轨的设计	昆明理工大学	
舰载无人艇（器）载运收放装置	哈尔滨工程大学	

"新国线杯"第十五届全国大学生交通运输科技大赛以"互联共享、综合发展"为主题，鼓励各高校积极组织校内赛，选拔优秀作品参与竞赛，为同学们提供一个展示自我的平台。

（2）组织机构　主办单位是教育部高等学校交通运输类教学指导委员会。承办单位是北京交通大学。

（3）参赛单位　大赛邀请全国开设交通运输相关本科专业的高等院校，以学校为单位有组织地参赛。

（4）举办时间　大赛于 2019 年 11 月开始，2020 年 5 月 16 日、17 日（星期六和星期日）在北京交通大学主校区举行决赛答辩和颁奖典礼及参赛高校交流活动。

（5）参赛说明

1）参赛对象。参加本届大赛的对象为参赛高校交通运输工程类相关学科本科专业学生（在读本科生组成）。

2）作品范围。参赛作品必须是 2019 年第十四届全国大学生交通科技大赛之后立项，2020 年 5 月之前完成的成果。

3）作品分组及要求。①作品分组。根据作品研究领域及所在学科分设 7 个竞赛类，分别为：交通工程与综合交通、航海技术、道路运输与工程、水路运输与工程、铁路运输与工程、航空运输与工程、主题竞赛交通大数据。②作品要求。参赛作品应为参赛者自主完成的原创性作品，参赛者及指导教师须对作品的原创性做出承诺。参赛作品应围绕大赛"互联共享、综合发展"主题，针对交通运输系统出现的具体问题，运用六个研究领域的专业知识，提出具有新颖性、可行性、实用价值，具备完成度及一定难度的优化方法或解决方案。作品可以是实物模型、研究报告、设计图纸和计算机软件等。作品申报组别应符合作品实际内涵，最终以评审专家意见为准。

（6）参赛方式

1）大赛只接受高校的推荐作品，不接受个人或者以团体名义的参赛申请。每一参赛高校，按照 7 个竞赛类推荐作品，推荐到每一竞赛类的作品数不超过 4 件，同一作品不得重复推荐。

2）参赛作品选题须符合大赛主题，符合提交的竞赛类对作品的内涵要求，否则视为无效作品。

3）参赛者通过所在学校报名参赛，每个作品完成人员不得超过 5 人，指导老师不超过 2 人。

4）填写申报书并且撰写研究报告或论文。

5）承办单位对提交作品组织初赛和决赛。

（7）大赛时间安排　2019 年 11 月至 2020 年 5 月。

（8）大赛各阶段评审办法

1）预赛阶段：各高校在相应时间内自行组织校级选拔赛，并严格按照相关要求向大赛推荐优秀作品。

2）初评阶段：按照竞赛类的分工，由各教学指导分委员会独立或联合组织，采用网评的方式，按竞赛类参赛作品数量不超过 20% 的比例，推荐参加决赛的作品数，进入决赛作品总数原则上不超过 120 件。评审过程中综合考虑参赛作品对大赛主题的响应程度和作品自身质量。如果承办高校没有作品通过初评，承办单位可以将其不同竞赛组的、得分最高的、仅限 2 件作品直接进入决赛。

3）决赛阶段：采用现场公开答辩方式进行，由教学指导委员会按照竞赛类，评定出一等奖、二等奖、三等奖和优秀作品奖的推荐名单。每一竞赛类每 20 项作品划分一个竞赛组，由不少于 7 位专家组成答辩组，同一答辩组内不得有 2 人来自同一单位的专家担任评委。

各竞赛类推荐的一等奖，由学术委员会会同执行委员会组织复审答辩，参加各竞赛组答辩的全体专家为评委，进行综合评定。本阶段不设问答环节。

（9）奖项设置　大赛设一等奖、二等奖、三等奖和优秀作品奖。按照符合要求的全部参赛作品数确定大赛的各等级作品数，一等奖数占 3%、二等奖数占 6%、三等奖数占 9%，其余进入决赛的作品将获优秀作品奖。

第三节　学科竞赛组织

一、竞赛教育支持

学院是教学实施的基层组织，具有一批专业知识丰富的教师队伍、拥有学科竞赛的支撑平台。专业教师在授课时可引入竞赛内容，打通课程、大学生科研项目和竞赛的通道，拓展学生的专业视野，有条件的学院可开设力学、结构、材料等竞赛院级选修课程。师生可在中国 MOOC 网上自学"大学生科技创新课程之交通科技竞赛科技竞赛"、"大学生科技创新课程之节能减排社会实践与科技竞赛"、"大学生科技创新课程之'挑战杯'课外学术科技作品竞赛"等竞赛课程。学院可以每年举办学生课外科技创新活动为主题的科技活动月，组织学生主动申请立项，自主立题，引导学生参与各类创新实践活动，为学生搭建一个钻研科学、展示才能的平台，充分调动学生投身课外科技创新活动的积极性，在完成计划的同时形成一批具有较高质量的成果，全面提升学生的综合素质，在选拔人才同时进行学科竞赛。

二、竞赛成果表达

竞赛成果提交有试卷、论文、科技作品、图纸等。如大学生力学竞赛参赛者在全国不同竞赛分会场完成试卷内容。大学生结构竞赛，学生团队以制作作品的方式参与比赛，根据参赛要求制作成模型，同时需提交结构计算书，参赛作品首先要有方案构思，体现创新性是获胜的关键。节能减排社会实践与科技竞赛提交成果一是科技作品类，体现节能减排新思维、新思想的实物制作（含模型、软件、设计），科技作品通常有新型材料类、创意设计类、机械装置类；二是调查报告，体现节能减排主题的相关社会实践调研报告等作品。"龙图杯"全国建筑信息模型大赛提交成果为模型文件，项目展示 PPT，动画视频（包括项目宣传片、模型漫游视频、多专业软件演示、自主研发软件展示等），参赛设计组成果要求表达参赛项目在设计阶段应用 BIM 技术，参赛施工组成果要求表达参赛项目在施工阶段应用 BIM 技术，参赛综合组成果要求表达参赛项目在设计阶段、施工阶段和运维节段中应用 BIM 技术，且要求实际应用而非设想。

三、竞赛成效

以赛促教、以赛促学、师生共长。学生团队在理解大赛主题的基础上进行竞赛创意、方案设计、作品实现、方案优化、成果提交。学生在比赛准备过程中，需熟悉竞赛章程，分析之前的获奖作品，主动自学前沿知识，寻找创新灵感拓展思路。在这一过程中，学生的创新能力得到较大提高，做到以专业知识为依托、以作品或论文等为原型载体，完成从理论到实践的转化。指导教师是学科竞赛的引领者，只有对专业知识做到综合理解运用，才能与学生一起完成高质量有价值的赛题。学科竞赛为教师提供了一个与同行学习交流的机会，找到了解本学科发展需求和趋势的新视角。

第五章
土木工程创新实践

创新实践是创新能力形成的有效途径与手段，开展科技创新活动可以引导性地培养学生工程实践必备的工程素养和实践创新能力，同时增强学生崇尚科学、追求真知的科技意识。工科大学生在校期间应积极参与课外实践，参与学生科研计划项目、各级各类学科竞赛，早进实验室、早进课题组，参与设计型、综合型实验，强化职业能力实践训练，促进第一课堂和第二课堂有机融合，主动在创新实践中摆脱惯性思维，培养自己观察问题、思考问题、解决问题的能力，逐步养成科技创造性思维，将职业兴趣与创新实践结合起来，努力完善与社会发展同步的知识与能力结构，挖掘内在潜能，勇敢面对挑战，实现职业梦想。

第一节 大学生创新创业训练计划

2012 年 2 月，教育部印发了《教育部关于做好"本科教学工程"国家级大学生创新创业训练计划实施工作的通知》，旨在通过实施国家级大学生创新创业训练计划（官网 http://gjcxcy. bjtu. edu. cn/Index. aspx/，简称国创计划），促进高等学校转变教育思想观念，改革人才培养模式，强化创新创业能力训练，增强高校学生的创新能力和在创新基础上的创业能力，培养适应创新型国家建设所需要的高水平创新人才。自国创计划实施以来，省市、校、行业等各级各类学生科研在高校的推行力度不断加大，高校国家级、省级、校级科研实验平台对学生开放的力度日趋加大，大学生开展科学研究的条件日趋成熟。

一、实施目的与原则

（一）目的

随着社会经济和科技文化的发展，教育的发展趋向发生着巨大变化，正在从传统的以教师为中心和以学校为中心转为以学生为中心的开放式学习和个性化学习。以学生为中心的学习是一种主动的、基于资源的学习，它打破了传统学习群体的结构，使学习者拥有比传统教育更多的个性化色彩和个别化学习机会。学生自主科研项目为以学生为中心的教学新理念的学习模式提供了一个有效的途径。大学生基于自身学科基础和特点申请科研项目，在项目实施过程中凸显个性化和主观能动的特点。

（二）原则

围绕培养大学生创新精神、创业意识和创新创业能力，国创计划遵循以兴趣为驱动、自主实践、重在过程的原则展开。项目实施中坚持以学生为本，坚持全面发展与个性发展相统一，遵循人才成长规律、教育教学规律和市场经济规律，通过课堂教学和实践锻炼，有效地激发了学生学习兴趣和主动参与项目的激情，促使参加课题的学生对科学研究或创造发明产生浓厚兴趣，在兴趣驱动下，自主选题、自主设计实验、自主管理，最后在导师的指导下完成科学研究、创造发明或创业模拟和创业实践。

二、国创计划类型

国创计划包括创新训练项目、创业训练项目和创业实践项目三类。

（1）创新训练项目　创新训练项目由本科生个人或团队，在导师指导下，自主完成创新性研究项目设计、研究条件准备和项目实施、研究报告撰写、成果（学术）交流等工作。选题应具有重要理论和应用价值，或富有创新性和市场前景，可以培养学生的创新意识，提高学生的创新能力。

（2）创业训练项目　创业训练项目由本科生团队，在导师指导下（团队中每个学生在项目实施过程中扮演一个或多个具体的角色），完成编制商业计划书、开展可行性研究、模拟企业运行、参加企业实践、撰写创业报告等工作。选题应具有技术含量和商业价值，具有一定市场前景，可以培养学生的创业技能和开拓精神。

（3）创业实践项目　创业实践项目由学生团队，在学校导师和企业导师共同指导下，采用前期创新训练项目或综合性设计性的成果，提出一项具有市场前景的创新性产品或者服务，以此为基础开展创业实践活动。选题目标应内容清晰明确，技术或商业模式具有可操作性。通过创业实践项目，学生可就一项具有市场前景的创新性产品或服务进行创业实践，真实创办企业并有效运行。

三、国创计划申请

国创计划项目申请书主要内容详见表 5-1，由于大学生专业知识的深度和广度有一定局限性，对项目申报缺乏经验，申报书撰写时围绕项目选题、研究内容与创新点、实施方案、经费预算、预期成果、现场答辩等指标内涵展开，项目评审参考指标见表 5-2，表 5-3 是近年来土木工程专业立项的部分国家级大学生创新训练计划项目。

四、国创计划成效

国创计划在 2012—2019 年期间，累计资助 26 万个项目，支持经费近 43 亿元，覆盖全部学科门类，吸引近千所高校上百万学生参与，已发展成为覆盖最广、影响最大的创新创业教育项目之一。依托国创计划，教育部每年主办的全国大学生创新创业年会，是高校与社会共同打造的产教协同育人国家级创新创业展示交流平台，是校内校外共商共建共享的一场盛会，为怀有创新创业梦想的广大青年学生搭建了一个充分展示和交流的平台，目前已成为全国高校本科教学改革中覆盖面最广、影响力最大、学生参与最多、水平最高的盛会之一。年会的主要内容：一是遴选参加国创计划中创新训练项目学生的学术论文，以学术报告的形式进行学术交流；二是遴选国创计划中创新训练项目、创业训练项目和创业实践项目，以展板和实物作品演示的形式进行项目交流；三是遴选国创计划中创业训练项目和创业实践项目，进行项目推介、宣传和交流，目的是进一步深化高校创新创业教育，搭建创新创业交流展示平台，促进高校创新创业教育和文化建设。年会入选的成果覆盖理、工、农、医等学科门类，年会期间还举办丰富多彩的学术交流、学生联谊等活动。第十一届全国大学生创新创业年会在厦门大学举行，共有 255 所高校的 394 个成果入选，其中创新创业展示项目有 218 项，代表了全国各高校最新的创新创业教育成果，年会期间组委会组织参会学生前往厦门大学现场观摩第四届中国"互联网＋"大学生创新创业大赛总决赛，参与各项同期活动。第十二届全国大学生创新创业年会在浙江工业大学举行，共有 291 所高校的 442 项成果入选，其中学术论文 188 篇、创新创业展示项目 203 项、创业推介项目 51 项，代表了全国各高校最新的创新创业教育成果。

表 5-1　高等学校大学生创新创业训练计划申请书

项目名称							
项目类型		（）创新创业项目　　（）创业训练项目　　（）创业实践项目					
所属一级学科名称							
所属一级学科名称							
项目实施时间		起始时间：　年　月　　　　完成时间：　年　月					
申请人或申请团队		姓名	年级	学校	所在院系/专业	联系电话	E－mail
申请人或申请团队	主持人						
申请人或申请团队	成　员						
指导教师	姓名			研究方向			
指导教师	年龄			行政职务/专业技术职务			
指导教师	主要成果						

一、项目实施的目的、意义

二、项目研究内容和拟解决的关键问题

三、项目研究与实施的基础条件

四、项目实施方案

五、学校可以提供的条件

六、预期成果

七、经费预算

八、导师推荐意见　　　　　　　　　　　　签名：　　年　月　日

九、院系推荐意见
　　院系负责人签名　　　学院盖章　　　年　月　日

十、学校推荐意见
　　学校负责人签名　　　学校盖章　　　年　月　日

十一、主管部门评审意见
　　单位盖章　　　年　月　日

表 5-2　大学生创新创业训练计划项目评审参考指标

序号	参考指标	权重	描述
1	项目选题	20	选题有理论和应用价值，具有一定的创新性、探索性和实践性；研究成果对产业发展和创新有一定的促进推动作用
2	研究内容与创新点	30	研究目标明确可行，内容充实具体；研究路径条理清晰，拟解决的关键问题准确；项目创新点准确，学术思想先进
3	实施方案	20	拟采取的研究方法、技术路径、实验方案可行；进度安排科学，指导教师具备学科背景和指导经验；项目负责人有一定研究能力，项目组成员组合科学，分工合理。项目具备实施条件
4	经费预算	10	经费预算科学、合理；经费使用与本项目关联
5	预期成果	10	有明确具体的预期成果（论文、知识产权、模型、APP 等），且较可能实现
6	现场答辩	10	思路清晰、内容连贯、重点突出；条理清楚、逻辑性强；回答迅速、语言流畅、应变能力强

表 5-3　近年来土木工程专业立项的部分国家级大学生创新训练计划项目

序号	项目名称	获批学校
1	UHPC – 混凝土组合梁抗弯承载力计算方法研究	同济大学
2	一种新型泥浆渗透试验装置	同济大学
3	3D 打印水泥基材料体积稳定性能研究	同济大学
4	高阻尼叠层橡胶支座力学性能试验及在隔震工程中的应用研究	同济大学
5	下承式桁架桥的快速施工技术优化设计	同济大学
6	开挖条件下土工织物加固土坡的变形破坏特性研究	清华大学
7	室内抗震逃生门新结构研发	清华大学
8	新型钢管混凝土组合异形柱轴压性能及设计方法研究	东南大学
9	基于 BIM 与二维码技术的装配式建筑构件生产管理数据库设计与实现	东南大学
10	基于阶跃失稳的应急地震避难结构设计	东南大学
11	基于 GIS 技术的大连市轨道交通站周边设施配置与空间布局研究	东南大学
12	钢桥结构设计——基于美国土木工程师学会赛题	大连理工大学
13	办公建筑绿色改造的成本效益分析	大连理工大学
14	建筑外围护结构红外成像检测技术研究	大连理工大学
15	薄板结构界面断裂分析中的新方法	大连理工大学
16	冷弯薄壁型钢 – 木组合楼板结构设计与性能研究	大连理工大学
17	新型超轻多孔结构设计、3D 打印与表征评价	大连理工大学
18	超高性能混凝土轴拉与弯拉强度之间的关系研究	湖南大学
19	面向安全节能的高铁轨道电路调整表算法改进	湖南大学
20	胶黏道砟固化道床力学特性研究	湖南大学
21	水力冲刷智能监测及预警系统的开发与应用	北京交通大学

（续）

序号	项目名称	获批学校
22	基于道路结构功能化升级的土壤及地下水治理方法的研究	北京交通大学
23	节水型社会建设背景下江苏省建筑节水现状、影响因素及提升策略研究	河海大学
24	屋盖形状对大跨体育建筑的火灾场及人员疏散影响研究	河海大学
25	超高层建筑位移监测方法的探究与比较	河海大学
26	基于 BIM 对地下大跨度组合结构的施工研究	哈尔滨工业大学
27	超高层建筑位移监测方法的探究与比较	哈尔滨工业大学
28	基于 BIM 对地下大跨度组合结构的施工研究	哈尔滨工业大学

第二节　学生科研基金体系

提高学生科学素养和培育创新思维是创新型人才培养的重要环节。学生通过申请科研项目，历经组建团队、确定研究方向、寻找指导教师、填写申报书、答辩、项目实践、中期检查、撰写结题报告，撰写科研论文、申请知识产权等一系列开放的主动学习和实践训练，体验了科学研究的整体过程，从专业角度经历了从表象到本质的一个成长过程。学生科研计划项目（以下简称 SRTP）的设立，旨在通过组织学生参加实践训练体验和了解科学研究的整体过程。

一、SRTP 类型

学生基金体系目前有国家级、省级大学生创新创业训练计划和校级大学生科研训练计划，有的学校设有院级科研培育计划项目。校级大学生科研训练计划量大面广，是 SRTP 建设的主要内容，鼓励学生跨学院组队申报。如贵州师范大学校级 SRTP 分为 A 类项目（学院项目），B 类项目（跨学院项目，由不同学院学生成员组成）和 C 类项目（实验班项目），学生登录创新实践管理云平台以填写项目申报书的方式进行申报，平台的账号、密码和学校教务系统一，由指导教师登陆本平台审核后提交校级管理员。校级 SRTP 实行学校和学院两级管理，校级管理办公室设在教务处、创新创业学院，各学院成立由院级领导负责的 SRTP 院级管理办公室。

二、SRTP 选题

大学生 SRTP 以应用性研究为主，尽量选择应用性较强的题目，避免抽象的理论研究课题。选题内容：一是有关教师科研与技术开发、技术服务课题中的子项目，题目可来自于教师所承担的国家自然科学基金、省市级工业攻关、科技支撑计划等纵向课题；二是企业委托的土木工程材料检测、施工工艺革新等横向课题，用于解决企业的关键技术问题或瓶颈问题；三是开放实验室、实训或实习基地中的综合性、设计性、创新性实验与训练项目；四是发明、创作、设计等制作项目，校内外创业园地中的大学生创业孵化项目，结合科技创新的有待于创业实践的项目等。选题方向可为土木工程材料类、力学分析类、设计类、结构类、施工类。部分无硕博点高校，教师教学科研任务重，学生科研团队可协助教师完成部分子课题任务。

学生创新思维活跃，教师科研与学生创新实践可形成互动，其模型如图 5-1 所示。指导教师应鼓励学生提出自己在学科领域的思考方向，引导学生提炼课题内容，激发学生兴趣爱好，为学生个性化发展提供空间。表 5-4 是科研项目的互动情况。

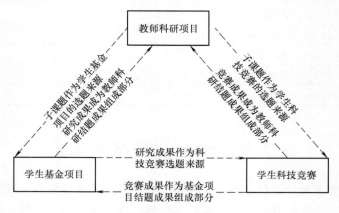

图 5-1　教师科研与学生创新实践互动模型

表 5-4　编者与学生科研项目的互动情况

学生课题名称	类别	教师课题名称	类别
二维胶凝砂砾石高坝的应力分析	校级大学生科研训练计划	瞬态热传导问题分析的虚边界无网格伽辽金法研究	国家自然科学基金项目
陈积粉煤灰活性激发及其机理研究	国家级大学生创新训练计划	陈积粉煤灰在加气混凝土生产中的应用研究	贵州省工业支撑计划项目
活性胶结料对建筑垃圾小型空心砌块强度影响的研究	国家级大学生创新训练计划	轻质高强建筑垃圾小型空心砌块的研制	贵阳市工业支撑计划项目
贵州省土家族民居构造与建筑文化研究	省级大学生创新训练计划	贵州省土家族建筑文化研究	贵州省优秀科技教育人才省长专项资金项目
贵州土家族民居立面与造型研究	校级大学生科研训练计划		
智能云安全帽	省级大学生创新训练计划	贵阳市白云区建筑节能现状及发展对策研究	贵阳市白云区科技项目
轻质建筑碎料小型空心砌块质量控制研究	校级大学生科研训练计划	轻质建筑碎料小型空心砌块物理力学性能研究	贵州省科技厅自然科学联合基金

三、SRTP 培育与实践

高校应构建 SRTP 管理的机制体系，部分学校设有大学生创新创业教育基地、工程实训基地、创客空间等国家级、省级、校级开放式实践平台。基层学院是 SRTP 培育实施的主体单位，学院拥有校内教师课程教学团队、教师科技创新科研团队、校外企业导师团队、专业实验实习平台。下面以贵州师范大学的相关情况为例进行介绍。

（一）组建学生课外科技兴趣小组

土木工程材料、房屋建筑学、材料力学、土木工程测量等课程学完后，专业教师或本科生导师即可有针对性地引导学生成立科技兴趣小组或本科生科技创新团队。

1. 建筑类课程群学生创新实践

学习完建筑课程土木工程制图、房屋建筑学后，学生组建了"地域建筑文化"兴趣小组，教师给出学生团队项目研究技术路线（见图5-2）。在此框架下，学生们检索资料、收集素材、撰写申报书并多次修改打磨，成功申报了"贵州省土家族民居建筑文化研究""贵州传统土家族民居建筑构造研究"2个省级SRTP和"贵州省土家族民居立面造型研究"校级SRTP。项目实施过程中，学生课题组自行制订研究计划与实施方案，暑假实地到贵州德江、印江等土家族聚居地区实地勘察建筑原型、测量建筑空间尺度、采集图片与数据，进行主题构思。学生通过实测建筑原型（见图5-3）、解析建筑构造与语汇，绘制出建筑表现图分析其构造与功能，研究地域建筑文化（见图5-4～图5-9），通过对土家族原型建筑的多次迭代，绘制了贵州土家族典型民居效果图（见图5-10）。通过项目的实践，学生获取了科研基本素养与能力，训练了设计创新思维，激发了探索的兴趣，树立了专业学习的信心。

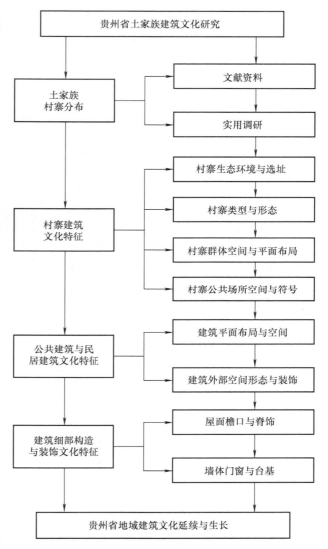

图 5-2　土家族文化研究技术路线

图 5-3　德江传统土家族民居

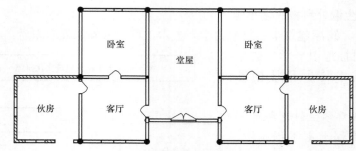

图 5-4　德江传统土家族民居平面图

图 5-5　德江传统土家族民居正立面图

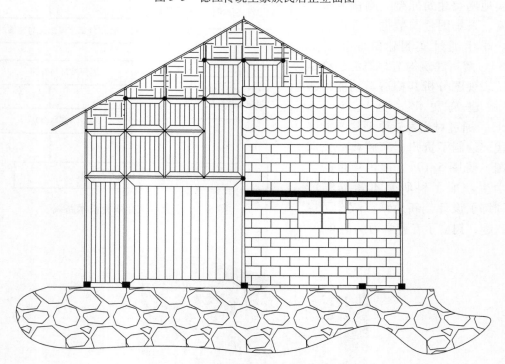

图 5-6　德江传统土家族民居侧立面图

图 5-7　印江传统土家族民居

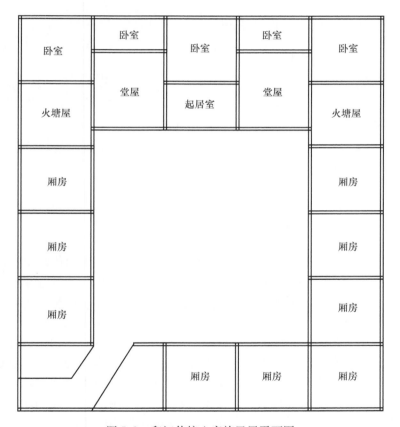

图 5-8　印江传统土家族民居平面图

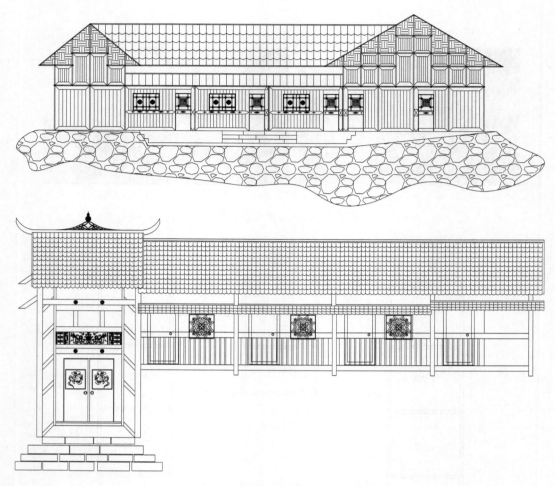

图 5-9 印江传统土家族民居立面图

学生课题组在完成了"贵州省土家族民居建筑文化研究""贵州传统土家族民居建筑构造研究""贵州省土家族民居立面造型研究"等省、校级 SRTP 后，对地域传统民居结构产生了浓厚兴趣，分别发表了《贵州土家族民居特点与文化解析》《贵州土家族传统民居结构受力分析》等科研论文。以下简要介绍《贵州土家族传统民居结构受力分析》相关内容。

论文简单介绍了贵州土家族传统民居情况。贵州土家族传统民居以吊脚楼居多，吊脚楼属于半干栏式建筑，构造材料多为木结构、小青瓦、花格窗、司檐悬空、木栏扶手。屋顶在古时盖茅草或杉树，也有用石板盖顶的，现大多盖青瓦，其博采我国木结构建筑穿斗式、井干式、抬梁式所长，除了屋顶盖瓦之外，主体全部用木材建造，屋柱之间用大小不一的木材斜穿、直套连在一起，即使不用铁钉也十分坚固。吊脚楼实用美观，优雅的司檐和宽绰的廊道自成一格，传承了地域建筑文化。论文理论结合实际，分析了穿斗式吊脚楼结构受力，得出吊脚楼在不考虑水平力的作用下，主要承受轴向力的作用，其构造充分发挥了木材轴向性能好的特性。

（1）不考虑水平力作用 贵州典型土家族吊脚楼（见图 5-11）的特点是正屋建在实地上，厢房除一边靠在实地和正房相连，其余三边皆悬空，靠柱支撑，正屋和厢房上面住人，

图 5-10　贵州土家族典型民居效果图

厢房的下部有柱无壁。其结构属于穿斗式木结构（见图 5-12），其构造是沿房屋的进深方向按檩竖立一排柱，每柱上架一檩，檩上布椽，每排柱靠穿透柱身的穿枋横向贯穿起来，成一榀构架，每两榀构架之间使用斗枋和纤子连接形成一间房屋的空间构架，建造时先在地面上拼装成整榀屋架，然后竖立起来，并借助平行于檩下的穿枋形成房屋的中间构架，一榀房架中柱与柱之间由贯穿柱身的穿枋连成一个整体。图 5-13 所示为空间构架的平面图，图 5-14 所示为穿斗式横向一榀框架示意图。课题组通过实地调研，将采集到的土家族吊脚楼的数据，运用结构力学的知识，取其中的一榀框架为隔离体进行受力分析，计算简图如图 5-15 所示，在房屋正常使用条件下，结构只受到竖向力。该一榀框架由七根落地柱组成，每根柱子与地面连接处均简化为刚接。将穿枋与立柱的连接简化为铰接，组成一品的框架。两边的穿枋与柱子的连接处简化为刚接（此处是檐口，相当于现在结构中的挑檐），以便承受挑屋面传来的竖向荷载，两边的穿枋外侧各有一根不落地的柱，因不落地柱为装饰作用，故在此模型中忽略它。考虑到土家族吊脚楼屋面大多用青瓦铺设，通过分析，简化了屋面传来的为

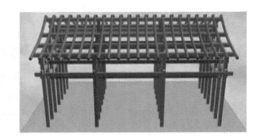

图 5-11　贵州典型土家族吊脚楼　　　　图 5-12　穿斗式木结构空间框架示意

0.5kN 的集中荷载，为了保证简化结果的正确性，采用结构力学求解器来分析其受力。结构力学求解器是清华大学袁驷教授研发的，在高校中广泛使用。通过结构结构力学求解器求出该榀框架的内力图，包括轴力图（见图 5-16）、剪力图（见图 5-17）与弯矩图（见图 5-18）。

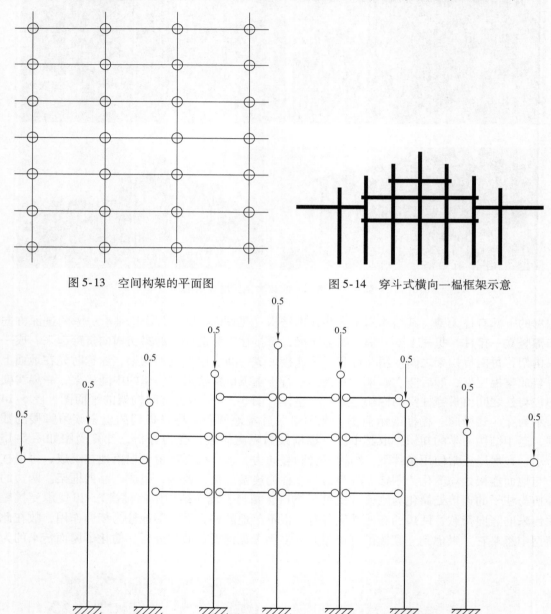

图 5-13　空间构架的平面图　　　　　　图 5-14　穿斗式横向一榀框架示意

图 5-15　穿斗式横向一榀框架计算简图

由轴力图分析得知，每根落地柱均承受轴力的作用，两边的柱承受的轴力比其他柱大（这是因为有挑檐部分），充分发挥了木材轴向性能好的优点。由剪力图分析得知，该框架占主要部分的中间构件几乎不受剪力作用，两边的柱和穿枋承受剪力作用。由弯矩图分析得

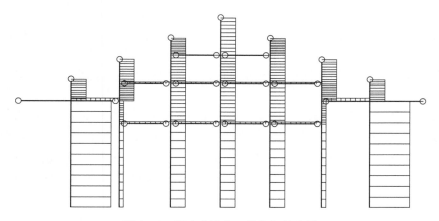

图 5-16　穿斗式横向一品桁架轴力图

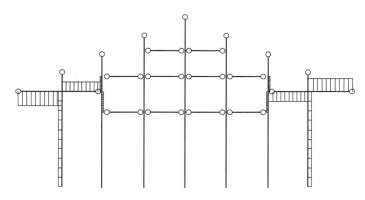

图 5-17　穿斗式横向一品桁架剪力图

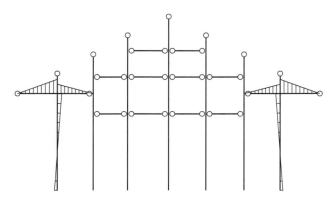

图 5-18　穿斗式横向一品桁架弯矩图

知，该弯矩图成正对称分布，该结构受力合理，传力明确，占主要部分的中间构件几乎不受到弯矩的作用，两边所受弯矩小。通过内力图分析可以得出，结构构件主要是受到轴向力的作用，而绝大多数的木材的受轴向力性能优异。

（2）考虑水平力作用　房屋在承受水平荷载作用下，同样取框架中的一榀简化进行受力分析。计算简图如图 5-19 所示，通过结构力学求解器求解得到内力图。由轴力图（见图 5-20）得知，每根柱和斗枋、纤子均承受轴向力的作用，这充分发挥了木材轴向性能好的优点。由剪力图（见图 5-21）得知，占主要部分的中间构件几乎不受剪力作用。由弯矩图（见图 5-22）得知，两边的柱承受相对中间大的弯矩，占主要部分的中间构件几乎不受弯矩的作用。

　　计算结果表明，在水平荷载作用下，占主要部分的中间构件主要受到轴向力的作用，即使在水平力作用下，结构构件同样也没有改变其受力特点。结构通过纤子将各榀框架连接成一个整体，构成整个空间结构，类似于现代的框架结构。各柱通过榫接，使得各结点处可以简化成铰接结点。正是因为通过这种榫接，即使在水平摆动情况下带来的能量也可以得到有效、巧妙的释放。

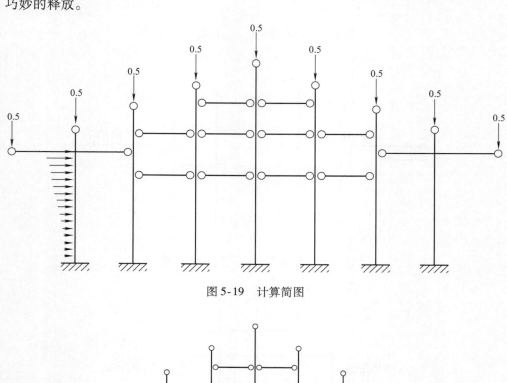

图 5-19　计算简图

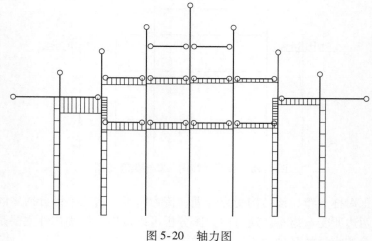

图 5-20　轴力图

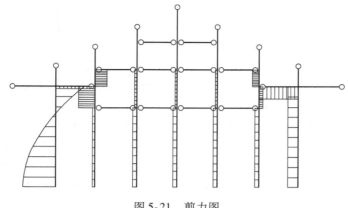

图 5-21　剪力图

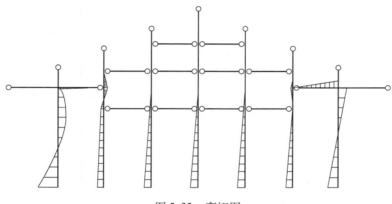

图 5-22　弯矩图

（3）结论

1）在不考虑水平力作用下，结构几乎不承受弯矩的作用，主要承受轴向力的作用，充分发挥了木材轴向性能好的优点。结构在考虑水平力作用下，结构构件同样主要受到轴向力的作用。

2）通过考虑水平力作用与不考虑水平力作用的比较，得出吊脚楼主要是承受轴向力的受力构件。

3）如吊脚楼平面布局与空间结构均匀对称，结构受力更加合理；构件与构件之间通过榫接，使得结构整体性和抵抗水平力性能能显著提高。

2. 国家级 SRTP 项目示例

土木工程材料科技兴趣小组学生在参与编者主持的"陈积粉煤灰在加气混凝土生产中的应用研究"省级科技支撑计划课题的试验时，利用课外时间在学院土木工程材料实验室、贵州省教育厅无机非金属省级重点实验室完成了陈积粉煤灰大量试验与数据采集，并进行陈积粉煤灰物理及化学性能分析，成功申请了国家级 SRTP"陈积粉煤灰活性激发及其机理研究"课题，阶段性研究成果如下。

（1）项目背景　粉煤灰作为传统的工业废渣，近两年在国家政策的引导下，资源化利用取得了明显的效果，各大电厂新出产的粉煤灰目前处于供不应求的态势，导致价格持续上涨，给以粉煤灰为主要原料之一的加气混凝土企业带来了原料供应的困难和较大的成本压力。另一方面，在粉煤灰资源化利用取得成效前，粉煤灰的常规处理方式是集中堆存，几十年时间造成了每个电厂均配备了若干个堆场，由于陈积粉煤灰活性较低，大部分已板结成块，在粉煤灰得到充分利用的今天，仍不能有效得到利用，不但占据了大量的土地，部分堆场（灰坝）还存在一定的安全隐患。课题拟对陈积粉煤灰进行综合利用研究，通过物理或化学的方法提升陈积粉煤灰活性使之能应用于加气混凝土砌块的生产，项目成功后将为陈积粉煤灰的资源化利用开拓一条新的途径，推广后将逐步消化掉原有的粉煤灰堆场，具备较大的经济及社会效益。

（2）项目研究内容、技术路线和创新点　项目小组分别对贵州省内的清镇电厂（Qing - Zhen power plant，简称 QZPP）、贵阳电厂（Gui - Yang power plant，简称 GYPP）和黔西电厂（Qian - Xi power plant，简称 QXPP）的陈积粉煤灰的矿物组成进行 X 射线衍射分析（X - ray diffraction，简称 XRD）。并且分别对三个电厂的陈积粉煤灰的矿物组成进行了激光共聚焦（Laser scanning confocal microscopy，简称 LSCM）观察，放大倍数为 1000 倍。通过对 QZPP、GYPP、QXPP 堆积的大量陈积粉煤灰性能进行分析，研究其在加气混凝土生产中的应用。针对陈积粉煤灰成分复杂、性能不稳定的特殊性，检测分析不同堆积年份及各堆积部位粉煤灰的物理化学性能，探明陈积粉煤灰失活原因，通过对陈积粉煤灰化学成分及微观结构分析，采用物理与化学方法激发提高其活性，并研究相应的陈积粉煤灰添加剂与活化技术，同时对掺加陈积粉煤灰的加气混凝土砌块进行配合比优化设计，调整现有加气混凝土砌块蒸压养护工艺，提出保证加气混凝土制品物理力学性能稳定的技术方案。

1）研究内容。一是陈积粉煤灰物理及化学性能研究；二是物理方法提高陈积粉煤灰活性研究；三是化学方法进一步激发陈积粉煤灰活性研究；四是加气混凝土砌块配合比优化设计；五是调整加气混凝土砌块蒸压养护工艺；六是加气混凝土砌块力学性能试验研究。

2）技术路线。技术路线如图 5-23 所示。

（3）项目创新点

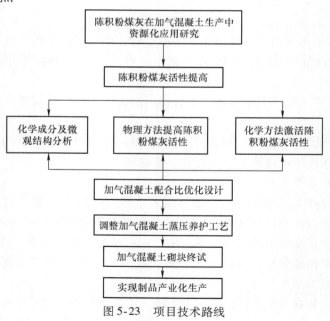

图 5-23　项目技术路线

　　1）增大陈积粉煤灰的比表面积及其与石灰的反应接触面。研究时根据堆积年限及堆积体部位进行采样，分析各样品的粒度分布、颗粒形貌、疏松组分的微观内部形貌、吸水性能等影响混凝土品质的物理特性；同时研究各样品的元素组成、化学结构、晶态结构、表面活性等化学性能；特别研究能够破坏混凝土性能的组分，添加相应助剂与之形成稳定结构。

　　2）调整蒸压养护工艺。项目拟将在坯体入釜前采取保温及加温的措施，促进 C2SH 向 CSH 转化，促进托勃莫来石的形成，加气混凝土中必须有足够量的托勃莫来石才能得到性能良好的产品。研究中在不对温度、压力做较大调整的前提下完成加气混凝土的蒸压养护工作。

　　（4）项目考核的技术指标

　　1）质量符合 GB/T　11968—2006《蒸压加气混凝土砌块》要求。

　　2）放射性符合 GB　6566—2010《建筑材料放射性核素限量》技术要求。

　　3）导热系数符合 GB/T　10297—1998《非金属材料导热系数的测定　热线法》。

　　4）陈积粉煤灰掺量比例达到 35%。

　　产品质量指标（以 B06A3.5 为代表），要求抗压强度 ≥3.5MPa，抗冻性 ≥2.8MPa，干燥收缩 ≤0.8mm/m（快速法）。

　　（5）项目完成后技术成熟程度　制品产业化生产后广泛应用在高层、超高层框架结构、框剪结构围护填充墙中。

　　1）已完成陈积粉煤灰物质成分与微观结构检测分析（见图 5-24 ～ 图 5-29）。

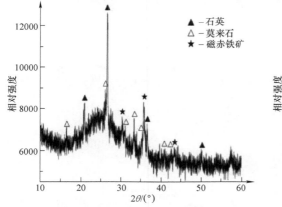

图 5-24　QZPP 的陈积粉煤灰 XRD 图谱

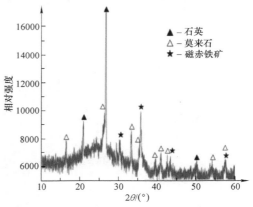

图 5-25　GYPP 的陈积粉煤灰 XRD 图谱

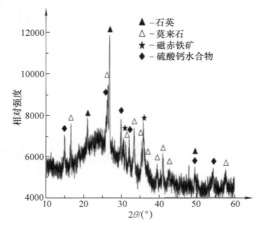

图 5-26　QXPP 的陈积粉煤灰 XRD 图谱

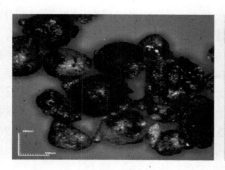

图 5-27 QZPP 的陈积粉煤灰 LSCM 图谱

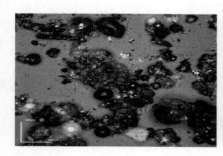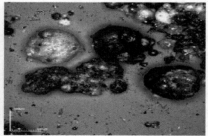

图 5-28 GYPP 的陈积粉煤灰 LSCM 图谱

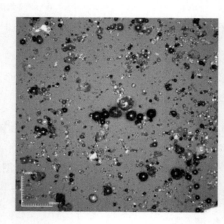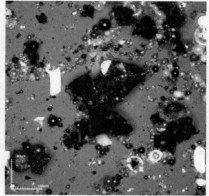

图 5-29 QXPP 的陈积粉煤灰 LSCM 图谱

2）已提出提高陈积粉煤灰活性的技术方案，对陈积粉煤灰加气混凝土砌块进行配合比优化设计（见表 5-5 和表 5-6）。

表 5-5 未经处理及磨细处理的陈积粉煤灰活性试验配比及强度结果

组数	电厂	水泥/g	粉煤灰/g	水/g	标准砂/g	抗压/MPa	抗折/MPa
1#	—	450	0	225	1350	39.36	5.30
2#	QXPP	450	0	225	1350	23.40	3.40
3#	QZPP	315	135	225	1350	22.48	3.00

（续）

组数	电厂	水泥/g	粉煤灰/g	水/g	标准砂/g	抗压/MPa	抗折/MPa
4#	GYPP	315	135	225	1350	18.96	2.80
5#	QXPP	315	135	225	1350	25.53	3.70
6#	QZPP	315	135	225	1350	24.23	3.38
7#	GYPP	315	135	225	1350	25.52	3.77

表 5-6　使用矿物外加剂的黔西电厂、贵阳电厂陈积粉煤灰活性试验配比及强度结果

组数	电厂	水泥/g	粉煤灰/g	外加剂/g	水/g	标准砂/g	抗压/MPa	抗折/MPa
8#	QXPP	300	135	15	225	1350	24.17	3.63
9#	QXPP	300	135	15	225	1350	20.77	3.20
10#	QXPP	300	135	15	225	1350	14.93	2.23
11#	GYPP	300	135	15	225	1350	18.98	3.05
12#	GYPP	300	135	15	225	1350	19.37	3.20
13#	GYPP	300	135	15	225	1350	18.95	2.73

3）对优化配合比的陈积粉煤灰加气混凝土砌块进行了工业化生产（见图5-30）。

（6）项目研究存在问题　需进一步检测陈积粉煤灰加气混凝土砌块物理力学性能指标。

（7）项目延伸　现行规范 GB/T 11968—2006《蒸压加气混凝土砌块》规范并未对抗折强度进行规定，但多家企业发现陈积粉煤灰加气混凝土砌块抗折强度的不足使其在生产、运输、砌筑过程中存在5%左右的损耗。因此，课程团队在前期成果的基础

图5-30　陈积粉煤灰加气混凝土砌块工厂化生产

上提炼出"提高陈积粉煤灰加气混凝土的抗折性能研究"课题，获批省科技厅科技合作课题立项，学生团队配合课题组教师从陈积粉煤灰加气混凝土砌块的主要成型影响因素、制备工艺、微观结构、力学分析出发，旨在提高其抗折性能，解决陈积粉煤灰在加气混凝土应用中的难题，学生团队在实验室完成多个综合性、设计性实验成果，为企业工艺改进提供了科学依据。学生通过实践，对现行规范局限性有了思考和质疑。

（二）学院"科技活动月"给学生提供科技创新平台，探索以学生为主体的自主创新模式

自2007年开始，贵州师范大学材料与建筑工程学院连续举办了以学生课外科技创新活动为主题的"科技活动月"，每年活动主题与全国大学生结构设计竞赛、"挑战杯"科技作品竞赛、节能减排竞赛主题相关联。活动组织学生主动申请立项，自主立题，引导学生参与各类创新活动，培养学生创新思维与能力，在完成计划的同时形成一批具有较高质量的成果，全面提升学生的综合素质，为广大学生搭建一个钻研科学、展示才能的平台，充分调动全院学生投身课外科技创新活动的积极性，在选拔人才同时进行学科竞赛项目培育。

第三节　职　业　能　力

　　职业能力是人们从事某种职业所需的多种能力的综合，培养强调以先进的科学理念和教学思想为主导，以从业者的职业价值发展最大化为宗旨，采用科学的职业能力培养模式，突出实践教学的重要地位，提升和发展个体的职业综合能力，实现人力资源潜能的挖掘。职业能力包含职业素质、职业知识和职业技能。职业素质是所有专业人才的通识教育，职业知识是专业人才从事相应岗位所要求的专业理论知识，职业技能是职业知识的应用。

一、职业能力获取方法路径

　　能力不仅是动手能力，主要应包括思维能力、技艺能力、学习能力和沟通能力四个方面。现代企业更看重毕业生的职业能力，职业能力并不是一门特定的技能，而是员工在工作中利用自己的专业知识或生活经验处理问题的能力，即任务完成过程中所表现出来的执行能力。职业能力的培养应渗透到课程体系和教学实施中，尽可能将专业实验从各门课程中剥离出来，在夯实理论教学的同时，将传统的验证性、演示性实验转化成综合性、设计性、创新性实验，构建主体参与教学模式，充分调动学生主观能动性，挖掘其学习动手能力，培养其对实践教学的兴趣。能力培养应将传统教学方法、多媒体技术和课程网络资源有机地相结合起来，走"授之以渔"的启发式教学之路，使学生掌握用现代化技术手段研究问题的能力。在课程设计中，将房屋建筑学课程设计、钢筋混凝土课程设计、工程预算课程设计、地基基础课程设计、钢结构课程设计，以工程项目为主线形成一体化的有机整体。课内课外注重综合素质和工程应用能力的培养，如房屋建筑学课程教学可到在建项目现场熟悉基础、墙体、楼屋面、楼梯、变形缝等实际构造。工程招投标、工程合同管理与索赔课程教学可以组织学生参与实际工程招投标文件的编制，软件模拟招投标全过程。学生可以充分利用假期到产学研合作企业锻炼，深入到建设项目施工现场，零距离接触工程，认清其职业能力优势方向，将职业能力和社会的需求结合起来，缩短就业适应期，实现供求信息的对接，从而在择业的过程中增强主动性，减少盲目性，最终实现人职匹配。

二、职业能力证书

　　职业能力证书是指劳动者具备从事证书所对应的职业和岗位所必备的学识和能力的体现与证明，它是证书获得者求职、任职的资格凭证，也是用人单位招聘、聘用员工的主要依据。2019 年在《国家职业教育改革实施方案》中首次提及"1＋X"证书，即学生毕业获学历证书和若干职业技能等级证书，X 是指证书获得者具有从事某一岗位（群）能力要求所必备的学识和能力水平等级的证明。方案明确提出在应用型本科、职业院校启动"学历证书 ＋ 若干职业技能等级证书"制度试点工作。"1＋X"证书制度是基于我国经济社会发展的大背景下提出的，其最终目的在于保障学生兼具专业知识、职业素养和多种职业技能，从而提高其就业创业能力，缓解结构性就业问题，全面促进国家和社会的经济发展。

　　《中华人民共和国建筑法》第 14 条规定"从事建筑活动的专业技术人员，应当依法取得相应的执业资格证书，并在执业证书许可的范围内从事建筑活动。"土木工程专业学生进入基础课程、专业基础课程学习后，可以根据兴趣爱好选择职业方向，在自己喜欢的职业领域内强化理论课程的学习和实践技能训练。学生可以选择土木工程材料、勘察设计、施工、工程监理、工程造价与咨询、房地产管理、项目管理等就业方向与领域，做好职业生涯规划，获取相应的工程基本素养和职业岗位能力。学校教育支持学生在完成学业的同时，获取多种资格和能力证书，增强创业就业能力。相对于资历和学历，现代企业更看重个人的工作态度和综合素质，拥有职业核心能力的员工更容易受到企业的青睐。

（一）证书体系

经过多年的发展，我国土木建筑职业资格体系已形成由职业技能证书、职业注册证书、职业软件证书构成的证书体系（见表5-7）。土木工程教育专业综合改革方向之一就是强化学生的职业能力，学生毕业后实习期满，根据工作岗位，应尽快获得施工员、造价员、材料员、安全员、资料员等证书。工作期限到后，学生应根据自己所在的工作岗位，考取国家土木工程注册工程师、注册建造师、注册岩土工程师，并担任项目经理等职务，成为企业技术栋梁。因此，步入校门的土木工程学生，在接受入学教育和学习完土木工程专业概论课程后，应思考自身职业方向，以"出口"引导"入口"，做好专业化职业生涯规划，立足宽口径土木工程专业分支，激发学习兴趣，最终实现自身的职业理想。

表5-7　土木工程职业资格证书体系

类别	内容		备注
职业技能证书	现场操作工种	普工、砌筑工、钢筋工、混凝土工、防水工、抹灰工、木工、油漆工、测量放线工、建筑电工、机械设备安装工、管道工、架子工、装饰装修工、石作业工	在校生有考试权限
	施工项目管理机构	施工员、造价员、材料员、安全员、资料员、监理员、质检员、测量员	施工现场工作一年以上有考试权限
职业注册证书	注册结构工程师（一级、二级）、注册建造师（一级、二级）、注册土木工程师（水利水电工程、岩土、港口与航道工程）、注册造价工程师、注册监理工程师、注册安全工程师		本科毕业后具有考试权限
职业软件证书	全国计算机辅助技术认证应用工程师（CAXC）证书、广联达的BIM量算钢筋或土建建模认证、鲁班的建模软件认证、鸿业软件的BIM Revit认证		在校生有考试权限

（二）职业技能证书

1. 现场操作工种证书

2016年10月，住房和城乡建设部颁布了《建筑工程施工职业技能标准》（JGJ/T 314—2016），明确建筑工程施工生产操作人员职业技能由安全生产知识、理论知识、操作技能三个模块构成（见表5-8）。建筑工程施工生产操作人员必须持证上岗，建筑工程施工职业技能等级由低到高分为：五级、四级、三级、二级和一级，分别对应初级工、中级工、高级工、技师和高级技师。申报各等级的职业技能评价，申报条件及能力目标应符合表5-9要求。

2. 施工项目管理机构证书

施工项目管理机构人员含施工员、造价员、材料员、安全员、资料员、监理员、质检员、测量员，通常也称"建筑八大员"，是施工一线的生产主力军，是基层的技术组织管理人员。"建筑八大员"考试目前已实施计算机考试。

表 5-8　建筑工程施工生产操作人员职业技能构成

模块	内容	备注
安全生产知识	安全基础知识、施工现场安全操作知识两部分内容	职业技能对安全生产知识、理论知识的目标要求由高到低分为掌握、熟悉、了解三个层次；对操作技能的目标要求由高到低分为"熟练""能够""能"或"会"三个层次
理论知识	基础知识专业知识和相关知识三部分内容	
操作技能	基本操作技能、工具设备的使用与维护、创新和指导三部分内容	

表 5-9　职业技能证书

等级	描述	申报条件及评价（申报各等级的职业技能评价，应符合下列规定之一）
职业技能五级	能运用基本技能独立完成本职业的常规工作；能识别常见的建筑工程施工材料；能操作简单的机械设备并进行例行保养	① 具有初中文化程度，在标准所列工种的岗位工作（见习）一年以上 ② 具有初中文化程度，标准所列工种学徒期满
职业技能四级	能熟练运用基本技能独立完成本职业的常规工作；能运用专门技能独立或与他人合作完成技术较为复杂的工作；能区分常见的建筑工程施工材料；能操作常用的机械设备及进行一般的维修	① 取得本职业技能五级证书，从事标准所列工种范围内同一工种工作 1 年以上 ② 具有标准所列工种中等以上职业学校本专业毕业证书
职业技能三级	能熟练运用基本技能和专门技能完成较为复杂的工作，包括完成部分非常规性工作；能独立处理工作中出现的问题；能指导和培训本等级以下技工；能按照设计要求，选用合适的建筑工程施工材料；能操作较为复杂的机械设备及进行一般的维修	① 取得本职业技能四级证书后，从事标准所列工种范围内同一工种工作 2 年以上 ② 取得高等职业技术学院标准所列工种本专业或相专业毕业证书 ③ 取得标准所列工种中等以上职业学校本专业毕业证书，从事标准所列工种范围内同一工种工作 1 年以上
职业技能二级	能熟练运用专门技能和特殊技能完成复杂的、非常规性的工作；掌握本职业的关键技术技能，能独立处理和解决技术或工艺难题；在技术技能方面有创新；能指导和培训本等级以下技工；具有一定的技术管理能力；能按照施工要求，选用合适的建筑工程施工材料；能操作复杂的机械设备及进行一般的维修	① 取得本职业技能三级职业证书后，从事标准所列工种范围内同一工种作 2 年以上 ② 取得本职业技能三级证书的高等职业学院本专业或相关专业毕业生；从事本标准所列工种范围内同一工种工作 1 年以上
职业技能一级	能熟练运用专门技能和特殊技能在本职业的各个领域完成复杂的、非常规性工作；熟练掌握本职业的关键技术技能；能独立处理和解决高难度的技术问题或工艺难题；在技术攻关和工艺革新方面有创新；能组织开展技术改造、技术革新活动；能组织开展系统的专业技术培训；具有技术管理能力	取得本职业技能二级证书后，从事标准所列工种范围内同一工种工作 3 年以上

注：表中的"标准"指《建筑工程施工职业技能标准》JGJ/T　314—2016。

（1）施工员　施工员是基层的技术组织管理人员，主要工作任务是在项目经理领导下，在施工现场具体实施施工组织设计内容。其主要工作任务：负责施工现场的总体布置与总平面布置，单位工程分部分项工程技术交底，施工作业的质量环境与职业健康安全过程控制，编写施工日志、施工记录等相关施工资料，汇总、整理和移交施工资料；参与施工图会审，参与编制施工组织设计方案，编制施工安全、质量、技术方案及各阶段施工进度计划，制定相应的技术措施，确保按计划完成施工目标；认真执行工程技术质量检验标准及安全规范标准、循环检查制度，为施工质量、安全管理起强化作用；及时做好工程施工记录、隐蔽工程记录和签证，逐日填写施工日志，整理收集现场施工资料等工作。施工员岗位专业知识与技能见表5-10。

表5-10　施工员岗位专业知识与技能

类别	描述
专业知识	① 了解工程施工工艺和方法，了解建筑力学的基础知识 ② 熟悉与本岗位相关的技术规范标准与管理规定，以及国家工程建设相关法律法规 ③ 熟悉工程材料、建筑构造与结构、建筑设备、工程预算、施工测量的基本知识，以及工程项目管理的基本知识 ④ 熟悉工程质量管理、工程进度管理、环境与职业健康安全管理的基本知识，以及常用施工机械机具的性能 ⑤ 掌握计算机和相关资料信息管理软件的应用知识，工程质量控制、成本控制与进度控制与管理 ⑥ 掌握施工图识读、绘制的基本知识，施工组织设计及专项施工方案的内容和编制方法，施工进度计划的编制方法
专业技能	① 能够识读施工图和施工技术文件，编写技术交底文件并实施技术交底，参与编制施工组织设计和专项施工方案 ② 能够正确划分施工区段，合理确定施工顺序，确定施工质量控制点；能够正确使用测量仪器进行施工测量 ③ 能够进行资源平衡计算，编制施工进度计划及资源需求计划，控制调整计划；能够进行工程量计算及初步的工程计价 ④ 能够编制质量控制文件、实施质量交底，确定施工安全防范重点，识别、分析、处理施工质量缺陷和危险源 ⑤ 能够参与职业健康安全与环境问题的调查分析，参与编制职业健康安全与环境技术文件 ⑥ 能够记录施工情况，编制相关工程技术资料；能够利用专业软件对工程信息资料进行处理

（2）造价员　造价员的主要工作任务：准确识读建筑工程、结构工程、设备工程的设计文件，熟悉现行的各种定额、价目表、建材的市场价格；熟悉定额中的子目、套项；熟悉工程量的计算公式、建筑构造、隐蔽工程、变更等专业知识并能灵活运用，准确分析材料及计算工程材料做到不漏项；投标时能够综合掌握工程的概算及投标的规则，控制好工程量的子目与取费，能够与甲方、监理、审计等部门进行沟通。造价员岗位专业知识与技能见表5-11。

表 5-11　造价员岗位专业知识与技能

类别	描述
专业知识	① 了解工程施工工艺和方法，了解建筑力学的基础知识 ② 熟悉与本岗位相关的技术规范标准和管理规定，以及国家工程建设相关法律法规 ③ 熟悉工程材料、建筑构造与结构、建筑设备、工程预算、施工测量的基本知识，以及工程项目管理的基本知识 ④ 熟悉工程质量管理、工程进度管理、环境与职业健康安全管理的基本知识，以及常用施工机械机具的性能 ⑤ 熟悉施工组织设计及专项施工方案的内容和编制方法、施工进度计划的编制方法 ⑥ 掌握计算机和相关资料信息管理软件的应用知识，工程成本控制与管理；掌握施工图识读、绘制的基本知识
专业技能	① 能够参与招标文件文件编制及建筑工程招投标全流程，参与合同谈判及合同管理 ② 能够参与建筑工程分部分项工程量计算、装饰装修工程工程量计算、工程决算报表的编制 ③ 能够具备施工方案与清单项目综合工作内容工程量的计算能力；能够初步具备建筑工程计价与报价能力 ④ 能够参与工程预付款、进度款的计算，工程变更价款和施工索赔款计算，工程价款的结算程序及计算 ⑤ 能够运用造价软件计算工程量、计价与报价、编制建筑工程施工图预算及工程量清单计价文件

（三）　职业注册证书

　　注册制度是指对从事于人民生命、财产和社会公共安全密切相关的从业人员实行资格管理的一种制度。注册制度在英国、美国已有近百年的历史。执业制度是市场经济国家对专业技术人才管理的通用规则。我国于 1990 年开始推行执业资格制度，1992 年建设部发布了《监理工程师资格考试和注册试行办法》，拉开了建筑行业推行执业资格制度的序幕。1995年，国务院颁发了《中华人民共和国注册建筑师条例》，标志着我国注册建筑师制度的正式建立。现已实现的与土木工程专业相关注册师有注册土木工程师、结构工程师、建筑师、建造师、造价工程师、监理工程师、岩土工程师、设备工程师等，基本形成了具有中国特色的建筑领域执业资格制度。注册制度规定了注册工程师的权利、义务和法律责任，强调了只有取得注册资格的并被批准的人员才能从事相应的业务活动。中国人事考试网（官网 http：//www. cpta. com. cn）每年公布土木工程类专业注册证书考试报考条件、考试内容与考试时间等信息。注册资格考试实行全国统一大纲、统一命题、统一组织、统一证书。注册考试实行注册制度，考试通过后，资格证书持有者应按有关规定到指定机构申请注册，注册成功，即可执业。

　　执业注册实施的是动态管理，获得注册资格并不是终身制。注册师在取得注册资格后，还要参加继续教育，遵守职业道德，每两年需要办理继续注册。人事部、建设部共同负责全国土木工程建设类注册职业资格制度的政策制定、组织协调、资格考试、注册登记和监督管理工作。2014 年 7 月，住房城乡建设部印发了《全国建筑市场监管与诚信信息系统基础数据库数据标准（试行）》和《全国建筑市场监管与诚信信息系统基础数据库管理办法（试行）》，正式启动了注册人员数据库、企业数据库、工程项目数据库、诚信信息数据库基本信息库（简称四库）和一体化工作平台工作。四库互联互通，目前基本达到达到了省、市、县三级联动，系统共生、数据同源的一体化工作平台要求。本小节仅介绍注册结构工程师与注册建造师的相关情况。

1. 注册结构工程师

注册结构工程师指从事房屋结构、桥梁结构及搭架结构等工程设计及相关业务，并取得中华人民共和国注册结构工程师执业和注册证书的专业技术人员。根据原人事部、建设部《关于印发〈注册结构工程师执业资格制度暂行规定〉的通知》（建设〔1997〕222号）文件精神，从1997年起，在全国范围内组织实施一级注册结构工程师考试，1999年起在全国范围内组织实施二级注册结构工程师考试。报考内容分专业基础课程和专业课程。土木工程本科毕业一年有权限报考一级注册结构师的基础考试，毕业四年可以报考一级注册结构师的专业考试，而且必须在通过基础考试才有资格参加专业考试。本科毕业两年有权限参加二级注册结构师考试。一级注册结构师有基础考试和专业考试，二级结构师只有专业考试，没有基础考试，成绩一次性通过有效。一级注册结构师基础考试闭卷，一级和二级专业考试开卷，可以带规范和资料。报考条件详见表5-12~表5-14。一级结构工程师的勘察设计范围不受项目规模及工程复杂程度的限制。二级结构工程师的勘察设计范围仅限承担国家规定的民用建筑工程三级及以下或工业小型项目。

表5-12　一级注册结构工程师基础科目考试报考条件（2018年）

类别	专业	学历或学位	职业实践最少时间
本专业	结构工程	工学硕士或研究生毕业及以上学位	
	建筑工程（不含岩土工程）	评估通过并在合格有效期内的工学学士学位	
		未通过评估的工学学士学位	
		专科毕业	1年
相近专业	建筑工程的岩土工程 交通土建工程 矿井建设 水利水电建筑工程 港口航道及治河工程 海岸与海洋工程 农业建筑与环境工程 建筑学 工程力学	工学硕士或研究生毕业及以上学位	
		工学学士或本科毕业	
		专科毕业	1年
	其他工科专业	工学学士或本科毕业及以上学位，职业实践最少时间为1年	1年

表5-13　一级注册结构工程师专业考试报考条件（2018年）

类别	专业名称	学历或学位	职业实践最少时间	
			I类人员	II类人员
本专业	结构工程	工学硕士或研究生毕业及以上学位	4年	6年
	建筑工程（不含岩土工程）	评估通过并在合格有效期内的工学学士学位	4年	
		未通过评估的工学学士学位	5年	8年
		专科毕业	6年	9年

（续）

类别	专业名称	学历或学位	职业实践最少时间	
			I 类人员	II 类人员
相近专业	建筑工程的岩土工程 交通土建工程 矿井建设 水利水电建筑工程 港口航道及治河工程 农业建筑与环境工程 建筑学 工程力学	工学硕士或研究生毕业及以上学位	5 年	8 年
		工学学士或本科毕业	6 年	9 年
		专科毕业	7 年	10 年
	其他工科专业	工学学士或本科毕业及以上学位	8 年	12 年

表 5-14　二级注册结构工程师专业考试报考条件（2018 年）

类别	专业名称	学历	职业实践最少时间
本专业	工业与民用建筑	本科及以上学历	2 年
		普通大专毕业	3 年
		成人大专毕业	4 年
		普通中专毕业	6 年
		成人中专毕业	7 年
相近专业	建筑设计技术 村镇建设 公路与桥梁 城市地下铁道 铁道工程 铁道桥梁与隧道 小型土木工程 水利水电工程建筑 水利工程 港口与航道工	本科及以上学历	4 年
		普通大专毕业	6 年
		成人大专毕业	7 年
		普通中专毕业	9 年
		成人中专毕业	10 年
不具备规定学历	从事结构设计工作满 13 年以上，且作为项目负责人或专业负责人，完成过三级（或中型工业建筑项目）不少于二项		13 年

2. 注册建造师

注册建造师指从事建设工程项目总承包和施工管理关键岗位及相关业务，并取得中华人民共和国注册建造师执业和注册证书的专业技术人员，是懂管理、懂技术、懂经济、懂法规，综合素质较高的复合型人员。注册建造师既要有理论水平，也要有丰富的实践经验和较强的组织能力。根据《建造师执业资格制度暂行规定》《建造师执业资格考试实施办法》《建造师执业资格考核认定办法》文件精神，从 2004 年起在全国范围内实行一级建造师考试制度。建造师的职责是根据企业法定代表人的授权，对工程项目自开工准备至竣工验收，实施全面的组织管理。一级建造师是担任大型工程项目经理的前提条件，建造师注册受聘后，可以以建造师的名义担任建设工程项目施工的项目经理、从事其他施工活动的管理、从事法律、行政法规或国务院建设行政主管部门规定的其他业务。一级注册建造师可以担任《建筑业企业资质等级标准》中规定的特级、一级建筑业企业资质的建设工程项目施工的项目经理。一级建造师报考条件见表 5-15。二级建造师报考条件是具备工程类或工程经济类中等专科以上学历并从事建设工程项目施工管理工作满 2 年、工程类或工程经济类相近专业中等专科以上学历并从事建设工程项目施工管理工作满 5 年或持有《中华人民共和国一级建造师临时执业证书》或《中华人民共和国二级建造师临时执业证书》者三项条件之一即可报考。

表 5-15　注册一级建造师考试报考条件

序号	内容
报名条件具备条件①～⑤之一者，可以报名	① 取得工程类或工程经济类大学专科学历，工作满 6 年，其中从事建设工程项目施工管理工作满 4 年 ② 取得工程类或工程经济类大学本科学历，工作满 4 年，其中从事建设工程项目施工管理工作满 3 年 ③ 取得工程类或工程经济类双学士学位或研究生班毕业，工作满 3 年，其中从事建设工程项目施工管理工作满 2 年 ④ 取得工程类或工程经济类硕士学位，工作满 2 年，其中从事建设工程项目施工管理工作满 1 年 ⑤ 取得工程类或工程经济类博士学位，从事建设工程项目施工管理工作满 1 年
考试时间及科目介绍	① 原则上每年举行一次，考试科目为《建设工程经济》《建设工程法规及相关知识》《建设工程项目管理》和《专业工程管理与实务》4 个科目 ②《专业工程管理与实务》科目分为：建筑工程、公路工程、铁路工程、民航机场工程、港口与航道工程、水利水电工程、矿业工程、市政公用工程、通信与广电工程、机电工程 10 个专业类别，报名时可根据工作需要选择专业
免考部分科目条件	符合报名条件，于 2003 年 12 月 31 日前，取得建设部颁发的《建筑业企业一级项目经理资质证书》，并符合下列条件之一的人员，可免试《建设工程经济》和《建设工程项目管理》2 个科目，只参加《建设工程法规及相关知识》和《专业工程管理与实务》2 个科目的考试 ① 受聘担任工程或工程经济类高级专业技术职务 ② 具有工程类或工程经济类大学专科以上学历并从事建设项目施工管理工作满 20 年
成绩和证书管理	考试成绩实行 2 年为一个周期的滚动管理办法，参加全部 4 个科目考试的人员必须在连续的两个考试年度内通过全部科目；免试部分科目的人员必须在一个考试年度内通过应试科目。考试成绩在全国专业技术人员资格考试服务平台或各省（区、市）人事考试机构网站发布。考试合格，由省（区、市）人力资源社会保障部门，颁发人力资源社会保障部统一印制的，人力资源社会保障部和住房城乡建设部共同用印的《一级建造师资格证书》，在全国范围内有效

（四）软件证书

土木工程通识课程通常开设 C 语言或 Visual Basic 至少一门程序语言，专业课程开设

AutoCAD 建筑设计、PKPM 结构设计、Grandsoft 工程计量与计价等建筑信息类课程，培养学生运用软件完成建筑设计、结构设计与工程计量与计价的能力，使其具有建筑设计方案、结构设计、施工图绘制等建筑信息化技术的初步能力。部分学校人才培养方案中 AutoCAD、PKPM、Grandsoft 都设置独立 1 学分课程设计。专业课程教学中，已经普遍运用专业软件辅助教学。强大的软件功能给教学带来了便利，教学中逐渐用软件绘图取代手工绘图，用软件算量取代手工算量，解决了传统教学费时费力的问题。为了顺应信息化时代的发展，可以将传统教学与虚拟仿真软件教学相结合，优化设置四年课程体系，力争做到计算机能力训练与软件应用课程不断线，将软件的功能与课堂教学、课程设计与专业实习深度融合，培养出具有扎实的软件应用能力的建筑信息化时代高标准专业人才。

土建类主流教学软件

随着信息技术的发展，土木工程、建筑学、工程管理、工程造价、给排水工程与城市规划等土建类专业都采用专业软件辅助教学。鉴于专业软件已经在工程设计中得到广泛应用，计算机应用能力已经成为衡量毕业生能力的一个重要指标，熟练使用设计应用软件是土建类专业学生应具备的基本能力素质。

（1）种类 AutoCAD、PKPM、Grandsoft、Thsware、Autodesk Revit、3D Studio Max、SketchUp、Lumion 均是土建类主流教学软件（见表 5-16）。

表 5-16 土建类主流教学软件

软件名称	描述
AutoCAD	是由美国 Autodesk 公司于 20 世纪 80 年代初研发的一款计算机辅助设计方面的专业制图软件，具有完善的图形绘制功能，可以绘制任意二维和三维图形，有强大的图形编辑功能，可以采用多种方式进行二次开发或用户定制，可以进行多种图形格式的转换，具有较强的数据交换能力，同传统的手工绘图相比，用 AutoCAD 绘图速度更快、精度更高、个性化功能更强，它已经在建筑、机械、电子、美工等很多领域得到了广泛应用
PKPM	是北京构力科技有限公司、中国建筑科学研究院建筑工程软件研究所研发的一款设计系列软件，PKPM 是面向建筑工程全生命周期，集建筑、结构、设备、节能、概预算、施工技术、施工管理、企业信息化于一体的大型建筑工程软件。现代结构工程趋向大型化、复杂化，结构分析很难靠手算来完成。目前设计单位在进行结构设计时，普遍利用结构软件来完成结构计算和施工图，最后经过手工复算来调整完善施工图
Grandsoft	是深圳市广联达科技股份有限公司研发了一系列工程算量建模软件，广泛应用于建筑、给排水、暖通、电气、消防、装饰装修、地铁、水工、公路等行业。其中应用最广泛的是广联达预算软件，它将手工思路内置于软件中，利用计算机进行快速、完整的计算，将人从传统的烦琐计算过程中解脱出来，包含图形算量、计价、钢筋抽样、安装算量软件四个模块
Thsware	是深圳市斯维尔科技有限公司 2000 年研发的软件，能够结合土木建筑的标准进行 3D 虚拟现实、真实场景互动，具有操作简单、可进行数据交换等特点，主要适用于发包方、承包方、咨询方、监理方等单位的建设工程造价管理，编制工程预算、决算，以及编制招标、投标文件，也可用于建筑行业中的土建、钢筋、给排水、电气、暖通等工程量和工程进度管理领域。主要包括三维算量、安装算量软件、清单计价软件等模块
Autodesk Revit	是美国 Autodesk 公司研发的构建建筑信息模型的软件，Revit 提供支持建筑设计、MEP 工程设计和结构工程的工具，并具有互操作性强、参数化构建、工作共享、Vault 集成等特色。在同一个模型中，它会记录所有的图纸、二维视角、三维视角及明细表。Revit 系列软件是专为建筑信息模型（BIM）创建的，建筑设计师可以运用软件完成设计、建造等工作和维护质量更好、能效更高的建筑

（续）

软件名称	描述
SketchUp	是美国 Google 公司于 2006 年研发的 3D 建模软件，它可以快速和方便地创建、观察和修改三维创意，应用在建筑、规划、园林、景观、室内及工业设计等领域。SketchUp 具有方便的推拉功能，设计师通过一个图形就可以方便生成 3D 几何体，无须进行复杂的三维建模，是三维建筑设计方案创作的优秀工具
3D Studio Max	是美国 Autodesk 公司开发的基于 PC 系统的三维动画渲染和制作软件，简称为 3ds Max 或 MAX，广泛应用于建筑设计、工业设计、广告、影视、多媒体制作、游戏、辅助教学及工程可视化等领域。3D MAX 具有性价比高、便于交流、上手容易等优势，在国内发展的相对比较成熟的建筑效果图和建筑动画制作中，3D Max 的使用率占据了绝对优势。主要特点是功能强大，和其他相关软件配合流畅，扩展性好。

（2）软件教学及实践　软件课堂教学在图形图像实验室完成，模拟建筑立体表现，教师在教师机前示范引导学生进行虚拟结构设计。如在框架结构布置分析 PKPM 设计软件课程教学中，单击"楼层定义"，会出现柱布置、梁布置、墙布置、洞口布置等对话框，输入数字参数，构件设计即可完成，如图 5-31 所示是 500mm×500mm 矩形柱、图 5-32 所示是 250mm×400mm 矩形主梁的设置对话框，学生只需要 2 节课即可学会框架结构楼层组装和建立整体模型（见图 5-33）。

图 5-31　500mm×500mm 矩形柱

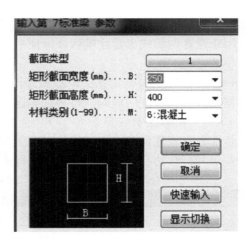

图 5-32　250mm×400mm 矩形主梁

传统土木学科毕业设计是全部由学生手算并手工绘图，教学中引入 PKPM 和 Grandsoft 等软件辅助教学后，学生毕业设计可以同时采用手算和电算，毕业设计任务书要求学生先手算完成结构中有代表性的一榀框架，再用 PKPM 软件对所设计的整个建筑结构进行整体计算，计算结束后，对手算和软件计算结果进行对比分析，并总结计算结果偏大偏小的原因。毕业设计是对前期理论知识和计算机辅助设计知识的综合应用和全面演练，通过毕业设计手算和电算的相互校核分析，不但促进学生提高结构设计中的分析问题和解决问题的能力，还能培养学生对土木工程相关规范的理解与应用能力。通过课堂教学、课外大量时间实践训练

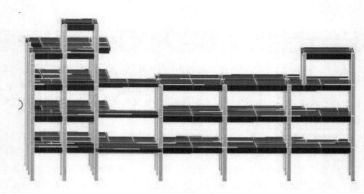

图 5-33　楼层组装效果图

和毕业设计的综合运用，培养了学生能够运用工程软件进行复杂的实际工程的计算分析能力，为学生成为合格的土建工程师奠定扎实的基础。

（3）软件证书　建筑业信息化是建筑业发展战略的重要组成部分，也是建筑业转变发展方式、提质增效、节能减排的必然要求，对建筑业绿色发展、提高人民生活品质具有重要意义。《住房和城乡建设部等部门关于推动智能建造与建筑工业化协同发展的指导意见》明确指出"围绕建筑业高质量发展总体目标，以大力发展建筑工业化为载体，以数字化、智能化升级为动力，创新突破相关核心技术，加大智能建造在工程建设各环节应用，形成涵盖科研、设计、生产加工、施工装配、运营等全产业链融合一体的智能建造产业体系，提升工程质量安全、效益和品质，有效拉动内需，培育国民经济新的增长点，实现建筑业转型升级和持续健康发展"。软件证书是土木工程毕业生重要的职业核心能力之一。二维 CAD 工程师证书、BIM 量算钢筋或土建建模认证等证书是基础软件证书，可以强化职业资格，提升职业核心竞争力。

AutoCAD 作为土木类专业从识图到绘图的入门基础，学生在学会用软件绘图，掌握土建图学基础方法与技能的同时，可参加全国计算机技术项目建筑设计方向考试，通过后可取得二维 CAD 工程师证书（见表 5-17）。全国计算机辅助技术认证项目（简称 CAXC 项目）是由教育部教育管理信息中心开展的一项工业信息技术人才认证培训项目。土建类专业建议引入企业级和行业协会的专业技能认证，国内主流造价类、BIM 类软件认证（见表 5-18）。

表 5-17　二维 CAD 工程师证书

名称	考试内容		备注
建筑二维 CAD 工程师	必考	工程图标准识图能力	通过了二维 CAD 工程师（建筑设计方向）的认证考试，能熟练使用二维设计软件完成相关工作
	选考	AutoCAD CAXA	
	方向	建筑设计	

表 5-18　造价类专业认证

软件名称	内容	备注
广联达软件	BIM 量算钢筋或土建建模认证	在线远程考试，合格可发中国建设教育协会和广联达的专业技能证书
鲁班软件	建模软件认证	在线远程考试，合格可发中国建设教育协会和鲁班的专业技能证书
鸿业软件	BIM 的 Revit 认证	在线远程考试，合格可以发中国建设教育协会的 BIM 专业技能证书

第四节　科技论文

科技论文是对创造性的科研成果进行理论分析和总结的科技写作文体，是表达创造性科学技术研究和开发工作成果的科学论述，是研究者和学术界常见的交流方式，大学生 SRTP 项目训练培养学生初步科研素质同时，也希望学生能撰写出有一定理论高度和学术价值的科技论文。哈佛大学 George Whitesides 教授认为，"有趣但未发表"等于"不存在"。学生开展科学研究的主要目的之一是创造知识，而通过学术论文这一载体恰恰可以将知识呈现给读者，从而启发读者并与同行交流。科研训练不仅仅是同学们一般认为的做实验，还包括选题、文献检索、文献管理、文献阅读、方案设计与执行，而撰写创新实践工作总结、技术总结、学术论文也占用了科学研究的一部分时间。若无科学研究，学术论文则为无本之木、无源之水。本节从选题、文献检索与搜索引擎、文献阅读、方案设计与执行、论文撰写五个要素阐述学术论文形成的逻辑路径。

一、选题

一般地，本科生获得的科研训练相对较少，单靠学生自身的知识水平很难选择一个有价值的题目。因此，在同学们申请基金项目时，一是尽早联系指导老师，获得指导老师的建议；二是大量阅读与研究方向相关的中英文文献，特别是"引言"部分，从而了解本方向哪些问题解决了，哪些问题还没有解决，哪些问题只解决了一部分，而这些未解问题便是同学们的待选之题；三是选择"小"题目，避免"大"题目。"大"题目不易掌控，"小"题目有利于同学们深入研究，反而可能获得有一定价值的研究成果。命题不宜用一个大领域或学科分支的名称作为论文题目，如"混凝土材料的物理力学性能研究""新型墙体材料抗压强度研究""建筑构造研究"等"大"题目，类似的题目可用于学术专著或学报特约撰写的评论，但不适用于科技论文，建议"小题大做"，找准切入点。如"双车道公路纵坡坡度与机动车污染物排放之间的量化关系研究""双车道公路平曲线半径与机动车油耗排放之间的量化关系研究""新型混凝土耐磨剂的关键技术研究""吸声混凝土负载二氧化钛降解氮氧化物的研究""净水生态混凝土的研究""活性胶结料对建筑垃圾小型空心砌块强度影响的研究"等；四是同学们需要多次和指导老师沟通，了解实验室的研究条件，并在老师的指导下选择一个切实可行的研究题目；五是建议同学们尽早进入实验室，积极参与高年级学长或研究生的科学研究工作，通过辅助工作发现问题，找到题目。

二、文献检索与搜索引擎

英国物理学家牛顿曾言：如果我看得比别人更远些，那是因为我站在巨人的肩膀上。科学技术具有连续性和继承性。凡是用文字、图形、符号、声像等手段记录下来的科技活动或科技知识，都称为科技文献。它不仅指信息，还包括其载体。文献检索是大学生必备的一项基本技能，对于同学们开展研究性学习极为重要，通常大学一年级入校，学校图书馆就会组织新生系统学习文献检索的一些基本技巧，如中国知网和万方等数据库的使用方法等。除了学习图书馆的培训资料外，大学生还可以使用搜索引擎查找各大数据库供应商的培训课件，往往可以获得诸多有用信息。随着参考文献由最初的几篇逐渐增多到几十篇甚至几百上千篇，此时该如何迅速从硬盘中找出所需文献呢？一个较好的解决方案是使用参考文献管理器，如 NoteExpress、EndNote 等。

搜索引擎是指根据一定的策略、运用特定的计算机程序搜集互联网上的信息，在对信息进行组织和处理后，将处理后的信息显示给用户，提供给用户进行检索查询的服务系统。Yahoo（雅虎）公司创立于 1994 年，是网上最早的搜索引擎之一，也是目前常用的搜索引擎，其最大优点是提供了全面的分类体系。Google（谷歌）是 1998 年 9 月在美国硅谷创建的高科技公司，旨在提供全球最优秀的搜索引擎服务，通过其强大、迅速而方便的搜索引擎，在网上为用户提供准确、翔实、符合他们需要的信息。自 2000 年正式开始商业运营以来，Google 在全球范围内已拥有一个庞大的用户群，其中一半以上是国际用户。Google 非常注重技术创新，曾获美国《时代》杂志评选的 "1999 年度十大网络技术"、《个人电脑》杂志授予的 "最佳技术奖" 等荣誉。百度搜索引擎拥有中国最强大的搜索技术开发团队，第一个支持中文 GBK 搜索，实现了 "动态网页" 检索，并申请了国内第一个搜索引擎专利 "中文姓名的计算机识别及检索方法"。百度是互联网中文信息检索和传递技术供应商，它的搜索引擎技术是各大门户网站的坚强后盾。与大多数搜索引擎相同，百度搜索提供 "分类检索" 和 "关键词查询" 两种方法。

三、文献阅读

学习了文献检索的基本方法之后，通常会面临两个问题，一是读哪些文献，二是怎么读。通常在数据库中输入检索词后往往会检索到数十篇甚至数百篇参考文献，我们无法从第一篇一直读到最后一篇。在这个信息爆炸的时代，同学们必须学会过滤掉 "没用" 的文献，迅速找到所需要的文献。那么，哪些是 "有用" 的文献呢？给同学们三个建议，一是使用中国知网（CNKI）、中国科学引文数据库（CSCD）、科学网（Web of Science）、工程索引（EI）等数据库（见表 5-19）的 "按被引频次排序" 功能。按倒序排，可以迅速找到被引次数最高的 10 篇或 20 篇论文。一般情况下，被引频次越高。该论文的学术价值越高。二是阅读各大公司总工程师的论文；三是阅读名家的论文。总工和名家的论文往往含金量较高，值得同学们深入学习。在学习初期，对名家不熟悉是正常的，学生只需要在实践过程中反复学习，就会慢慢熟悉。

现举例说明如何阅读 "混凝土材料" 领域文献。通常最为典型的阅读方法是从头读到尾，时间消耗但收效甚微。其根本原因是阅读者尚未理解 "文献阅读过程同时也是一个科研人员的智力调动过程"，简而言之，就是在阅读过程中少了 "思考" 这一环节。要想在阅读中加入思考就要做到以下几点。

1）选择阅读 TOP 期刊中的 TOP 文献，尽可能使得阅读过程达到事半功倍的效果。

2）复制论文中所有的图和表，并粘贴在一个空白的文档中。

3）打开原文，仅阅读 "原材料与试验方法"。

4）关闭原文，读懂空白文档中的所有图和表，同时以现有的专业知识水平分析图和表中的数据，写出 "试验结果"。注意，这里有个关键词 "写"，写出图和表所表达的含义，该过程难度系数大，但务必坚持。

5）打开原文，和作者撰写的"试验结果"比较。比较后会发现差距很大。但在找到差距的同时，也就找到了自己的努力方向和急需提升之处。

6）根据"试验结果"努力尝试"讨论"部分的撰写。

上述文献阅读方法对于学生撰写学术论文有一定的帮助，实践证明，学生经过持之以恒的坚持练习，通过 1~2 年的努力后可以在《建筑科学》《施工技术》《混凝土》和《新型建筑材料》等期刊上发表质量较高的学术论文。

表 5-19 工程类文献检索常用数据库

数据库名称	资源简介
中文名：中国知识基础设施工程，即中国知网 英文名：China National Knowledge Infrastructure（CNKI） 网址：https：//www.cnki.net	国家知识基础设施（National Knowledge Infrastructure，NKI）的概念由世界银行《1998年度世界发展报告》提出。1999 年 3 月，以全面打通知识生产、传播、扩散与利用各环节信息通道，打造支持全国各行业知识创新、学习和应用的交流合作平台为总目标，王明亮提出建设中国知识基础设施工程，并被列为清华大学重点项目 论文数据：提供 CNKI 源数据库，外文类、工业类、农业类、医药卫生类、经济类和教育类多种数据库。其中综合性数据库为中国期刊全文数据库、中国博士学位论文数据库、中国优秀硕士学位论文全文数据库、中国重要报纸全文数据库和中国重要会议文论全文数据库。每个数据库都提供初级检索、高级检索和专业检索三种检索功能。其中，高级检索功能最常用 文献数据：2010 年推出的《中国学术期刊影响因子年报》在全面研究学术期刊、博硕士学位论文、会议论文等各类文献对学术期刊文献的引证规律基础上，研制者首次提出了一套全新的期刊影响因子指标体系，并制定了我国第一个公开的期刊评价指标统计标准——《〈中国学术期刊影响因子年报〉数据统计规范》
中文名：中国科学引文数据库 英文名：Chinese Science Citation Database（CSCD） 网址：http：//sciencechina.cn	中国科学引文数据库创建于 1989 年，收录我国数学、物理、化学、天文学、地学、生物学、农林科学、医药卫生、工程技术和环境科学等领域出版的中英文科技核心期刊和优秀期刊千余种 收录规模：中国科学引文数据库来源期刊每两年遴选一次。每次遴选均采用定量与定性相结合的方法，定量数据来自于中国科学引文数据库，定性评价则通过聘请国内专家定性评估对期刊进行评审。定量与定性综合评估结果构成了中国科学引文数据库来源期刊。2017—2018 版本，中国科学引文数据库遴选了核心期刊 1229 种，其中中国出版的英文期刊 201 种，中文期刊 1028 种。中国科学引文数据库来源期刊分为核心库和扩展库两部分，其中核心库 887 种（以备注栏中 C 为标记）；扩展库 342 种（以备注栏中 E 为标记） 应用情况：中国科学引文数据库已在我国科研院所、高等学校的课题查新、基金资助、项目评估、成果申报、人才选拔及文献计量与评价研究等多方面作为权威文献检索工具获得广泛应用。主要包括：自然基金委国家杰出青年基金指定查询库，第四届中国青年科学家奖申报人指定查询库，自然基金委资助项目后期绩效评估指定查询库，众多高校及科研机构职称评审、成果申报、晋级考评指定查询库，自然基金委国家重点实验室评估查询库，中国科学院院士推选人查询库，教育部学科评估查询库，中科院百人计划

（续）

数据库名称	资源简介
中文名：科学网 英文名：Web of Science 网址：http：//www.webof-knowledge.com	科学网是全球最大、覆盖学科最多的综合性学术信息资源，收录了自然科学、工程技术、生物医学等各个研究领域最具影响力的 8850（SCI）＋3200（SSCI）＋1700（AH-CI）多种核心学术期刊。科学网推出的影响因子（Impact Factor, IF）现已成为国际上通用的期刊评价指标，它不仅是一种测度期刊有用性和显示度的指标，也是测度期刊的学术水平，乃至论文质量的重要指标 主要用途：①论文检索。支持关键词、作者、标题、DOI 等多种方式的检索，集成了年份、数据库、作者名字、地址、文献类型、研究领域、出版物名称、研究方向等细分方式。②领域发展趋势与科研动态追踪。通过对检索结果进行分析，利用引文报告功能可以查看每年该领域发文数目等信息，判断领域的发展趋势。③收录与引用查询。可以很方便地知道论文是否被 SCI 收录，论文自引、他引次数等信息。④期刊学术水平的影响评价，Clarivate Analytics（Thomson Scientific）每年都会发布各期刊新一年的影响因子
中文名：工程索引 英文名：The Enineering Index（EI） 网址：https：//www.engineeringvillage.com	《工程索引》是供查阅工程技术领域文献的综合性情报检索刊物，1884 年创刊，年刊，1962 年增出月刊本，由美国工程信息公司编辑出版。EI 每年摘录世界工程技术期刊约 3000 种，还有会议文献、图书、技术报告和学位论文等，报道文摘约 15 万条，内容包括全部工程学科和工程活动领域的研究成果。EI 每月出版 1 期，文摘 1.3 万至 1.4 万条。数据库每年新增 500000 条工程类文献，数据来自 5100 种工程类期刊、会议论文和技术报告，原始文献来自 40 余个国家，涉及的语言多达 39 种，其中 3600 种有文摘。年报道文献量 16 万余条。每期附有主题索引与作者索引，每年还另外出版年卷本和年度索引，年度索引还增加了作者单位索引 稿件要求：①具有较高的学术水平的工程论文，包括的学科有机械工程、机电工程、船舶工程、制造技术等；矿业、冶金、材料工程、金属材料、有色金属、陶瓷、塑料及聚合物工程等；土木工程、建筑工程、结构工程、海洋工程、水利工程等；电气工程、电厂、电子工程、通信、自动控制、计算机、计算技术、软件、航空航天技术等；化学工程、石油化工、燃烧技术、生物技术、轻工纺织、食品工业；工程管理。②国家自然科学基金资助项目、科技攻关项目、"八六三"高技术项目等。③论文达到国际先进水平，成果有创新。④不收录纯基础理论方面的论文

四、方案设计与执行

通过大量的文献阅读对研究题目有了一个初步了解之后，学生就基本知道本研究中尚有哪些问题亟待解决，即可针对现有研究存在的问题设计解决方案，即完成方案设计。方案设计是学术论文撰写的核心工作。一般试验方案完成后，学术论文的框架也就搭建完成了，两者应同步进行。否则，可能会出现两种后果，一是项目实验完成了，却发现这些数据对于学术论文的撰写支撑度不大；二是在撰写学术论文的过程中发现需要补充实验数据，重新开展一些实验。关于方案设计与执行，建议按照如下步骤开展：

1）在大量阅读文献的基础上拟定一个初步方案。

2）和指导老师讨论该方案的可行性，如果不可行，则重复前一步骤，并经过数次修改迭代，如果可行，则进行下一步。

3）进入实验室，按照研究方案进行研究，执行过程中必然会发现研究方案的诸多漏洞，填补漏洞不断修改完善的过程实际上就是形成科研能力的过程，应再次检索资料，并和指导老师反复讨论，方案修订后继续执行。

4）试验过程中及时处理数据，整理为图或表。

五、论文撰写

如前所述，实验方案的设计与执行过程已经完成了学术论文撰写的主要工作，即论文骨架（正文的骨架由引言、原材料与试验方法、结果与讨论和结论组成）的搭建，剩下的则是文字部分，其工作量相对较少，其呈现主要内容与逻辑规律性如下：

1）按照逻辑顺序把图、表和公式等插入正文相应的位置，用有创意的图、表、名、方法来展示成果，达到通过阅读图、表和公式即可了解论文所表达主题思想的目的。

2）"引言"部分，论述本课题在国内外的研究现状，已经取得的成果，并指出现有研究存在哪些短板，亟待解决。其中的 1~2 个亟待解决的问题即论文的主要研究内容。

3）"原材料与试验方法"部分，论述解决上述问题所采用的试验方法及其原材料。

4）"结果与讨论"部分，试验结果强调以图或表的形式呈现，并简要描述。同时，和现有类似文献的研究结果对比，深入讨论。

5）"结论"部分，不建议重复摘要和试验结果部分的内容，应在试验结果的基础上提升。

6）"摘要"部分，建议在论文完成之后再撰写。

大学生 SRTP 项目主要产出科技性论文，这种研究成果主要是应用已有的理论来解决设计、技术、工艺、设备、材料等具体技术问题而取得的，说明解决了某一实际问题，讲述了某一技术和方法。论文要有一定的理论高度和学术价值，对实验、观察或用其他方式所得到的结果，要从一定的理论高度进行分析和提炼，对自己提出的科学见解或问题，要用事实和理论进行符合逻辑的论证、分析与阐述。从实质而言，科技论文的写作过程，本身就是作者在认识上的深化和在实践基础上进行科学抽象的过程。只有这样，论文所报道的发现或发明，才不只具有实用价值，而且具有理论价值。写一篇论文，如果仅仅是说明解决了某一实际问题，讲述了某一技术和方法，是远远不够的。从事科学研究，特别是从事工程技术研究的科技人员，应学会善于从理论上总结与提炼，论文要求有新意，紧跟学科前沿，论据充分，结论可信，逻辑性强，语言精练，争取写出既有创新性又有理论价值的科技论文。

第五节　知　识　产　权

知识产权是指公民或法人依据法律规定，对其所在科学、技术、文学、艺术等领域从事智力活动创造的知识产品所享有的权利。简言之，知识产权是智力成果的创造人依法所享有的权利，知识产权从本质上说是一种无形资产，它的客体是智力成果或者知识产品，是创造性的智力劳动所创造的劳动成果。它与房屋、汽车等有形财产一样，都受到国家法律的保护。

一、概述

知识产权是一个集合概念，传统的知识产权包括专利权、著作权、商标权，随着新技术、新知识的不断涌现，知识产权的新类别相继出现，现代知识产权的保护范围已从传统的专利、商标、版权扩展到包括计算机软件、集成电路、植物品种、商业秘密、生物技术等在内的多元对象。为进一步加强在校学生创新意识和创新能力的培养，鼓励大学生积极参与发明创造和智力创作，促进大学生知识产权成果的产生和转化，加强对知识产权了解和保护，大学生有必要了解知识产权的种类与申请流程，了解《高等学校知识产权保护管理规定》《中华人民共和国专利法》《中华人民共和国专利法实施细则》等文件，土木工程专业学生在学完土木工程制图、房屋建筑学等课程后，可尝试进行外观设计专利创造，学完土木材料、工程测量课程，完成大学生 SRTP 项目，参与教师科研课题后，可尝试申请实用新型专利与发明专利。本节仅介绍与土木工程关联度较高的专利。

二、专利种类与特点

专利包含发明专利、实用新型专利与外观设计专利（见表 5-20），专利制度鼓励发明创造，推动技术进步，能促进生产力的发展。

三、专利权申请

想要获得专利权必须进行专利申请，专利申请需要申请人向国家专利机关提出申请，经审核批准并下发专利证书。在进行专利申请时需递交一系列的申请资料，如请求书、说明书、摘要和权利要求书等。专利申请文件的填写和撰写有特定的要求，申请人可以自行填写或撰写，也可以委托代理机构代为办理，专利局收到专利申请书后，对符合受理条件的申请会确定申请日并给予申请号，随后发出受理通知书。

专利要体现新颖性、创造性和实用性，申请人或发明人在研究申请时，可通过检索、查阅发明构思是否已经被实现，避免新产品侵权，提高申请专利的成功率。同时，可以通过中国国家知识产权局网站、SooPAT 专利搜索等网站检索相似或雷同产品的已公开专利文献，通过借鉴对产品创意方案或功能进行改进和完善，之后按照事先设定的路径展开研究，根据研究成果撰写技术方案申请知识产权。

（一）专利检索

国内网站　主要有中国专利信息网，中国知识产权网，SooPAT 专利搜索，佰腾专利网。

国外较知名网站　主要有国际专利数据库，英国《世界专利索引》，世界知识产权组织，日本专利数据库，欧洲专利。

（二）申请内容

专利申请时需要了解研究内容所属技术领域、背景技术、现有技术的缺陷，进而明确本发明技术方案、关键技术、创新点和保护内容。专利申请的主要内容见表 5-21。

表 5-20 专利的种类与特点

种类	描述	备注
发明专利	发明是对产品、方法提出新的技术方案或对原有产品提出的改进，是利用自然规律解决生产、科研、实验中各种问题的技术解决方案，一般由若干技术特征组成。发明分为产品发明和方法发明两大类型 产品发明指能够制造的各种新产品，即有关生产物品、装置、机械设备的新的技术解决方案，包括有一定形状和结构的固体、液体、气体之类的物品。方法发明包括所有利用自然规律通过发明创造产生的方法，又可以分为制造方法和操作使用方法两类。另外，专利法保护的发明也可以是对现有产品或方法的改进。授予专利权的发明，应当具备新颖性、创造性和实用性。新颖性是指在申请日以前没有同样的发明或者实用新型在国内外出版物上公开发表过、在国内公开使用过或者以其他方式为公众所知，也没有同样的发明或者实用新型由他人向国务院专利行政部门提出过申请并且记载在申请日以后公布的专利申请文件中；创造性是指同申请日以前已有的技术相比，该发明具有突出的实质性特点和显著的进步，该实用新型具有实质性特点和进步；实用性是指该发明能够制造或者使用，并且能够产生积极成效	① 发明专利权的保护期限为 20 年，实用新型专利权和外观设计专利权的保护期限均为 10 年 ② 实用新型的技术方案更注重实用性，其技术水平较发明要低，具体表现在：一是实用新型只限于具有一定形状的产品，不能是一种方法，也不能是没有固定形状的产品；二是对实用新型的创造性要求不太高，而实用性较强 ③ 外观设计与发明或实用新型完全不同，即外观设计不是技术方案；外观设计注重的是设计人对一项产品的外观所做出的富于艺术性、具有美感的创造，但这种具有艺术性的创造，不是单纯的工艺品，它必须具有能够为产业上所应用的实用性。外观设计专利实质上是保护美术思想的，而发明专利和实用新型专利保护的是技术思想；虽然外观设计和实用新型与产品的形状有关，但两者的目的却不相同，前者的目的在于使产品形状产生美感，而后者的目的在于使具有形态的产品能够解决某一技术问题。例如一把雨伞，若它的形状、图案、色彩相当美观，那么应申请外观设计专利，如果雨伞的伞柄、伞骨、伞头结构设计精简合理，可以节省材料又有耐用的功能，那么应申请实用新型专利。外观设计是指对产品的形状、图案或者其结合以及色彩与形状、图案的结合所做出的富有美感并适于工业应用的新设计。外观设计专利的保护对象，是产品的装饰性或艺术性外表设计，这种设计可以是平面图案，也可以是立体造型，更常见的是这二者的结合，授予外观设计专利的主要条件是新颖性
实用新型专利	实用新型是指对产品的形状、构造或组合提出新的实用技术方案。它只涉及物品的革新设计，不包括物品的制造方法和工艺。关于日用品、机械、电器等方面的有形产品的小发明，比较适用于申请实用新型专利 产品的形状是指产品所具有的、可以从外部观察到的确定的空间形状。对产品形状所提出的技术方案可以是对产品的三维形态的空间外形所提出的技术方案，如对凸轮形状、刀具形状做出的改进；也可以是对产品的二维形态所提出的技术方案，如对型材的断面形状的改进。产品的构造是指产品的各个组成部分的安排、组织和相互关系。产品的构造可以是机械构造，也可以是线路构造。机械构造是指构成产品的零部件的相对位置关系、连接关系和必要的机械配合关系等，线路构造是指构成产品的元器件之间的确定连接关系	
外观设计专利	外观设计是指对产品的形状、图案、色彩与构造做出的新颖设计。外观设计是以产品为载体而对外表进行独特的设计，它可以是线条、色彩的平面设计，也可以是产品的立体造型，往往只涉及一项产品的外形，而不涉及产品的制造技术、结构和用途。外观设计的目的在于利用美学原理，借助产品的形状、图案、色彩和它们的结合，达到产品的美学效果	

表 5-21　专利申请的主要内容

本发明技术领域	指出本技术方案所属或直接应用的技术领域	备注
相应领域背景技术	背景技术是对最接近的现有技术的说明，它是做出本技术方案的基础。客观地指出相应领域现有技术中存在的问题和缺点，此问题和缺点是本技术方案所要针对解决的目标，科学客观评价现有技术的局限性是显示本发明的优势	适用发明和实用新型专利
本发明技术方案阐述	应当针对现有技术存在的缺陷或不足，用简明、准确的语言写明所要解决的技术问题。发明中每一功能的实现都要有相应的技术实现方案；阐述通过什么技术手段来实现，不能只有原理，也不能只做功能介绍。提供结构图及工艺步骤、结构说明，原理说明，动作关系说明等文字说明	
关键技术和创新点	本发明关键技术和创新点，包括新产品、新工艺、新材料、新配方、关键技术实施步骤等	

（三）申请文件准备

1. 发明专利申请

申请文件包括：发明专利请求书、摘要、权利要求书（必要时应当有摘要附图）、说明书（说明书有附图的，应当提交说明书附图）。

2. 实用新型专利申请

申请文件包括：实用新型专利请求书、说明书、说明书附图、权利要求书、摘要及其摘要附图。

3. 外观设计专利申请

申请文件包括：外观设计专利请求书、图片或者照片；要求保护色彩的，还应当提交彩色图片或者照片，如对图片或照片需要说明的，应当提交外观设计简要说明。

四、审批程序

因专利申请后不一定能够授权，因此审查结案的结果可能是授权，也可能是驳回。依据专利法，发明专利申请的审批程序包括受理、初审、公布、实审及结案五个阶段。实用新型或者外观设计专利申请在审批中不进行早期公布和实质审查，只有受理、初审和结案三个阶段。一般情况下，专利受理通知书在提交专利申请后一周内就可以拿到，其中外观设计专利通过审查获批，审查周期 3 ~ 6 个月；实用新型专利通过审查获批，审查周期 7 ~ 14 个月；发明专利通过审查获批，审查周期 12 ~ 36 个月。专利证书在专利申请通过审查并授权后，办理完登记手续并缴纳首年度专利年费及证书印花税后 1 ~ 2 月颁发，2020 年 2 月开始采用电子证书，如需纸件证书，也可专门向专利局申请获得。

五、专利权申请示例

（一）发明专利申请示例

编者主持完成的贵阳市工业攻关科技支撑计划"轻质高强建筑垃圾空心砌块研究"，于2014 年提交"一种建筑垃圾自保温小型空心砌块及其制备方法"发明专利申请，2017 年获批发明专利"一种建筑垃圾自保温小型空心砌块及其制备方法"(专利号：ZL201410774981.5)。其申请方案撰写如下：

1. 发明名称

一种建筑垃圾自保温小型空心砌块及其制备方法。

2. 摘要

本专利发明了一种利用建筑垃圾、粉煤灰、磷石膏生产的复合自保温砌块，这种砌块是利用建筑垃圾中的废弃混凝土、废弃砂浆和废弃砖石破碎后得到的建筑垃圾再生骨料，掺加胶凝材料（水泥、粉煤灰），利用粉煤灰、磷石膏、石灰、水和过氧化氢、稳泡剂制备得到的无机填充保温材料，并将得到的无机保温材料填充于双排孔小型空心砌块中，从而得到一种利用建筑垃圾、粉煤灰、磷石膏生产的尺寸为 390mm×190mm×190mm 的复合自保温双排孔小型空心砌块。

3. 权利要求书

1) 以城市拆迁产生的废弃混凝土、废弃砂浆和废弃砖石破碎得到的建筑垃圾再生骨料为主要成分，生产的 390mm×190mm×190mm 的双排孔复合自保温建筑垃圾小型空心砌块。该产品由砌块基材和填充发泡保温材料两种材料复合而成。其中，砌块基材是指将城市拆迁产生的废弃混凝土、废弃砂浆和废弃砖石破碎后得到的建筑垃圾再生骨料，掺加胶凝材料（水泥、粉煤灰）；填充的发泡保温材料是指利用粉煤灰、磷石膏、石灰、水和过氧化氢、稳泡剂，采用炒制、搅拌、发泡工艺制备得到的发泡保温材料。

2) 一种利用建筑垃圾、粉煤灰、磷石膏生产的复合自保温小型空心砌块，其特征在于原材料按质量份计算，它由下述原料配比：基材（建筑垃圾 A~B 份、胶凝材料 C~D 份、水 E~F 份），填充发泡保温材料（磷石膏 50~90 份、粉煤灰 0~50 份、石灰 0~10 份、稳泡剂 1~3 份、缓凝剂 0~5 份、水 150~200 份），生产强度等级为 MU3.5~MU10.0，密度等级在 800~1200kg/m³，传热系数在 0.8~1.2W/(m²·K) 之间的复合自保温建筑垃圾小型空心砌块。

3) 一种利用建筑垃圾、粉煤灰、磷石膏生产的复合自保温小型空心砌块，其构造如图 5-34 所示，其中 a（壁）厚为 25~35mm，b（肋）厚为 25~35mm，图中斜线部分代表磷石膏、粉煤灰保温填充材料。

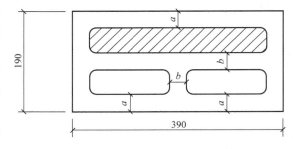

图 5-34　建筑垃圾自保温砌块构造

4. 说明书

（1）技术领域　一种利用建筑垃圾生产的复合自保温建筑垃圾小型空心砌块及其结构形式。

（2）背景技术　建筑垃圾是城市建筑拆除后产生的废料，主要由废弃混凝土、废弃砂浆、废弃砖石、废弃木材等组成，绝大部分建筑垃圾未经任何处理，便被运往郊外或城市周边进行简单填埋或露天堆存，不仅浪费了土地和资源，也污染了环境。利用（废弃）建筑垃圾制备出满足《再生骨料应用技术规程》（JGJ/T 240—2011）要求的再生粗细骨料，掺加粉煤灰、磷石膏、石灰、水和过氧化氢、稳泡剂生产得到的保温填充材料复合生产自保温小型空心砌块，吃渣利废，促进了建筑垃圾减量化、无害化与资源化应用，具有重要的经济效益与社会生态效益。

（3）发明内容　本专利发明了一种利用建筑垃圾、粉煤灰、磷石膏生产的复合自保温建筑垃圾小型空心砌块。

（4）发明思路　将城市拆迁过程中产生的建筑垃圾通过分选工艺分选出废弃钢筋、废弃木材等杂质后，将剩余的废弃混凝土、废弃砂浆与废弃砖石等通过颚式破碎机进行破碎，破碎后的建筑垃圾通过 10mm 筛，利用筛选后得到建筑垃圾制备砌块再生骨料，制备出满足《再生骨料应用技术规程》（JGJ/T　240—2011）要求的粗细骨料，通过掺加胶凝材料与保温填充材料生产出建筑垃圾自保温小型空心砌块。

首先将废弃混凝土再生骨料与胶凝材料（水泥、粉煤灰）、粉煤灰置于搅拌机中加水搅拌，搅拌得到的混合料在振动加压成型机上制作出小型双排孔空心砌块。

磷石膏在 x℃下加热炒制后得到 β 型半水石膏，利用半水磷石膏的水硬性在过氧化氢发泡剂的作用下生成发泡保温材料。

在炒制得到的半水磷石膏中加入粉煤灰，并按 0.4 ~ 0.6 的水料比准备 65℃左右的热水，随后在热水中外掺 4% ~ 8% 的过氧化氢，并加入 1% ~ 3% 的稳泡剂，迅速将掺入过氧化氢和稳泡剂的热水加入半水磷石膏和粉煤灰的混合料中，并在高速搅拌机中搅拌 30s 后，注入空心砌块内部，注入量为砌块空腔体积的 20% ~ 40%。随后在室温下静置 3min。待磷石膏、粉煤灰复合保温料发泡完成后，切除富余部分，在自然环境下养护 28d 后出厂。即可得到强度等级在 MU3.5 ~ MU10.0、密度等级在 800 ~ 1200kg/m³、传热系数在 0.8 ~ 1.2W/(m²·K) 之间的复合自保温砌块。

（5）具体实施方式实例

1）步骤 1。建筑拆迁后得到的建筑垃圾送至加工厂，将建筑垃圾进行初步破碎，破碎后建筑垃圾通过电磁吸铁，将建筑垃圾中的废弃钢筋分离，随后采用人工分选工艺将建筑垃圾中剩余的废弃木材等其他杂质进行分离，分离后得到的建筑垃圾进入颚式破碎机进行破碎，破碎后的建筑垃圾通过筛选，筛选出 10mm 以下粒径的废弃混凝土颗粒，大于 10mm 的废弃混凝土返回破碎机继续破碎，直至全部通过 10mm 筛。堆存备用。磷石膏到场后，在 y℃高温下炒制成 β 型半水磷石膏备用。粉煤灰送至场后，堆存备用。

2）步骤 2。将 70 份建筑垃圾再生骨料加入搅拌机中，随后加入 10 份水和 15 份胶凝材料（水泥、粉煤灰）进行搅拌，搅拌后混合料送至振动加压成型机进料仓中，在 8MPa 的成型压力下振动加压成型得到双排孔小型空心砌块。

3）步骤 3。将 60 份炒制后得到的半水磷石膏、30 份粉煤灰、8 份石灰搅拌混合均匀，随后 200 份水、8 份过氧化氢继续进行搅拌，搅拌 15s 后，浇筑于双排孔小型空心砌块中的一单排孔中。静置 5min，待发泡完成后，送至室外，浇水养护 28d，即可出厂。

（6）说明书摘要　本专利发明了一种利用建筑垃圾、粉煤灰、磷石膏生产的复合自保温砌块，这种砌块是利用建筑垃圾中的废弃混凝土、废弃砂浆和废弃砖石破碎后得到的建筑垃圾再生骨料，掺加胶凝材料（水泥、粉煤灰），利用粉煤灰、磷石膏、石灰、水和过氧化氢、稳泡剂制备得到的无机填充保温材料，并将得到的无机保温材料填充于双排孔小型空心砌块中。从而得到一种利用建筑垃圾、粉煤灰、磷石膏生产的 390mm × 190mm × 190mm 的复合自保温双排孔小型空心砌块。

（二）外观设计专利示例

1. 楼房外观设计专利实示例一

1）专利权人：杨华，王浩然（专利号：CN201330052592.8）。

2）简要说明。

① 本外观设计产品的名称：楼房。

② 本外观设计产品的用途：本外观设计产品用于居住。

③ 本外观设计产品的设计要点：所有视图构成的整体外观形状。

④ 最能表明本外观设计设计要点的图片或照片：立体图。

⑤ 省略视图：仰视图不常见，省略仰视图。

3）主要图片，如图5-35～图5-40所示。

图5-35　主视图　　　　　　　　　　图5-36　后视图

图5-37　右视图　　　　　　　　　　图5-38　左视图

2. 楼房外观设计专利实示例二

楼房（售楼处）外观设计专利。

1）专利权人：王燕，王变，尤龙等。

2）简要说明。

① 本外观设计产品的名称：楼房（售楼处）。

② 本外观设计产品的用途：本外观设计产品用于商业用途。

③ 本外观设计的设计要点：楼房的外形设计。

④ 最能表明设计要点的图片或者照片：主视图。

⑤ 省略视图：本外观设计的仰视图为不常见面，故省略仰视图。

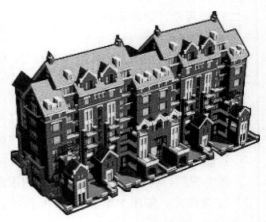

图 5-39　立体图

3）主要图片，如图 5-41 ~ 图 5-46 所示。

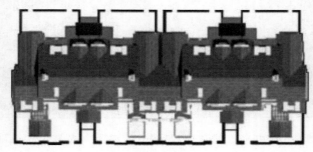

图 5-40　俯视图

图 5-41　主视图

图 5-42　右视图

图 5-43　后视图

图 5-44　左视图

图 5-45　立体图

图 5-46　俯视图

第六节　创新实践管理云平台

《中国教育现代化2035》十大战略任务中明确提出"加快信息化时代教育变革，建设智能化校园，统筹建设一体化智能化教学、管理与服务平台。利用现代技术加快推动人才培养模式改革，实现规模化教育与个性化培养的有机结合"。移动互联网、云计算、大数据、人工智能等新一代信息技术的快速发展，为突破教育信息化发展瓶颈、提升教育决策能力提供了重要手段。目前各高校大学生SRTP、创新创业竞赛、创新创业学分、创新创业基地建设、创新创业活动的实施等创新实践管理大部分还停留在简单计算机统计、纸质文件归档的阶段。建设创新创业管理平台，通过教育信息化手段，可以采集项目、竞赛、学分等第二课堂分散的数据，对学生第二课堂能力进行客观、准确的评价；通过人工智能的分析，可生成学生创新创业能力个性化、定制化的方案，从而实现以学生成果导向为核心的创新创业评价体系。通过信息化的手段，结合移动互联的应用可大幅度降低教师和学生的沟通及管理成本，减少人力、物力带来的高额成本。贵州师范大学 2020 年建成了"贵州师范大学创新创业管理平台"（简称云平台），结合创新实践活动过程与成果，将信息化、智能化融入创新创业教育体系全过程。

一、总体框架

平台构建面向高校创新创业教育全流程、全模块、全功能的一体化平台。系统的构架如图 5-47 所示，各模块功能见表 5-22。

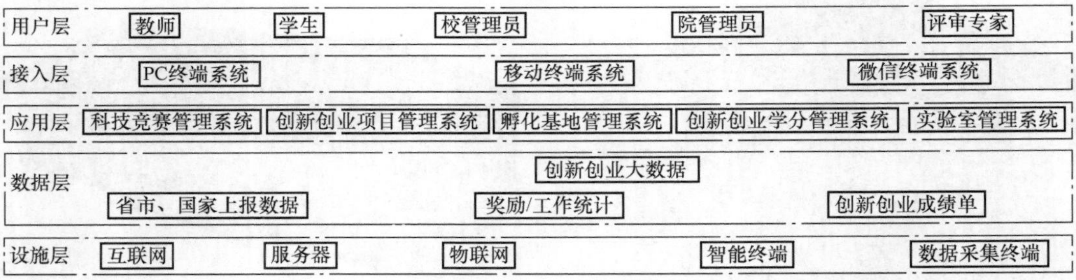

用户层	教师	学生	校管理员	院管理员	评审专家
接入层	PC终端系统		移动终端系统		微信终端系统
应用层	科技竞赛管理系统	创新创业项目管理系统	孵化基地管理系统	创新创业学分管理系统	实验室管理系统
数据层			创新创业大数据		
	省市、国家上报数据		奖励/工作统计		创新创业成绩单
设施层	互联网	服务器	物联网	智能终端	数据采集终端

图 5-47　创新创业管理平台架构

表 5-22　云平台各模块主要功能

名称	描述
用户层	系统支持多角色管理，校、院两级管理权限可让系统的管理更加灵活、多样，教师和学生在各应用平台中可产生完整的交互，系统同时支持评审专家对项目及竞赛进行网络评审
接入层	系统支持 PC 端、移动端接入方式，为用户提供多平台使用的解决方案
应用层	包含科技竞赛管理系统、创新创业项目管理系统、孵化基地管理系统、创新创业学分管理系统和实验室管理系统五大应用模块，同时还包含网络评审、投票、创新创业成绩单、可视化等多个应用模块，构建了覆盖的创新创业教育全流程的应用平台体系
数据层	通过应用层，平台会汇集大量的创新创业数据，系统可以做到模块间数据的连接，形成以学生为核心的创新创业评价体系。所生成的创新创业大数据还可用到省市、国家的数据上报，奖励及工作量的统计，创新创业成绩单的生成等
设施层	设施层为最底层的硬件及应用环境，包含了基础的网络及服务器、面向实验室、孵化基地的物联网、智能终端，可有效地进行门禁、电源等方面的控制

二、解决方案

采用基于网络模式的云平台将创新创业教育体系内各个环节进行连接，打造创新创业数据闭环。管理端细化各个核心模块的功能，包括大学生创新创业训练计划项目、科技竞赛、创新创业活动等，将各模块数据进行分解并有效实施归档、统计。同时，各创新创业核心数据又可与大学生创新创业档案连接，可依托数据生成学生的创新创业成绩单、统计创新创业学分。学生端通过多平台搭建（网站、微信等）的方式，为学生参与创新创业教育提供便捷条件。特别在移动互联高速发展的今天，为学生提供便捷的移动端交互可有效地增强学生在创新创业方面的参与度。平台还为更多角色提供系统支持，参与到创新创业全流程中来，如评委、系统分管理员等。通过平台在实现基础管理的同时，云平台可提供更多的应用模块辅助管理，如在大学生创新创业训练计划项目、科技竞赛、孵化器管理各个环节设立财务管理、日记管理、项目管理等应用，可有效通过数据加强创新创业教育实施的过程管控。

三、学科竞赛管理系统

科技竞赛管理系统是一款为各类比赛运行提供信息化服务的系统。它核心解决了比赛组织者在赛事宣传、报名参赛、数据统计、消息通知等方面的问题。同时系统能够为组织者提供快捷的比赛组织及运营方案，从而提升组织者在比赛过程中的工作效率，降低在组织比赛、宣传等方面的人力、物力成本。竞赛管理系统主要涵盖自定义申报表单、竞赛数据管理、竞赛数据统计（见图5-48）、竞赛审核（见图5-49）、竞赛分享、竞赛附件管理、竞赛数据报表下载、财务报销管理、竞赛文件打包、微信消息通知十项功能，具有灵活的项目申报设置、多元化的展示方式、完善的竞赛流程管理、支持数据的全连通等核心功能。

图 5-48　学科竞赛数据统计

图 5-49　学科竞赛审核界面

四、SRTP 管理系统

创新创业项目管理系统是一套面向大学生基金项目全过程信息化管理的服务平台（核心功能见表5-23）。它针对高校项目实施过程中在报名、数据归档、统计、通知、评审等多个环节出现的效率低、易出错、管理难等问题提供了完整的解决方案。它将项目申报、立项、中期、结题等各个流程串联起来，集成了总管理员、一级管理员、学生、指导教师、评审专家多个角色，并能为大学生创新创业项目过程化管理提供定制化的解决方案。项目管理系统主要涵盖项目多类别申报、项目表单设置、项目双选、项目评审与评级、项目编号管理（见图 5-50）、项目中期检查、项目结题管理、项目日志、文件打包归档（见图 5-51）、项目变更管理、项目数据统计管理、指导教师审核管理十二项功能。

表 5-23　大学生创新创业项目管理系统核心功能

名称	描述
灵活的项目申报设置	系统可根据高校各自需求灵活设置填报表单，针对创新训练项目、创业训练项目和创业实践项目的差异性，可分别进行单独设置
专业的过程管理模块	系统为项目提供过程化管理功能，如项目双选、网络评审、项目日志、财务管理等模块功能
多元化的展示方式	系统可提供多元化的展示方式（PC 端、移动端、微信公众平台），可实现项目公示、优秀项目展示等功能与前端一键连通
完善的项目流程管理	根据大创项目在申报、中期、结题各阶段不同的需求，系统支持个性化的功能匹配，方便组织者在不同阶段都能对项目进行管理
支持项目数据全连通	以项目数据为基础，从项目申报，到中期检查，再到项目结题，最终进行成果归档，系统实现数据在项目实施过程中全连通

图 5-50　大学生创新创业训练计划项目汇总

五、创新实践学分管理系统

创新创业学分管理系统是以学校学分认定规则为参考标准，通过系统学生可将完成的创新创业训练项目、学科竞赛、科研论文、知识产权、职业资格等级证书、活动等信息进行填报，通过校方管理者系统的审批，学生可以按规则获取规定的学分，系统支持学分与课程及其他学分之间的置换。学生可以按规则获取规定的学分，完成创新创业毕业学分的要求。同时学校也可实时监控学生创新创业学分情况，针对不同学科学生，开展相应的创新创业竞赛、项目、讲座培训等，进一步提高全校学生创新创业思维和能力。

创新训练项目　　**创业训练项目**　　创业实践项目

* 归档标题　　　请输入归档标题　　　　　　　　　　　　　　　　　　　　4-200个字

归档附件　　　☐ 上传中期检查申请书　　☐ 上传项目结题申请书　　　请选择所要打包归档的附件

归档名称组合　☑ 学号　☑ 姓名　☑ 手机号　　☐ 学院　　☐ 专业　　☐ 年级　　请选择打包归档的命名规则

　　　　　　　☐ 班级　　☐ 项目名称　　☐ 项目所属学院　　☐ 项目简介

　　　　　　　☐ 所属学科　☐ 项目来源　☐ 报名时间

归档名称　　　学号　姓名　手机号

图 5-51　项目文件打包归档界面

参 考 文 献

[1] 高等学校土木工程学科专业指导委员会. 高等学校土木工程本科指导性专业规范 ［M］. 北京：中国建筑工业出版社，2011.

[2] 沈祖炎. 土木工程创新型人才培养的思考 ［C］//陈国兴，韩爱民，侯曙光. 高等学校土木工程专业建设的研究与实践：第九届全国高校土木工程学院（系）院长（主任）工作研讨会论文集. 北京：科学出版社，2008.

[3] 中国大百科全书总编辑委员会《土木工程》编辑委员会. 中国大百科全书：土木工程 ［M］. 北京：中国大百科出版社，1985.

[4] 何若全. "土木工程指导性专业规范"的研究 ［C］//余志武，彭立敏. 高等学校土木工程专业建设的研究与实践：第九届全国高校土木工程学院（系）院长（主任）工作研讨会论文集. 长沙：中南大学出版社，2010.

[5] 朱为鸿，彭云飞. 新工科背景下地方院校产业学院建设的研究 ［J］. 高校教育管理，2018，12（3）：30－37.

[6] 李家俊. 以新工科教育引领高等教育质量革命 ［J］. 高等工程教育研究，2020（2）：6－8.

[7] 林健. 新工科建设：强势打造"卓越计划"升级版 ［J］. 高等工程教育研究，2017（5）：7－8.

[8] 朱高峰. 素质教育与沟通能力培养 ［J］. 高等工程教育研究，2011（4）：1－2.

[9] 黄亚生，张世伟，等. MIT 创新课程 ［M］. 北京：中信出版社，2015.

[10] 孙洪义. 创新创业基础 ［M］. 北京：机械工业出版社，2016.

[11] 中国高等教育学会"高校竞赛评估与管理体系研究"专家工作组. 全国普通高校大学生竞赛白皮书：2014—2018 ［M］. 杭州：浙江大学出版社，2018.

[12] 吴敏，李劲峰. 大学生创新创业基础教程 ［M］. 合肥：中国科学技术大学出版社，2018.

[13] 周苏，褚赟. 创新创业：思维、方法与能力 ［M］. 北京：清华大学出版社，2018.

[14] 阿奇舒勒. 寻找创意：TRIZ 入门 ［M］. 北京：科学出版社，2013.

[15] 余志武，彭立敏. 土木工程本科生创新能力培养模式及体系 ［C］//余志武，彭立敏. 高等学校土木工程专业建设的研究与实践：第九届全国高校土木工程学院（系）院长（主任）工作研讨会论文集. 长沙：中南大学出版社，2010.

[16] 陈燕菲，闫岩. 房屋建筑学 ［M］. 长沙：湖南大学出版社，2016.

[17] 中国互联网＋大学生创新创业大赛指南编写组. 中国互联网＋大学生创新创业大赛指南 ［M］. 北京：高等教育出版社，2018.